全国渔业船员培训统编教材

农业部渔业渔政管理局　组编

U0686566

航 海 基 础

（海洋渔业船舶三级驾驶人员、助理船副适用）

赫大江　李　昕　主编

中国农业出版社

图书在版编目（CIP）数据

航海基础：海洋渔业船舶三级驾驶人员、助理船副
适用/赫大江，李昕主编．—北京：中国农业出版社，
2017.3（2021.5重印）
　全国渔业船员培训统编教材
　ISBN 978-7-109-22630-2

　Ⅰ.①航…　Ⅱ.①赫…②李…　Ⅲ.①航海－技术培
训－教材　Ⅳ.①U675

中国版本图书馆 CIP 数据核字（2017）第 009456 号

中国农业出版社出版
（北京市朝阳区麦子店街 18 号楼）
（邮政编码 100125）
策划编辑　郑　珂　黄向阳
责任编辑　林珠英

北京万友印刷有限公司印刷　　新华书店北京发行所发行
2017 年 3 月第 1 版　　2021 年 5 月北京第 2 次印刷

开本：700mm×1000mm 1/16　印张：26.75
字数：480 千字
定价：68.00 元
（凡本版图书出现印刷、装订错误，请向出版社发行部调换）

全国渔业船员培训统编教材
编审委员会

主　　任　于康震

副 主 任　张显良　孙　林　刘新中

　　　　　赵立山　程裕东　宋耀华

　　　　　张　明　朱卫星　陈卫东

　　　　　白　桦

委　　员　（按姓氏笔画排序）

　　　　　王希兵　王慧丰　朱宝颖

　　　　　孙海文　吴以新　张小梅

　　　　　张福祥　陆斌海　陈耀中

　　　　　郑阿钦　胡永生　栗倩云

　　　　　郭瑞莲　黄东贤　黄向阳

　　　　　程玉林　谢加洪　潘建忠

执行委员　朱宝颖　郑　珂

全国渔业船员培训统编教材编辑委员会

主　编　刘新中

副主编　朱宝颖

编　委（按姓氏笔画排序）

丁图强　　王希兵　　王启友

艾万政　　任德夫　　刘黎明

严华平　　苏晓飞　　杜清健

李　昕　　李万国　　李劲松

杨　春　　杨九明　　杨建军

吴明欣　　沈千军　　宋来军

宋耀华　　张小梅　　张金高

张福祥　　陈发义　　陈庆义

陈柏桦　　陈锦淘　　陈耀中

郑　珂　　郑阿钦　　单海校

赵德忠　　胡　振　　胡永生

姚智慧　　顾惠鹤　　徐丛政

郭江荣　　郭瑞莲　　葛　坤

韩忠学　　谢加洪　　赫大江

潘建忠　　戴烨飞

航海基础

（海洋渔业船舶三级驾驶人员、助理船副适用）

编写委员会

主　编　赫大江　李　昕

副主编　陈庆义　葛　坤　姚智慧

编　者　赫大江　李　昕　陈庆义

　　　　葛　坤　姚智慧　丁纪铭

　　　　张大恒　王炳权　王　严

　　　　许志远　李万国　孙　康

丛书序

安全生产事关人民福祉，事关经济社会发展大局。近年来，我国渔业经济持续较快发展，渔业安全形势总体稳定，为保障国家粮食安全、促进农渔民增收和经济社会发展作出了重要贡献。"十三五"是我国全面建成小康社会的关键时期，也是渔业实现转型升级的重要时期，随着渔业供给侧结构性改革的深入推进，对渔业生产安全工作提出新的要求。

高素质的渔业船员队伍是实现渔业安全生产和渔业经济持续健康发展的重要基础。但当前我国渔民安全生产意识薄弱、技能不足等一些影响和制约渔业安全生产的问题仍然突出，涉外渔业突发事件时有发生，渔业安全生产形势依然严峻。为加强渔业船员管理，维护渔业船员合法权益，保障渔民生命财产安全，推动《中华人民共和国渔业船员管理办法》实施，农业部渔业渔政管理局调集相关省渔港监督管理部门、涉渔高等院校、渔业船员培训机构等各方力量，组织编写了这套"全国渔业船员培训统编教材"系列丛书。

这套教材以农业部渔业船员考试大纲最新要求为基础，同时兼顾渔业船员实际情况，突出需求导向和问题导向，适当调整编写内容，可满足不同文化层次、不同职务船员的差异化需求。围绕理论考试和实操评估分别编制纸质教材和音像教材，注重实操，突出实效。教材图文并茂，直观易懂，辅以小贴士、读一读等延伸阅读，真正做到了让渔民"看得懂、记得住、用得上"。在考试大纲之外增加一册《渔业船舶水上安全事故案例选编》，以真实事故调查报告为基础进行编写，加以评论分析，以进行警示教育，增强学习者的安全意识、守法意识。

相信这套系列丛书的出版将为提高渔民科学文化素质、安全意识和技能以及渔业安全生产水平，起到积极的促进作用。

谨此，对系列丛书的顺利出版表示衷心的祝贺！

农业部副部长

2017 年 1 月

前　言

《中华人民共和国渔业船员管理办法》已于 2015 年 1 月 1 日起实施，根据《农业部办公厅关于印发渔业船员考试大纲的通知》（农办渔〔2014〕54 号）中关于渔业船员理论考试和实操评估的要求，为了进一步提高渔业船员的适任水平，在农业部的领导下，辽宁渔港监督局组织具有丰富教学、培训经验和渔业船舶实际工作经验的专家，共同编写了《航海基础（海洋渔业船舶三级驾驶人员、助理船副适用）》一书。

本书紧扣农业部最新渔业船员考试大纲中所要求的知识点，结合渔业船员整体的实际情况，以岗位需求为出发点，根据渔业船员培训的特点编写而成，具有较强的针对性和适用性。本书注重理论联系实际，重点突出渔业船员适任培训和航海实践所需掌握的知识和技能，适用于海洋渔业船舶三级驾驶人员和助理船副的考试和培训，也可作为航海相关从业人员的业务参考书。

本书的编写以国内和行业的法规、规则及标准为依据，以"必须和够用"为原则，注重理论在实践中的应用。表述通俗易懂，并附有大量的插图和表格，便于学员的理解和运用。航海基础是渔业船员必须掌握的专业课程，也是理论考试和实操评估的考核内容。全书包括航海与气象、船艺、船舶避碰和渔业船舶管理 4 篇，每章有思考题，每节有要点提示，便于学员的理解和练习。

本书由赫大江、李昕主编。第一篇第一章至第四章由李昕编写；第五章至第六章由丁纪铭编写；第七章至第十章由张大恒编写；第十一章至第十三章由王炳权编写。第二篇第十四章、第十七章和第十八章由陈庆义编写；第十五章和第十六章由王严编写；第十九章由许志远编写。第三篇第二十章至第二十六章由葛坤编写；第二十七章由李万国编写。第四篇第二十八章至第三十章由姚智慧编写；第三十一章由孙康编写；第三十二章由许志远编写。

限于编者经历及水平，本书在内容上很难覆盖全国各地渔业船员的实际情况，不足之处在所难免，恳请专家、同仁和读者多提宝贵意见和建议，以便修订再版时改正。

本书的编写和出版，得到了农业部、大连海洋大学、大连海洋学校、相关渔业企业以及中国农业出版社等单位的关心和大力支持，在此深表感谢！

编　者

2017 年 1 月

目 录

第二篇　船　　艺

第三篇　船舶避碰

第一篇

航海与气象

第一章　航海基础知识

第一节　地理坐标

本节要点：地理坐标的建立方法；海上常用的距离和速度单位；物标地理能见距离的计算方法；中版海图射程的定义和灯标的最大可见距离计算方法。

一、地球形状

地球是一个不规则的椭球体，航海上为了计算的简便，在精度要求不高的情况下，通常把地球近似看成圆球体（其半径为 6 366 707m），即将该圆球体作为地球的第一近似体。但在大地测量学、地图、海图学和需要较为准确的航海计算中，则将地球当做两极略扁的椭圆体，作为地球的第二近似体（其长半轴为 6 378 245m，短半轴为 6 356 863m）。

二、地理坐标

1. 地理上的基本点、线、圆

地理坐标是建立在地球旋转椭圆体表面上的，在其上确定了坐标的起算点和坐标线图网（图 1-1-1）。

（1）**地轴和地极**　地球的自转轴称为地轴。地轴在地球表面上的两交点称为地极。其中，位于北极星一端为北极（P_N），另一端为南极（P_S）。

（2）**赤道**　与地轴垂直的大圆称为赤道（QQ′）。它将地球分成南北两个半球，即北半球和南半球，它是度量纬度的起算线。

（3）**纬度圈**　与赤道平行的小圆称为纬度圈（aa′）。

（4）**经线**　通过北极和南极的大圆称为经线。若该经线通过测者，则称为测者经线（如图 1-1-1 中 $P_N A P_S$）。

（5）**基准经线**　通过英国格林尼治天文台的经线，称为基准经线或格林

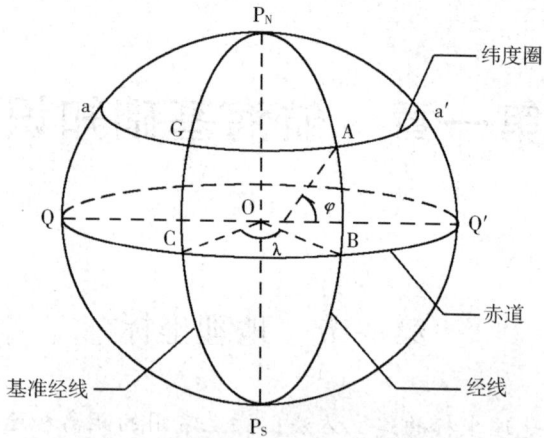

图 1-1-1　地理坐标

经线（如图 1-1-1 中 $P_N G P_S$）。基准经线是度量经度的起算线。

赤道与基准经线的交点 C 为地理坐标的原点。

2. 地理坐标

地球表面任何一点的位置都可以用地理坐标，即地理经度和地理纬度来表示，航海上船舶与物标的位置都是用地理坐标来表示的。

（1）经度　通过某点的经线与基准经线在赤道上所夹的小于 180° 的弧长，称为该点的经度，常用符号"λ"表示。经度以基准经线为 0°，向东、西各分为 180°，在基准经线以东的称为东经，以符号"E"表示；以西的为西经，用符号"W"表示。如图 1-1-1 中，A 点的经度为 CB 弧的度数，或 CB 弧所对应的球心角和极角。表示方法如：$\lambda = 60°47'12''E$。

（2）纬度　某点的纬度是以赤道为准、以椭圆子午线在该点的法线与赤道面的交角，称为该点的纬度，常用符号"φ"表示。纬度以赤道为 0°，向北、向南至地极各分为 90°在赤道以北的为北纬，用符号"N"表示；在赤道以南的为南纬，用符号"S"表示。如图 1-1-1 所示，表示方法如：$\varphi = 45°23'42''N$。

地理坐标的单位是度（°）、分（'）、秒（''）

$$1° = 60' \qquad 1' = 60''$$

三、海上常用的距离和速度单位

1. 海里

海上距离度量单位，规定纬度 1' 所对应的弧长为 1 海里，用符号

"n mile"表示。在 1929 年国际水文地理学会议上，通过了海里的标准长度。

$$1\text{n mile}=1\,852\text{m}$$

因此，在海图上取纬度 $1'$ 所对应的弧长为 1n mile；在计程仪等航海仪器计量距离时取 1 852m 为 1n mile。

2. 链

链是海上较小的距离单位，其长度为 1/10n mile，即 1 链＝0.1n mile。

3. 米

国际通用的长度单位，用符号"m"表示，海图上用来表示高程和水深的单位。

4. 节

速度单位，1 节＝1n mile/h。

四、物标地理能见距离

1. 测者能见地平距离

如图 1-1-2 所示：在海上，具有一定眼高 e 的测者 A 向周围大海眺望，所能看到的最远处，水天似相交成一个圆圈 BB′。这圆圈所在的地平平面或者自测者至 BB′这一小块球面，叫做测者能见地平平面或视地平平面，圆圈 BB′就是测者能见地平或视地平，俗称水天线。自测者 A 至测者能见地平的距离 AB，称为测者能见地平距离，用 De 表示。

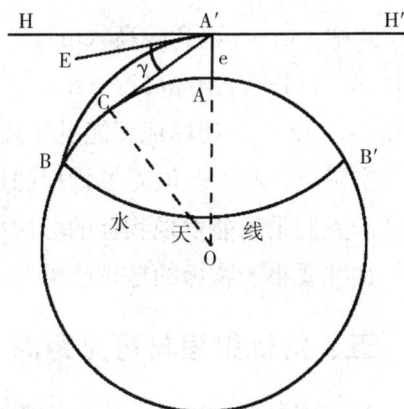

图 1-1-2　测者能见地平距离

测者能见地平距离还与测者眼高和地面曲率有关。将地球看成旋转椭圆体，可以得到：

$$De\,(\text{n mile})=2.09\sqrt{e}$$

式中　De——测者能见地平距离（n mile）；

　　　　e——测者眼高（m）。

2. 物标能见地平距离

假如测者眼睛位于物标顶端，此时测者的能见地平距离，叫做物标能见地平距离，用 D_h 表示。

$$D_h \text{（n mile）} = 2.09\sqrt{H}$$

式中　D_h——物标能见地平距离（n mile）；

　　　　H——物标顶端距海平面的高度（m）。

3. 物标地理能见距离

能见度良好时，仅由于地面曲率和地面蒙气差的影响，测者理论上所能看到物标的最大距离叫做物标的地理能见距离，用 D_o 表示。由图 1-1-3 可见，物标地理能见距离可由下面公式求得：

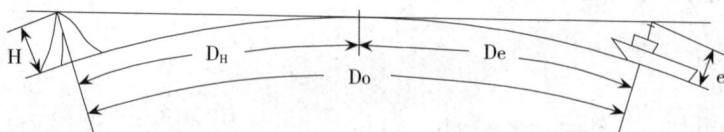

图 1-1-3　物标地理能见距离

$$D_o \text{（n mile）} = De + D_h = 2.09\sqrt{e} + 2.09\sqrt{H}$$

式中　e——测者眼高（m）；

　　　　H——物标高度（m）；

　　　　D_o——物标地理能见距离（n mile）。

实际上，测者所能看见物标的最远距离，还与当时的能见度，即大气透明度和人们眼睛能发现物标的分辨率等有关。因此，白天发现物标的最远距离，往往要小于物标的地理能见距离。

五、灯标射程与可见距离

为了引导船舶航行，在航道附近的岛屿、海岸上设有灯标，并标有灯标的灯光射程，简称灯标射程。

1. 灯标射程的定义

在中版海图和中版《航标表》中，关于灯标射程的定义是：晴天黑夜，当测者眼高为 5m 时，理论上能够看见灯标灯光的最大距离。

晴天黑夜，灯光所能照射的最大距离，叫做光力能见距离。如光力能见距离大于或等于 5m 眼高时的灯标地理能见距离，则灯标射程等于测者眼高为 5m 时的地理能见距离；否则，当光力能见距离小于 5m 眼高时的灯标地理能见距离时，灯标射程等于其光力能见距离。航海上习惯将前者称为强光灯标，而将后者称为弱光灯标。

2. 初显与初隐

灯塔是一种重要的航标，其灯光强度较强。夜间观测灯塔灯光时，如灯塔的灯光强度足够强，则可能会出现初显（初隐）现象。晴天黑夜，船舶驶近（驶离）灯塔时，灯塔灯芯初露（初没）测者水天线的瞬间；即测者最初（最后）能够直接看到灯塔灯光的时刻，叫做灯光初显（初隐）。

显然，并不是所有的灯塔都会出现初显（初隐）现象。通常，只有当灯塔的光力能见距离大于或等于该灯塔的地理能见距离时，才会出现初显（初隐）现象。

中版海图和《航标表》中所提供的射程，是该灯塔光力能见距离和5m眼高地理能见距离中较小者。鉴于航海上测者眼高普遍都在5m以上，因此，只有强光灯塔才可能有初显（初隐），弱光灯塔一般不会有初显（初隐）。

3. 灯塔灯光最大可见距离

灯塔灯光最大可见距离，取决于该灯塔的灯光强度。能见度良好条件下，强光灯塔，可能存在初显（初隐），灯光最大可见距离等于灯塔的地理能见距离；弱光灯塔，一般无初显（初隐），该灯塔灯光最大可见距离等于其射程。

求灯塔灯光最大可见距离时，首先计算在5m眼高下的灯标地理能见距离，然后将标注射程与其比较。如果整数部分相等，则该灯标是强光灯标；如果标注射程小于5m眼高下的灯标地理能见距离，则该灯标是弱光灯标。对于强光灯标，当眼高超过5m时，测者可以在更远的地方看见灯标，灯标灯光最大可见距离等于实际眼高下的灯标地理能见距离；对于弱光灯，灯标灯光最大可见距离等于该灯标的光力射程即灯标标注的射程。

例 1-1-1：中版海图某灯塔灯高 40m，图注射程 16n mile，已知测者眼高 16m，求该灯塔灯光的最大可见距离 D_{max}。

解：$D_o = 2.09(\sqrt{5} + \sqrt{40}) = 17.9$n mile

因为 17.9n mile 取整为 17n mile，大于标注射程。该灯塔为弱光灯，无初显或初隐，所以：

$$D_{max} = 射程 = 16\text{n mile}$$

例 1-1-2：中版海图某灯塔灯高 81m，图注射程 23n mile，已知测者眼高 16m，求该灯塔灯光的最大可见距离 D_{max}。

解：$D_o = 2.09(\sqrt{5} + \sqrt{81}) = 23.5$n mile

因为 23.5n mile 取整为 23n mile，等于标注射程。该灯塔为强光灯，有初显或初隐，所以：

$$D_{max} = D_o = 2.09 \left(\sqrt{16} + \sqrt{81} \right) = 27.2 \text{n mile}$$

第二节　航向与方位

本节要点：方向的确定和划分方法；航向、方位和舷角的定义和计算。

一、方向的确定与划分

1. 北、东、南、西四个基准方向的确定

测者的方向是建立在测者地面真地平平面上的，测者地面真地平平面即经过测者眼睛的地平平面（图1-1-4中A′SENW）。测者子午线在测者地面真地平平面上的投影为测者的南北线，靠近北极的一侧为北，反方向为南。在测者地面真地平平面上过测者并与南北线垂直的直线为东西线。地球自转方向为东，反方向为西。这样就确定了测者的北（N）、东（E）、南（S）、西

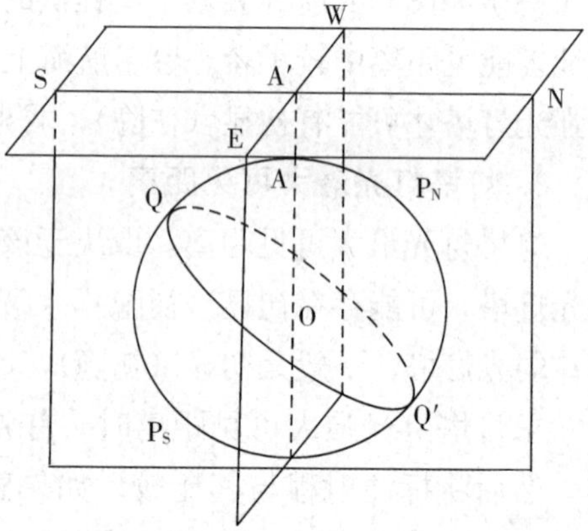

图1-1-4　方向的确定与划分

（W）4个基准方向。在海上，当测者面北背南时，其右手方向为东，左手方向为西（图1-1-4）。

2. 航海上方向的划分

为了适应航海上需要，仅在地球上确定北东南西四个基本方向是远远不够的，需将方向作更详细的划分。小型渔船最常用的方向划分方法有两种。

（1）圆周法　目前航海上表示方向最常用的方法。它以正北为000°，顺时针计量360°。其中，东为090°，南为180°，西为270°（图1-1-5）。

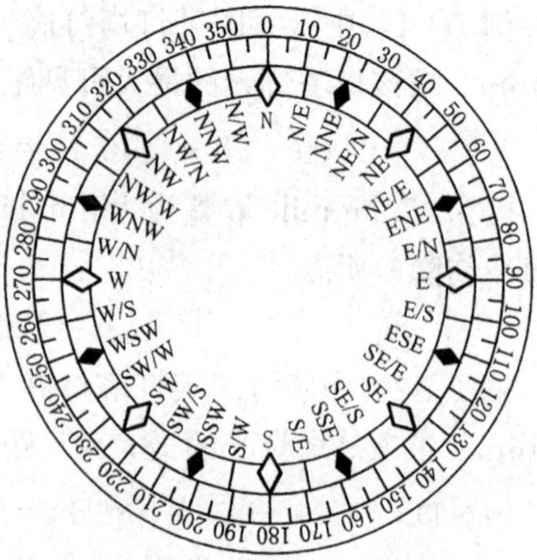

（2）罗经点法　以真北为基

图1-1-5　圆周法与罗经点法示意图

准，将整个圆周划分为 32 个等分，得 32 个方向点，每个方向点称为 1 个罗经点（图 1-1-5），这种方法精度不高，目前仅用于表示风向和流向。

1 点＝11.25° 或 1 点＝11°15′

二、航向、方位和舷角

1. 航向

（1）航向线 船首尾线向船首方向的延长线。

（2）航向 以北方向线为准顺时针量至航向线的角度。

由于向位换算存在着三个北，即真北、磁北和罗北，所以，以不同的北为准量出的航向也分为真航向（TC）、磁航向（MC）和罗航向（CC）（图 1-1-6）。

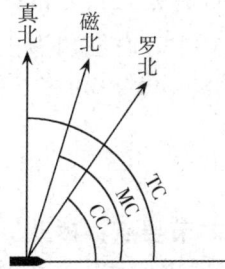

图 1-1-6 航向划分示意图

2. 方位

（1）方位线 目标与船舶的连线在测者地面真地平平面上的投影。

（2）方位 以北方向线为准顺时针量至方位线的角度。同样，方位也分为真方位（TB）、磁方位（MB）、罗方位（CB）（图 1-1-7）。

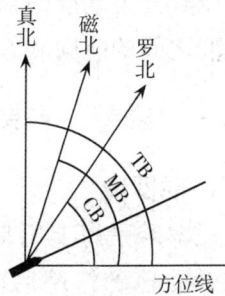

3. 舷角

航向线与物标方位线间的夹角，称为舷角，用"Q"表示。舷角有以下两种度量方法：

图 1-1-7 方位划分示意图

①以船首为 000°，顺时针量至物标方位线，范围 0°～360°（图 1-1-8①）。

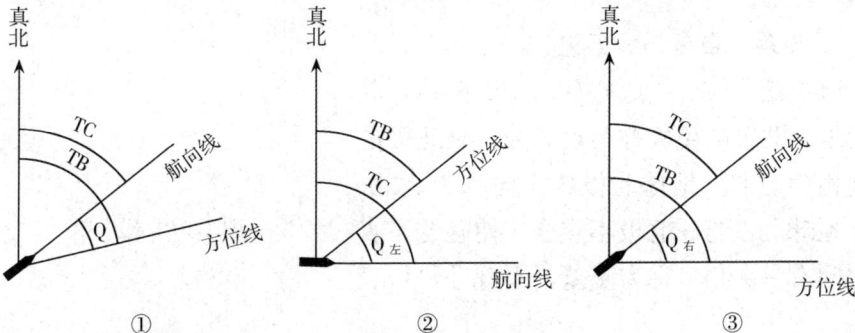

① ② ③

图 1-1-8 舷角划分示意图

例如：Q＝320°

计算公式：方位＝航向＋舷角

②以船首为 0°向左或向右量至物标方位线，范围 0°～180°，分别称为左舷角和右舷角（图 1-1-8②③）。

例如：$Q_左$＝50°，$Q_右$＝20°

计算公式：方位＝航向＋舷角

其中，右舷角为正（＋），左舷角为负（一）。

第三节　向位换算

本节要点：磁差、自差和罗经差的定义、求取方法。

小型渔船上最常用的指向仪器是磁罗经，用它们测定航向、方位时，由于它们的基准北是罗经北，因此，读出的是罗方位、罗航向。要想在海图上画出以真北为基准的真方位、真航向时，必须先经过必要的换算。这种不同基准北之间的航向和方位的换算，称为向位换算。

一、磁差、自差与罗经差

1. 磁罗经

磁罗经是海上用来指示方向的重要仪器，它是根据水平面内自由旋转的磁针受地磁作用后能稳定在磁北方向上的特点而制成的。根据其结构，可分为干罗经和液体罗经两种（目前船上多数使用液体罗经）；按其用途，又可分为标准罗经和操舵罗经等。

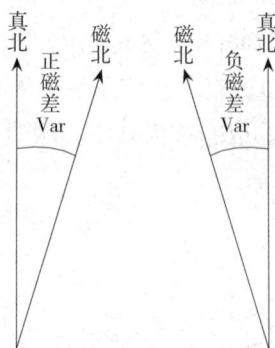

图 1-1-9　磁　差

2. 磁差、自差与罗经差

（1）磁差 Var　地球是一个大磁体，其靠近地球北极的磁极称为磁北极，磁北极的方向称为磁北，地球北极的方向称为真北。由于地球北极与磁北极不重合，使磁北与真北之间有一夹角，称为磁差，用符号"Var"表示（图 1-1-9）。

磁北偏在真北的东面称磁差偏东，用"E"或"＋"号表示，如磁差偏

东 6°，记为 6°E 或＋6°；磁北偏在真北
的西面称磁差偏西，用"W"或"－"
表示。如磁差偏西 6°，记为 6°W 或
－6°（图 1-1-9）。

真航向 TC＝磁航向 MC＋磁差 Var

真方位 TB＝磁方位 MB＋磁差 Var

（图 1-1-10）

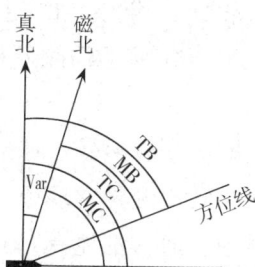

图 1-1-10 真磁向位换算

磁差随下列因素变化：

①因地而异：从图 1-1-11 中可知，
磁差值是随着地区的变化而变化的。
其中，A 点为东磁差，B 点为西磁差，
C 点磁差为 0，D 点磁差为 180°。我国
沿岸多为西磁差，其数值从北向南逐
渐减小。

②随时间变化：由于磁极是围绕
地极作椭圆周运动，每 650 年转动 1
周，因此对于任一地区来说，磁差每
年都在变化。我们把磁差每年的变化
量叫年差。年差有两种表示方法：

一种是新版海图上"E"和"W"
表示方式：

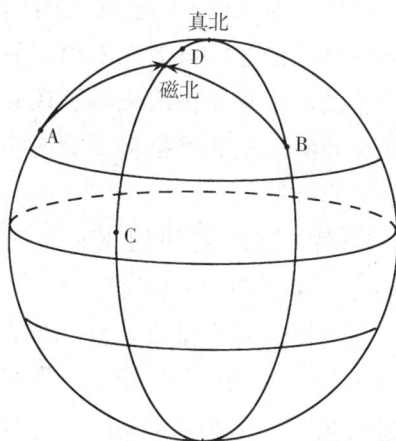

图 1-1-11 磁差地理变化

本年度磁差＝海图上磁差＋年差×相隔年数

另一种是磁差绝对值变化的方式，用"＋"和"－"表示，其中，使磁
差绝对值增大的年差称为正年差，用"＋"表示；使磁差绝对值减小的年差
称为负年差，用"－"表示。

本年度磁差＝［海图上磁差的绝对值＋（年差×相隔年数）］磁差方向

某地海区磁差和年差在海图罗经花中有注明，有些港图可以在标题栏中
查出。

例 1-1-3：查找某海图罗经花，某地磁差为 $7°52'$E，年差 $2'$E（2006），
求 2016 年该地的磁差？

解：2016 年该地的磁差＝$7°52'$E＋$2'$E×（2016－2006）＝$8°12'$E

例 1-1-4：查找某海图罗经花，某地磁差为 $7°32'$W，年差 $-0.5'$

（2006），求 2016 年该地的磁差？

解：2016 年该地的磁差＝［$7°32' + (-0.5') \times (2016-2006)$］W
＝$7°27'$W

③地磁异常和磁暴：在地面上有些地区的磁差值与周围地区存在着较大的差异，叫做地磁异常现象，这可能与当地有大量磁性矿物有关。在海图和航海资料中，通常都注有"异常磁区"的字样和提供有关的说明。磁暴是由于极光和太阳黑子数量的变化而引起地磁偶然和罕见的波动，这时磁差在一昼夜间可能变化几度到几十度。

（2）自差（Dev） 现代船舶上有许多铁磁材料，这些材料被地磁磁化后带上磁性称为船磁。磁罗经在地磁场和船磁场的共同作用下，罗经的北将指向其合力方向，即罗经北（简称罗北）。

罗北与磁北之间的夹角称为自差，用"Dev"表示（图 1-1-12）。

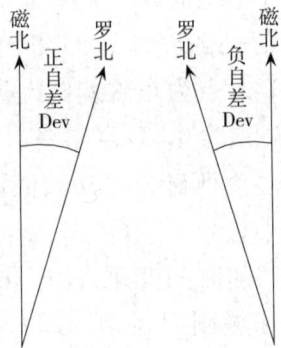

图 1-1-12 自 差

自差以磁北为基准，罗北偏在磁北东边称自差偏东，用"E"或"＋"号表示，如自差偏东 1°，记为 1°E 或＋1°；罗北偏在磁北西边称自差偏西，用"W"或"－"号表示，如自差偏西 2°，记为 2°W 或－2°。

磁航向 MC＝罗航向 CC＋自差 Dev

磁方位 MB＝罗方位 CB＋自差 Dev（图 1-1-13）

自差随下列因素而变化：

①航向不同，自差不同：因为船磁与船首向和地磁磁力线的相对位置有关，所以，自差的大小是随着航向的变化而变化。磁罗经在进行校正后，要将剩余的自差制成自差表供驾驶人员在航行中进行向位换算用。

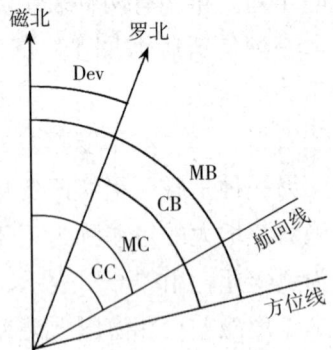

图 1-1-13 磁罗向位换算

表 1-1-1 为某渔船测定的自差表。根据罗经航向，可查出其相应的自差值。当船舶的罗经航向与表列罗经航向相差不大时，可用最靠近的表列罗经航向查取自差，若相差较大时，可用内插法估算。

表 1-1-1　××轮标准罗经自差表

观测地点：吴淞口

自　差	罗　经　航　向		自　差
＋2°.8	000°	360°	＋2°.8
＋2°.6	015°	345°	＋2°.6
＋2°.0	030°	333°	＋2°.3
＋1°.2	045°	315°	＋2°.0
＋0°.1	060°	300°	＋1°.9
－1°.2	075°	285°	＋1°.8
－2°.5	090°	270°	＋1°.9
－3°.4	105°	255°	＋2°.0
－3°.9	120°	240°	＋1°.9
－3°.8	135°	225°	＋1°.8
－3°.1	150°	210°	＋1°.2
－2°.2	165°	195°	＋0°.2
－1°.0	180°	180°	－1°.0

②船磁改变，自差改变：在修船后或装有磁性物质时，或长期停泊装卸，或长期航行在一个固定航向上，船磁都可能发生变化，自差也将随之改变。

③随纬度变化而变化：如果航行的纬度变化较大，自差也将有所改变。如果船舶航行的纬度范围在 10°之内时，可以不考虑。

（3）罗经差（ΔC）　真北与罗北之间的夹角叫罗经差，用符号"ΔC"表示。罗经差是磁差与自差的代数和。

罗北偏在真北的东面，罗经差为正，用符号"E"和"＋"表示；罗北偏在真北的西面，罗经差为负，用符号"W"和"－"表示。

因为影响罗经差的因素较多，因此须经常测定，定期校正（图 1-1-14）。

罗经差 ΔC＝磁差 Var＋自差 Dev

真航向 TC＝罗航向 CC＋罗经差 ΔC

真方位 TB＝罗方位 CB＋罗经差 ΔC

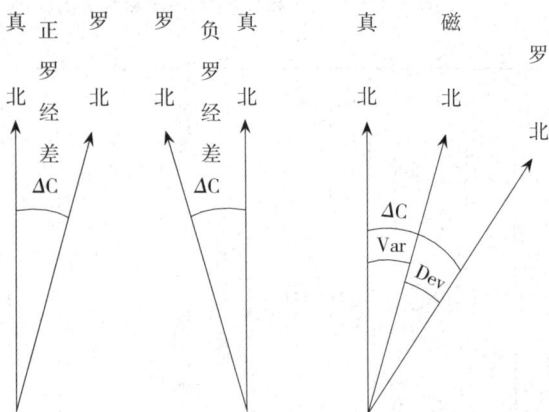

图 1-1-14　罗经差

二、向位换算

利用基本的运算公式进行计算。在计算过程中注意自差、磁差和罗经差的正负号。所用公式如下：

$$TC = MC + Var$$
$$MC = CC + Dev$$
$$TC = CC + \triangle C$$
$$\triangle C = Var + Dev$$

例 1-1-5：已知 $Var = 5°20'E$、$Dev = 1°24'W$、求 $\triangle C = ?$

解：$\triangle C = Var + Dev$

$$= 5°20'E + 1°24'W$$
$$= +5°20' + (-1°24')$$
$$= +3°56'$$

例 1-1-6：某船罗航向 $CC = 140°$，测得物标罗方位 $CB = 045°$，若罗经差 $\triangle C = 2°E$，求真航向和真方位？

解：$TC = CC + \triangle C = 140° + 2° = 142°$

$TB = CB + \triangle C = 045° + 2° = 047°$

例 1-1-7：某船罗航向 $CC = 140°$，测得物标罗方位 $CB = 045°$，若罗经差 $\triangle C = 2°W$，求真航向和真方位？

解：$TC = CC + \triangle C = 140° + (-2°) = 138°$

$TB = CB + \triangle C = 045° + (-2°) = 043°$

第四节 航速与航程

本节要点：航速与航程的含义；测定船速的方法。

一、航速与航程

航程是船舶航行经过的距离，用 s 表示，航海上一般采用海里作为航程的单位。单位时间内的航程称为船舶的航行速度，用 v 表示，航速的单位为节（kn），1kn 等于每小时航行 1n mile，即：1kn＝1n mile/h。航海上习惯将船舶在无风流影响下的航行速度称为船速 v_E，而将船舶对地航行速度称为航速 v_G。

二、测定船速的方法

在航海实践中，船舶对地航速往往是通过船速和风流要素求得的。因此，如何求得准确的船速，对于航海来说是非常重要的。

小型渔船常用的测定船速方法有以下两种：

1. 利用叠标测定船速

在一些重要港口附近设有测速场，可用来测定船速。测速时最好选择在高潮或低潮时进行，此时流最小，对测速的影响也最小。船舶按指定航向航行，分别记下两组叠标之间的时间，两组叠标之间的距离已经给出，即可求出船速（图1-1-15）。

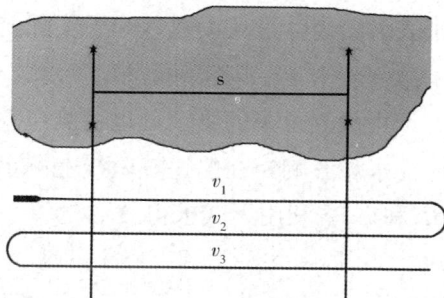

图 1-1-15 测速场

测定船速时，根据水域内不同的水流条件，按下列方法进行：

①无水流影响，在船速校验线上测定 1 次，并按下式求取船速：

$$v_E = \frac{2s(m)}{t(s)} \ (kn)$$

②在恒流影响下，往返重复测定 2 次，分别求出 v_1、v_2，再按下式求取平均船速：

$$v_E = \frac{v_1 + v_2}{2}$$

③在等加速水流影响下，往返重复测定 3 次，分别求出 v_1、v_2、v_3，再按下式求取平均船速：

$$v_E = \frac{v_1 + 2v_2 + v_3}{4}$$

2. 利用计程仪测定航速

船用计程仪是船舶测定航速和航程的主要仪器。按照计程仪能够提供的航速和航程的性质，可分为相对计程仪和绝对计程仪两种。小型渔船通常安装的是相对计程仪，如电磁式计程仪和水压式计程仪。

相对计程仪测量的是船相对于水的速度和航程。计程仪可以显示船舶的瞬间速度和航程，船舶对水速度可以通过两个时间的计程仪读数差除以时间间隔来得到。即：

$$v_L = \frac{L_2 - L_1}{t_2 - t_1}$$

式中　v_L——计程仪测定的航程；

L_1 和 L_2——t_1 和 t_2 时间的计程仪读数。

计程仪也存在着误差。计程仪的误差称为计程仪改正率（ΔL），用百分率来表示。当计程仪读数差小于实际航程时，ΔL 为"＋"，反之为"－"。

则实际航程 $s = (L_2 - L_1) \times (1 + \Delta L)$

计程仪改正率的测定，也在测速叠标进行。

无水流影响，在船速校验线上测定 1 次，分别记下船舶通过两组叠标时的 L_1 和 L_2，利用下式求得 ΔL：

$$\Delta L = \frac{S - (L_2 - L_1)}{L_2 - L_1} \times 100\%$$

在恒流情况下，往返测定 2 次，分别求出 ΔL_1、ΔL_2，按下式求取平均 ΔL：

$$\Delta L = \frac{1}{2}(\Delta L_1 + \Delta L_2)$$

在等加速水流情况下，往返重复测定 3 次，分别求出 ΔL_1、ΔL_2 和 ΔL_3，再按下式求取平均 ΔL：

$$\Delta L = \frac{1}{4}(\Delta L_1 + 2\Delta L_2 + \Delta L_3)$$

思考题

1. 地理坐标是怎样构成的?

2. 试述地理经度和地理纬度的概念、度量方法。

3. 试述海里的定义,国际规定 1n mile 的长度是多少?

4. 试述物标地理能见距离概念和计算。

5. 我国灯标射程是如何定义的?

6. 试述航海上常见的方向划分方法有哪些? 如何划分?

7. 试述航向、方位和舷角的概念、度量方法和相互之间的关系。

8. 试述磁差、自差和罗经差的成因和相互关系。

9. 试述影响磁差、自差变化的因素。

10. 试述磁差的获取方法、年差的计算方法。

11. 试述自差的获取方法。

12. 测量船速的方法有哪些?

第二章 海 图

海图是地图的一种，是为航海需要而专门绘制的一种地图。它详细绘画了航海所需要的资料，如岸形、岛屿、礁石、沉船、助航标志、水深点、底质和水流等。海图是航海的重要工具之一，在航行前拟定计划航线，制订航行计划，航行中进行航迹推算、定位，航行后总结航行经验，发生海事后判断事故责任等，都离不开海图。

第一节 海图比例尺及墨卡托海图

本节要点：海图比例尺的定义；恒向线的定义和墨卡托海图的特点。

一、海图比例尺

任何一张地图都是将实际的地球表面缩小后绘制而成的，缩小的程度一般用比例尺来表示，一般来说：

$$比例尺 = \frac{图上任意线段的长度}{地面上相对应的实际长度}$$

因而，任何一张海图都标有比例尺，它是用某点或某线的局部比例来表示的，这个比例尺作为基准比例尺。在图幅内其余位置的比例尺都与基准比例尺不同，例如，某海图图名下注有 1∶300 000（基准纬度 37°N），就是该图的基准比例尺。表示在该图上，只有在 37°N 纬线上比例尺为 1∶300 000；而高于 37°纬度处的比例尺，比基准比例尺大，低于时就小。

比例尺的表示方法通常有两种：数字比例尺和直线比例尺。数字比例尺用若干数字来表示，例如 1∶300 000 或 1/300 000，它表示图上基准点处，一个单位长度等于地面上 30 万个相同单位的长度；直线比例尺一般用比例图尺，绘画在海图标题栏内或图边适当的地方。

海图比例尺还决定着图上所绘制的资料的详细程度，比例尺越大，图上所绘制的资料就越详细、准确，海图的可靠性程度就越高。因此，在进行海图作业时，应根据航区的特点，尽可能选择较大比例尺的海图，以便能够获得更详细的航海资料和提高海图作业的精度。

二、恒向线

船舶始终按恒定航向航行时，船舶航行的理想轨迹称为恒向线。恒向线在地球表面是一条曲线，它与所有子午线都相交成相同的角度，因此，又称为等角航线（图 1-2-1）。恒向线一般为球面螺旋线，但是也有特例。如常见的经线和纬线也是恒向线，但它们不是螺旋线而是圆。

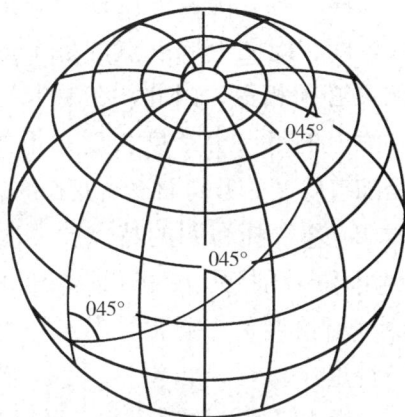

图 1-2-1　恒向线

三、墨卡托海图

1. 航用海图必备条件

为了在海图上方便地绘画恒向线航线和方位线，要求在海图上的恒向线是一条直线，同时船舶在海上航行时，无论是保持航向不变还是测定物标方位，都要用到角度，为此，要求图上的角度与地面上对应角度应保持一致。

航用海图应当满足以下两个条件：①图上恒向线是直线；②投影性质是等角投影。

这样，驾驶员就可以根据测得的航向和方位，用直尺在海图上画出恒向线来。

1569 年，荷兰制图学者墨卡托创造了能同时满足航用海图这两个条件的投影方法——等角正圆柱投影，即墨卡托投影。用这种投影方法绘制的海图叫做墨卡托海图，它占目前航用海图的 95％以上。

2. 墨卡托海图

（1）墨卡托海图的投影原理　墨卡托投影属于等角正圆柱投影。投影方法如图 1-2-2 所示，在正圆柱投影图网中，如果视点位于地球球心，所有等经差的子午线，将被绘画成等间距相互平行的直线；赤道和纬度圈也将被绘画成相互平行的直线，且子午线与等纬圈相互垂直。但是，等纬差纬线之间的距离，随纬度的升高而急剧增大，即出现了纬度渐长的现象。

为了保持等角的目的，在墨卡托海图上，各纬度圈处的子午线长度必须与图上的等纬圈一样，随着纬度的升高做同样的放大，即在地图上同一点的各个方向上的比例尺必须相等。因此，在墨卡托海图上子午线上的每一分纬度长度并不相等，它们是随着纬度的升高而逐渐变长的。

（2）墨卡托海图的特点　墨卡托海图是利用墨卡托投影方法，即等角正圆柱投影原理所绘制的。通常，墨卡托海图具有以下特点：

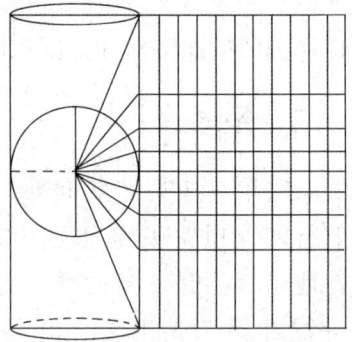

图1-2-2　墨卡托投影

①图上经线为南北向相互平行的直线，其上有量取纬度或距离用的纬度图尺；纬线为东西向相互平行的直线，其上有量取经度的经度图尺，且经线与纬线相互垂直。

②图上经度1′的长度相等，但纬度1′（1n mile）的长度随纬度升高而逐渐变长，存在纬度渐长现象。

③恒向线在图上为直线。

④具有等角特性，在图上所量取的物标方位角与地面对应角相等。

⑤图上同一条纬线上各点的局部比例相等，不同纬度的局部比例尺，随纬度的升高而增大。

第二节　识　　图

本节要点：中版海图的重要图式和含义；海图标题栏和图廓注记记载的内容。

一、中版海图重要海图图式

在航用海图上仅绘有经纬线图网还不行，还必须将重要的航行物标和主要地貌地物以及海区内航行障碍物、助航标志、港湾设施和潮流、海流的要素等航海资料，按其各自的地理坐标，用一定的符号和缩写绘画到图网上去，再经过制版和印刷而成为海图。这种绘制海图的符号和缩写，叫作海图图式。为了正确地利用海图上的航海资料，首先必须了解和掌握海图图式的

含义以及图上的各种图注和说明

1. 高程、水深和底质

（1）**高程** 海图上所标山头、岛屿、明礁等高程的起算面，称为高程基准面。我国沿海海图高程基准面，一般采用"1985 国家高程基准面"（黄海平均海面）或当地平均海面作为起算面的。

高程是自高程基准面至物标顶端的海拔高度，中版海图单位为 m，高程不足 10m 的，精确到 0.1m，大于 10m 的注至整米。一般海图陆上所标数字，以及部分水上带括号的数字，均表示该数字附近物标的高程。

灯塔或灯桩的灯高，是自平均大潮高潮面至光源中心的高度，其注记的方法同高程。干出高度，是指深度基准面以上的高度。

（2）**水深** 海图上标注水深的起算面，称为海图深度基准面。我国海图采用理论最低低潮面（旧称理论深度基准面）作为水深起算面。

水深即海图基准面至海底的深度。凡海图水面上的数字均表示水深。中版海图水深单位为 m。水深浅于 21m 的注至 0.1m；21～31m 的注至 0.5m；深于 31m 的注至整数。实测水深一般以斜体数字表示，直体数字注记的水深表示深度不准，或采用旧的水深资料或小比例尺图。

（3）**底质** 底质是指海底的性质，中版和英版海图注记的方法基本相同。底质注记顺序为先形容词后底质种类，如"软泥""粗沙"等。已知下层底质不同于上层底质的地方，先注上层后注下层，如"沙/泥"。两种混合的底质，先注成分多的，后注成分少的，如"沙泥"，表示沙多于泥的混合底质。

常见高程、水深、底质图式和含义见表 1-2-1。

表 1-2-1 高程、水深、底质图式和含义

名称	图　示	说　明
高程		等高线及高程点
		草绘等高线及概略高程

（续）

名称	图　示	说　明
水深	14_3　5_2	实际位置的水深
	14_3　5_2	直体注记水深，表示深度不准或采自小比例尺图的水深
	$\dot{198}$	未测到底的水深
	1_2　　　4_2	干出高度
	②　㉑	特殊水深
底质	60　　　　泥　59 沙 42 　　　　33　62	单一底质
	42 ⓑ　泥沙	混合底质

2. 礁石、障碍物和沉船

（1）**礁石与障碍物**　常见礁石图式和含义见表 1-2-2。

表 1-2-2　礁石图式和含义

名称	图　示	说　明
明礁	(1.0)　(2.4)　·3.5	露出平均大潮高潮面，数字系明礁高程，高程基准面以上
干出礁	✳(1₅)　*(1₂)　2₅	平均大潮高潮面下，深度基准面上，数字系干出高度
适淹礁		深度基准面适淹
暗礁		深度不明的暗礁（深度基准面下）
	(13₇) ⊕　25 岩	已知深度的暗礁和非危险暗礁（深度大于 20m）
	珊	珊瑚礁区

（续）

名称	图　　示	说　　明
碍航物	碍　　② 碍	深度不明的碍航物和已知最浅深度的碍航物
渔栅		
鱼礁		
贝类养殖场	贝	

（2）沉船　常见沉船图式和含义见表1-2-3。

表 1-2-3　沉船图式和含义符号

名称	图　　示	说　　明
部分露出水面的沉船	船	部分船体露出水面的沉船
水下沉船	21 船　　船	已知深度和深度不明的水下沉船
危险沉船	4₁船　4₁船	危险沉船、已知最浅深度的沉船和经过扫海探测的沉船。沉船上的水深等于或小于20m
非危险沉船	+++	沉船上的水深大于20m
碍锚地	碍锚地	

3. 区域与界限

常见区域与界限图式和含义见表1-2-4。

表 1-2-4　近海设施和区域界限

名　称	图　示	说　明
海底电缆	上海至长崎	海底电缆 海底电缆区
海底管道	油 油	海底油管道 海底油管道区
锚地	⚓ Ⓑ	推荐锚地、锚位及编号
	⚓　⚓ No1	一般锚地和编号锚地
	⊕ ⚓	检疫锚地
禁区	禁　区	禁区界限
限制区		禁止抛锚区
		禁止抛锚和捕捞区
	废物倾倒区	废物倾倒区
	爆炸物倾倒区	爆炸物倾倒区

4. 海流

常见海流图式和含义见表 1-2-5。

表 1-2-5　海流图式

名称	图　示	说　明
涨潮流	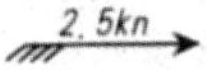 2.5kn	从低潮到高潮时间的潮流，大潮日最大流速为 2.5kn
落潮流	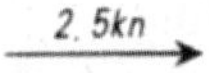 2.5kn	从高潮到低潮时间的潮流，所示流速为大潮日的最大流速
急流	⌇⌇　⌇⌇	该地区流速较大（也称开流）
旋涡	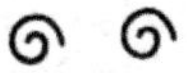 ⟲　⟲	
洋流	 2.5~3.5kn	
回转流	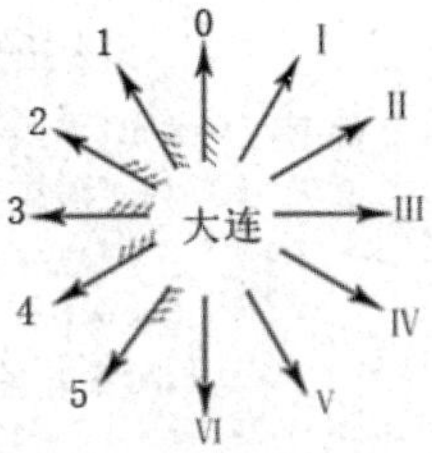	24h 流向 360°变化。中心地名表示主港，0 表示主港高潮时本地的流向速度，1、2、3…表示主港高潮前第 1、2、3…h 的流向、流速。Ⅰ、Ⅱ、Ⅲ表示高潮后第 1、2、3…h 的流向、流速

5. 其他重要图式

常见的其他重要图式和含义见表 1-2-6。

表 1-2-6　其他重要图示

名称	图　示	说　明
平台与井架	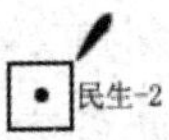 ▪民生-2	平台与井架，加注编号与名称
已知最大吃水航道	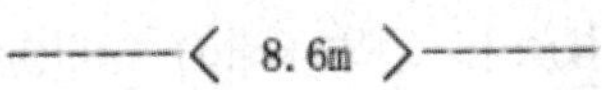 ------〈 8.6m 〉------	已知最大吃水深度的航道

（续）

名　称	图　　示	说　　明
深水航道	—————— 16.5m ——————	已知最浅水深，供深吃水或限于吃水船舶航行的航道
引航站	◆	表示引航巡逻船或引航船登船的位置

二、海图标题栏与图廓注记

1. 海图标题栏

海图标题栏一般刊印在海图内陆处或航行不到的海面上，特殊情况也可能印在图廓外适当的地方，是该图的说明栏，一般制图和用图的重要说明均印在此栏内（图1-2-3）。

标题栏的内容，包括出版机关的徽志、图幅的地理位置、图名、比例尺与基准纬度、投影方法、深度和高程的基准面及计量单位、图式版别、基本等高距和坐标系等编图资料的说明等。

图幅位置通常给出该图所属地区、国家和海区。总图的图名

中　国　　　东　海

舟 山 群 岛 及 附 近

1∶250 000（基准纬线 30°20′）

墨卡托投影

深度 ……m …… 理论深度基准面下
高程 ……m …… 黄海系平均海面上
　　　　　　　（岛屿系平均海面上）
基本等高距 100 m
图式采用 1982 年版

图 1-2-3　海图标题栏

以海洋区域命名，航行图一般用图内较重要的地名作为起讫点来命名，港湾图一般以其包括的港湾、锚地、岛屿、水道等命名，图名下是有关编图的一些说明。

海图标题栏通常还印有图区内禁航区、雷区、禁止抛锚区、航标、分道通航制和地磁资料等与航行安全有关的说明和重要注意事项或警告，以及图区内重要物标的对景图、潮信表、潮流表和换算表等资料。

2. 图廓注记

在海图图廓四周注记有许多与出版和使用海图有关的资料，详述如下。

（1）**海图图号**　印在海图图廓的四个角上，不论该图怎样放置，图号均

可保持从该图的右下角读出。中版海图图号是按海图所属地区编号的。

（2）发行和出版情况 印在图廓外下边中间，给出新图的出版和发行单位、日期。其右边还印有该图新版或改版日期。

（3）小改正记录 印在图廓外左下角。用以登记自该图出版（新版或改版）以来改正过的所有小改正通告年份和通告号码，以备查考该图是否已及时改正至最新。

（4）图幅 印在图廓外右下角，在括号内给出海图内廓界限图幅尺寸，用以检查海图图纸是否有伸缩变形。中版海图以毫米为单位。

（5）临图索引 印在图廓外或图廓内适当地方，表示相同或相近比例尺的邻接图图号。

（6）公里尺和对数尺 在海图纬度尺的外侧印有公里尺；在海图的左上角和右下角还印有对数尺，可供航海人员使用。

第三节 海图的分类和使用注意事项

本节要点：海图的分类方法和用途，海图的使用注意事项。

一、海图分类

根据作用不同，海图可以分为航用海图和参考图两大类。

1. 航用海图

主要用于拟定航线、进行航迹推算和定位等海图作业。航用海图按比例尺的大小，一般又可以分为：

（1）总图 这种图比例尺较小，一般小于1∶3 000 000。包括世界海洋总图、大洋总图和海区总图，主要用来研究海洋形势和制定航行计划等使用。

（2）航行图（航海图） 其比例尺一般为1∶（100 000～2 990 000）。包括远洋航行图、近海航行图和沿岸航行图，供船舶航行时使用。

（3）港泊图 其比例尺一般大于1∶100 000。图上详细记载了港口、锚地、航道、码头等情况，供船舶进出港口和锚泊时使用。

2. 参考图

参考图一般不用作航迹推算和定位，是为了满足某种航海特殊需要而专门制作的海图。如大圆海图、航路设计图、等磁差曲线图等。

二、使用海图注意事项

①拟定航线和进行海图作业时，应尽量选用较大比例尺海图。

②要善于鉴别一张海图的可信赖程度，选用精测的海图。

③要选用新出版的海图。

④海图应及时根据航海通告和有关的无线电警告，及时加以改正和更新。

⑤海图作业应采用软质铅笔和绘图橡皮，绘图和擦图时应避免损坏海图。

⑥海图平时应平放在干燥的地方，防止海图受潮霉烂或变形。雨雪天进行海图作业时，应注意不要弄湿海图。一旦海图受潮，应平放阴干，切不可曝晒或用火烘烤，以避免海图变形。图幅较大的海图临时折叠，最好浮折，不要折死，以避免损坏海图和影响图上重要航海资料的清晰程度。

思考题

1. 什么是海图比例尺，海图上标明 1：150 000（30°N）的含义是什么？

2. 试述恒向线的定义及其性质。

3. 墨卡托海图有哪些特点？

4. 试说明山高、灯高、干出高度、桥梁净空高度以及水深等的起算面。

5. 试述常用的高程、水深、地质、航标及礁石、沉船等航行障碍物的海图图式。

6. 试述常用的区域与界限图示。

7. 试述常见的水流图示。

8. 简述海图标题栏和图廓注记的主要内容。

9. 海图是如何分类的？

10. 试述海图使用时的注意事项。

第三章　船舶定位

船舶在航行中，要求航海人员尽一切可能随时确定本船的船位所在。这样，才可能结合海图，了解船舶周围的航行条件，及时采取适当、有效的航行方法和必要的航行措施，确保船舶安全、经济地航行。

船舶在海上确定船位的方法一般分两类，即航迹推算（包括航迹绘算和航迹计算）和陆标定位。

小型渔船船员应掌握基本的航迹绘算方法和简单的陆标定位方法。

第一节　航迹绘算

本节要点： *航迹绘算的基本方法；测定压差角的方法。*

航迹推算是船舶驾驶员根据航向、航程以及所经海区的风流要素，从已知船位推算出具有一定精度的航迹和某一时刻船位的方法。该方法是航海上求取船位和航迹的最基本方法。航迹推算应在船舶驶离港口或码头，定速航行并测得准确的船位后立即开始。在整个航行过程中，应连续进行航迹推算，不得无故中断，直至驶入目的港水域或接近港界有物标可供定位时，方可终止。

一、无风流情况下的航迹绘算

航海上，习惯将事先在海图上拟定的航线称为计划航迹线（简称计划航线），即船舶将要航行的计划航迹；计划航线的前进方向，叫计划航迹向（简称计划航向），即由真北线起按顺时针方向度量到计划航线的角度，用 CA 表示。通过航迹推算所确定的航迹线，称为推算航迹线。推算航迹线的前进方向，叫推算航迹向，即由真北线起按顺时针方向度量到推算航迹线的角度，用 CG 表示。船舶在风流等影响下实际的航行轨迹，称为实际航迹线，简称航迹线。通过航迹推算所确定的船位称为推算船位。无风流情况下，根据航程在计划航线或真航向线上所截取的船位，称为积算船位。

所谓无风流影响，是指风流很小，对航向的影响小于±1°，可以忽略不计。因此，无风流情况下，计划航向 CA 即为船舶要行驶的真航向 TC；反之，船舶航行时的真航向，即为推算航迹向 CG。即：

计划航向（推算航迹向）＝真航向　　　船速＝航速（对地速度）

作图方法：从推算起始点绘画计划航迹线或推算航迹线，并在其上按计程仪航程 S_L 截取一点，该点即为无风流情况下的推算船位（积算船位）。

推算（积算）船位符号："＋＋"

海图作业标注方法：在航迹线上标注 CA（如果已知）、CC、ΔC；在船位点标注：时间和计程仪读数。

例 1-3-1：某船 CC＝070°，ΔC＝－3°，0800 计程仪读数为 10.0，1 000 计程仪读数为 36.8，求 1 000 的推算船位。如图 1-3-1 所示：

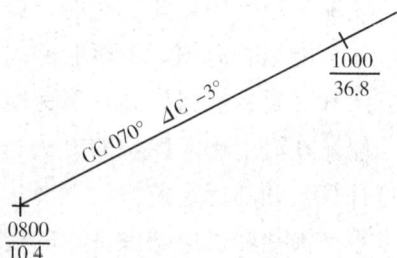

TC＝CC＋ΔC＝070°＋（－3°）＝067°

图 1-3-1　无风流时航迹积算

由 0800 船位点画出推算航迹线（此处为航向线），并根据 2h 的计程仪读数差 26.4n mile，在推算航迹线上截得 1 000 船位并标注。

二、有风、流情况下压差角的测定方法

在有风流的情况下，航迹向与真航向之间有一个偏差角度，称为风流合压差。必须测定出风流合压差，才能对航向进行修正，以保证船舶航行在计划航线上。

1. 风压差角

船舶在风中航行，除了以船速沿真航向航行外，风还会使船舶向下风漂移。船舶在有风无流中的航行轨迹线称为风中航迹线，风中航迹线的前进方向叫做风中航迹向。风中航迹线与真航向线之间的夹角叫做风压差角，简称风压差，用 α 表示。

船舶左舷受风，α 为正"＋"；右舷受风，α 为负"－"。

风压差的大小，与下列因素有关：

（1）风舷角　风舷角接近 90°，α 最大（图 1-3-2）。

（2）风速　风速越大，α 越大。

（3）船速　船速越大，α 越小。

（4）吃水和水下船型　吃水越大，α 越小；平底船要比尖底船的 α 大。

（5）船舶受风面积和船型

同一船受风面积越大，α越大。

2. 流压差角

如图1-3-3所示，船舶在有水流影响的水域航行，除了以船速沿真航向航行外，还会在水流的作用下顺水漂移。

船舶在有流无风中的航行轨迹线称为流中航迹线，流中航迹线的方向叫作流中航迹向。流中航迹线与航向线之间的夹角叫做流压差角，简称流压差，用β表示。船舶左舷受流，β为正"＋"；右舷受流，β为负"－"。

3. 风流合压差角

船舶在有风流影响的情况下航行，除了以船速沿真航向航行外，还会在风的作用下向下风漂移，同时，在流的作用下产生顺流漂移运动。船舶在风流同时作用下的航行轨迹，叫作风流中航迹线，其方向称为风流中航迹向。真航向与风流中航迹向之间的夹角称为风流合压差角，简称风流合压差，用γ表示（图1-3-4）。航迹线偏在航向线右面时，γ为"＋"；偏在航向线左面时，γ为"－"。

图1-3-2　风舷角

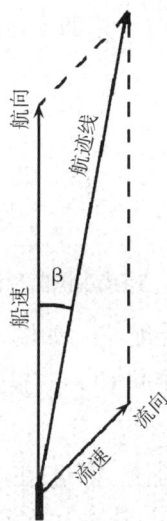

图1-3-3　流压差角

即：$\gamma = \alpha + \beta$

求出压差角后，可以利用公式求出准确的驾驶航向。

$$TC = CA（CG）- \gamma$$

4. 压差角的测定方法

为了提高航迹推算的精度，需要掌握准确的风流压差值。航海上通常采

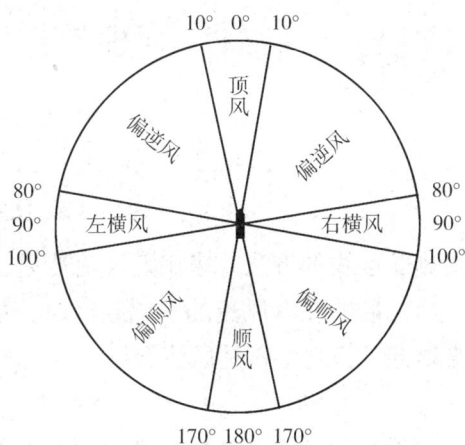

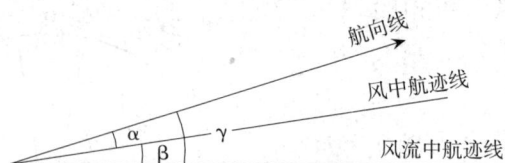

图 1-3-4 风流合压差

用实测航迹线的方法，来确定风流压差。

通常船舶在有风流的水域航行时，如果测得船舶的实际航迹向 CG，则与真航向 TC 之差就是风流合压差 γ。即：

$$\gamma = CG - TC$$

如果当时海面只有风，则为 α；如果只有流，则为 β。

航海上常用的测定压差角方法有以下几种：

(1) **连续观测船位法** 如图 1-3-5，在一定时间内，连续观测 3～5 次船位，用平差的方法以直线连接各观测船位。该直线即为航迹线，量出航迹向 CG，它与真航向之差即为风流压差。

$$\gamma = CG - TC$$

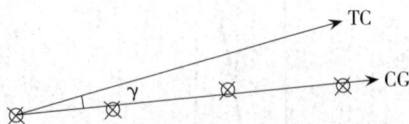

图 1-3-5 连续观测船位法

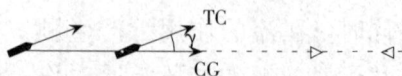

图 1-3-6 叠标导航法

(2) **叠标导航法** 如图 1-3-6，船舶沿着某一叠标线航行，此时叠标线的方向即为航迹向 CG，它与真航向之差即为风流压差。

$$\gamma = CG - TC$$

(3) **尾迹流法** 船舶在航行中，测定尾迹流的方向，其反方向与真航向之差为风压差 α，该方法在有风流的海域测得的也是风压差 α（图 1-3-7）。

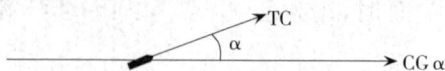

图 1-3-7 尾迹流法

第二节 陆标定位

本节要点：识别陆标的方法；方位定位和单标方位距离定位方法以及注

意事项。

陆标定位是利用视界内已知物标（山、岛屿、灯塔等），测出船舶与已知物标的相对关系，从而求出本船观测时刻的位置。

一、陆标的识别

陆标定位时，能否准确无误地辨认物标，是能否准确定位的前提。在选择物标时，一定要对所选物标反复辨认，确保事先在海图上所选定的定位物标和实际所测定的物标是同一物标。如果在实际测定或海图作业时错认了物标，必将出现错误的观测船位，从而威胁船舶的航行安全。航海上常用的识别陆标的方法如下：

1. 孤立、显著物标的识别

孤立的小岛、山峰和岬角等天然陆标，可根据它们的形状、相对位置关系进行识别；灯塔、灯桩等人工航标，可根据它们的形状、颜色、顶标灯质等特点加以识别。

2. 利用对景图识别

在航用海图和航路指南中，经常附有一些重要陆标（如山头、岛屿、灯塔等）的照片或图画的对景图。当航行到该海域，可以将实际观察到的景象与相应的对景图相比对，便可辨认出对景图中所标明的一些重要物标。

同一物标，在不同的方位和距离上观看，其形状也各不相同。因此，每幅对景图都注有该图相对于图中某一物标的方位和距离，使用时要特别加以注意（图 1-3-8）。

老铁山灯
方位333°　距离13.5n mile

老铁山高程464m
位置38°31′.7N　121°15′.4E

图 1-3-8　对景图

3. 利用等高线识别

航用海图上，山形、岛屿等陆标通常是以等高线（地面上高程相等的各点连线）来描绘的。等高线的多少和疏密，表示山形的高低和陡峭程度。等高线越多，表示山越高；等高线越少，表示山越低；等高线越密，表示山形越陡峭；等高线越稀疏，表示山形较平坦。因此。可以根据等高线的多少、疏密和形状，来判断出地貌的立体形状来（图1-3-9）。

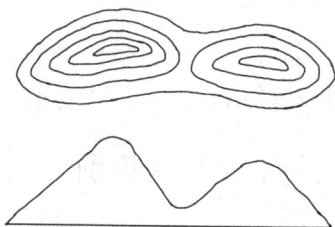

图 1-3-9　利用等高线识别物标

4. 利用灯质辨认物标

夜间航行，如果发现有灯标，应根据推算船位和灯标的方位，在海图上寻找该灯标，并且应与海图上或航标表中所载该灯标的周期、光色、射程以及与本船相对位置等几方面予以核对，辨认清楚。航行中如发现灯标与预计的不相符时，应认真分析、查明原因，切忌任何马虎。

二、方位定位

利用罗经（雷达）同时观测两个或两个以上陆标的方位，来确定船位的方法和过程称为方位定位。方位定位具有观测与作图简单、迅速、直观等优点，是最基本和最常用的陆标定位方法之一。

1. 两方位定位

（1）定位步骤

①在推算船位附近选择两适当的物标 M_1 和 M_2，并注意辨认。

②用罗经观测两物标的罗方位 CB_1、CB_2。

③按下式求取两物标的真方位：

$$TB_1 = CB_1 + \Delta C$$

$$TB_2 = CB_2 + \Delta C$$

④如图 1-3-10 所示，在海图上分别自 M_1 和 M_2 绘画方位位置线，其交点即为观测船位。观测船位用符号"⊙"表示。

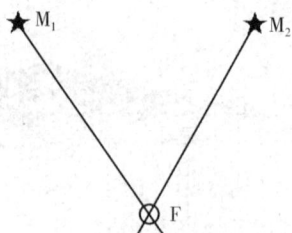

图 1-3-10　两标方位定位

由于观测和作图过程中，不可避免地存在一定的误差，加上事实上并不能真正做到同时观测，因此，上述观测船位并非观测时刻的真实船位所在，只能认为是当时的最可能船位。

目前，在小型渔船上只有磁罗经，没有安装陀螺罗经（电罗经），雷达无法获得航向信号。在用雷达测定两标方位时，应采用船首向上显示方式，所测得的方位为相对方位（即舷角 Q），用下式求得真方位，进行海图作业。

$$TB=TC+Q$$

（2）提高两方位定位精度的方法 为了提高两方位定位观测船位的精度，即减小观测船位系统误差和船位误差圆半径，除了尽可能减小误差之外，还应注意选择适当的定位物标和遵循一定的观测顺序。

选择物标时的注意事项：选择下列物标，有利于提高两方位观测船位的精度。

①应选择海图上精确测绘的显著物标。

②尽可能选孤立、近距离的物标。

③两方位位置线交角应尽可能接近 90°；一般应满足：$30°≤θ≤150°$。

观测物标顺序：为了减少观测误差，在白天应当先观测船舶艉艏线附近的物标，后观测正横附近的物标。

夜间观测灯标时，应本着先难后易的原则，尽量缩短前后两次观测的时间间隔，先测闪光灯、后测定光灯；先测灯光周期长的、后测灯光周期短的灯标；先测灯光弱的、后测灯光强的灯标。

三、方位距离定位

利用视界内唯一可供观测的物标，同时测定其方位和距离，可得到该物标同一时刻的两条（方位和距离）位置线，它们的交点即为观测时刻的船位。

航海上经常使用雷达同时观测物标的方位和距离进行定位。

1. 方位距离定位

同时观测某物标的方位和距离，由物标画出方位位置线和距离位置线，其交点为船位（图 1-3-11）。

用雷达进行方位距离定位时，应当将相对方位换算成真方位。

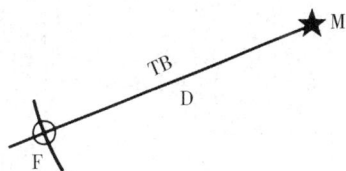

图 1-3-11　方位距离定位

2. 提高方位距离定位精度的方法

单标方位距离定位，船位误差主要取决于观测方位和观测距离的精度，为了提高单物标方位距离定位的精度，除了要尽可能消除观测和绘画方位距离的误差外，还应尽量选择离船较近的物标。

第三节　海图作业的基本方法

1. 海图作业工具

（1）**航海三角板**　1付，可用来在海图上画线、平移直线、量取航向和方位。

（2）**量角器**　在航海三角板上刻有量角器。在量角器圆周边缘附近刻有两圈读数同一处的内圈和外圈角度读数相差180°。当航向或方位大于180°时，读取内圈读数；小于180°时，读取外圈读数。

（3）**分规（圆规）**　用于在海图上量取航程和距离。

2. 海图作业基本方法

（1）已知位置量取经纬度和已知经纬度标定位置

①已知位置量取经纬度：量取经度时，将第一只三角板的一边与船位附近的纬线重合，第二只三角板的直角边与之重合，压紧第一只三角板，推移第二只三角板，直到第二只三角板的另一直角边通过给定位置为止，从该直角边与经度图尺的相交处读出经度（图1-3-12）。

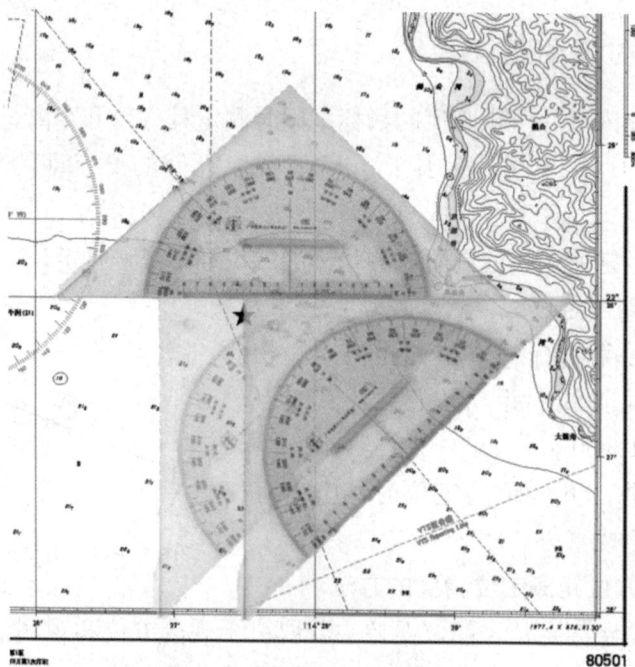

图1-3-12　航海三角板作图

量取纬度时，将第一只三角板的一边与船位附近的经线重合，第二只三角板的直角边与之重合，压紧第一只三角板，推移第二只三角板，直到第二只三角板的另一直角边通过给定位置为止，从该直角边与纬度图尺的相交处读出纬度。

②已知经纬度标定位置：用航海三角板标定。

绘画经线时，将第一只三角板的一边与纬线重合，第二只三角板的直角边与之重合，压紧第一只三角板，推移第二只三角板的另一直角边到经度图尺给定的经度处，在给定的纬度附近画出经线；同理，可画出纬线。经、纬线的交点为所要标定的位置。

（2）量取航向（方位）和画航向线（方位线）

①量取航向和方位：将一只三角板的斜边与航向线（方位线）重合，将第二只三角板对齐第一只三角板的直角边并压紧，滑动第一只三角板，将航向线（方位线）平移到方位圈，量取其方向度数（图1-3-13）。

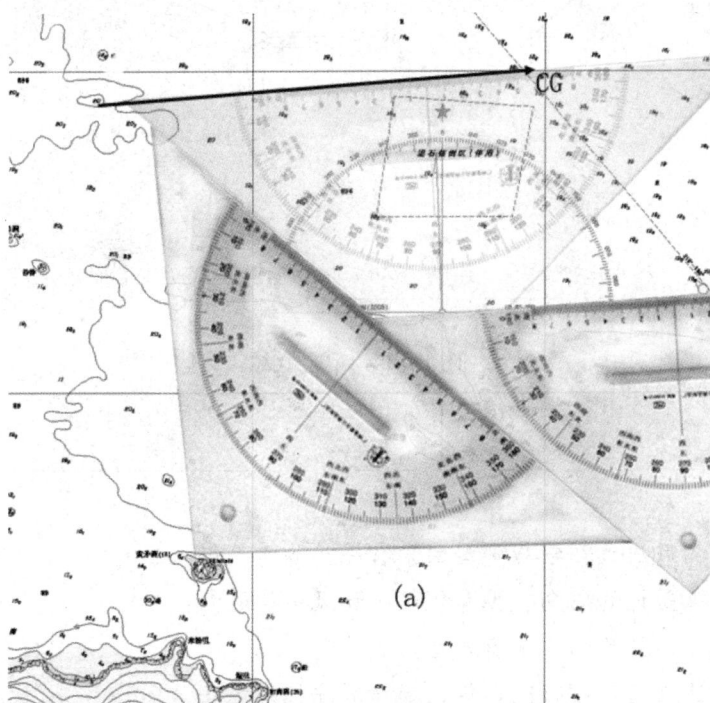

图1-3-13　三角板量取航向

②画航向线和方位线：根据给定的航向（方位），用航海三角板画出航向线（方位线）。

将上述步骤反过来，在方向圈（或者附近的经线）用三角板（量角器）对准给定的航向方向，将该方向平推到船位点，画出航向线；画方位线时，是将方位方向平推到物标，由物标按方位的反方向画出方位线。

（3）用分规量距离　在海图上量取距离（航程）时，首先用分规量出某距离的长度。然后，在航行区域所在的平均纬度附近的纬度图尺上，读取该长度对应多少个纬度分，1分为1n mile；反之，如果已知距离（航程），在航行区域平均纬度附近的纬度图尺上用分规量取海里数，再回到图上截取（图1-3-14）。

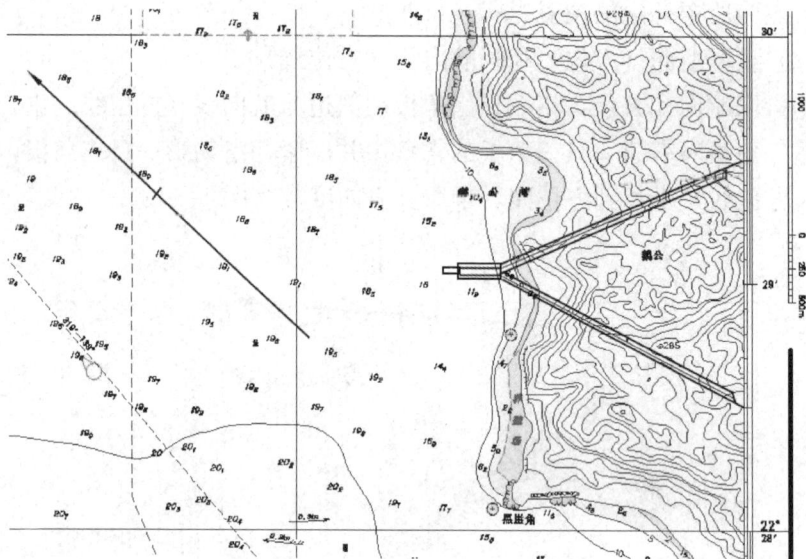

图1-3-14　量取距离

思考题

1. 何谓风压差？它与哪些因素有关？如何获得风压差？

2. 什么是计划航向、推算航迹向和风中航迹向？

3. 测定压差角的方法有哪些？

4. 试述在沿岸航行时，辨认和识别陆标的方法。

5. 熟悉两标方位定位方法。

6. 试述在两标方位定位中，选择物标的注意事项以及观测目标的顺序。

7. 熟悉单标方位距离定位方法。

第四章 潮 汐

潮汐学是研究海洋、大气和地球潮汐现象的一门科学。本书只从航海实际应用出发，阐明海洋潮汐的现象、成因以及在航海中的应用。

第一节 潮汐的基本成因与潮汐不等

本节要点：潮汐产生的原因；潮汐不等现象。

一、潮汐现象

在沿海生活的人们注意到，海面每天产生周期性的升降现象。海面在周期性外力作用下，产生的周期性升降运动称为潮汐，并将白天的海面上升称为潮，晚上的海面上升称为汐。海面上升的过程称为涨潮，当海面到达最高点时，称为高潮；海面下降的过程称为落潮，当海面到达最低点时，称为低潮。伴随海面周期性的升降运动而产生海水周期性的水平方向流动，称为潮流。

潮汐与航海的关系非常密切，当船舶通过浅水航道或浅水区时，吃水较深的船舶需要候潮；潮流可以使得船舶的航速增加（顺流时）或减少（逆流时），在沿岸航行中，潮流还能使船舶偏离航线，稍不谨慎就容易发生事故。因此，掌握潮汐的基本成因、潮汐术语和潮汐、潮流的计算方法等，对保证航行计划的顺利实施和确保航行安全有着重要的意义。

二、潮汐的基本成因

潮汐是由天体的引潮力产生的，天体的引力与惯性离心力的合力称为引潮力。对潮汐影响大的是月球和太阳的引潮力，其中，月球引潮力是产生潮汐的主要力量。即月球对地面海水的引力和地球绕地（球）、月（球）公共质心进行平动运动所产生的惯性离心力，是形成潮汐的主要原动力。

1. 月球的引力

按万有引力定律，月球与地球之间的引力与地、月两球的质量成正比，与它们之间距离的平方成反比。

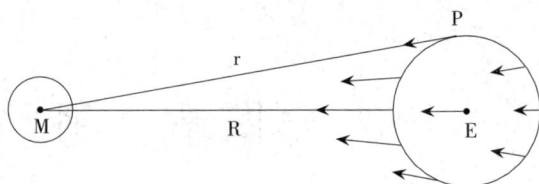

图 1-4-1　月球的引力

对于地球上各点来说，其所受月球引力的大小和方向均不相同，即不同地点的水质点所受到的月球引力的大小，是随着该点与月球中心的距离 r 的不同而不同的。离月球近的水质点受力大，离月球远的则受力小，且引力的方向均指向月球中心（图 1-4-1）。

2. 惯性离心力

月球和地球都绕着它们的公共质心进行平动运动，因此，对于地球上的各点，所受到的惯性离心力大小相等，方向相同。当只考虑地、月系统时，地球所受到的月球引力与地球绕公共质心的平动运动产生的惯性离心力近似平衡。

3. 月球引潮力及月潮椭圆体

通过以上的分析得知，地球上各点在任何时刻均同时受到月球引力和地球绕公共质心进行平动运动所产生的惯性离心力的作用，这两个力的矢量和称为月球引潮力。

图 1-4-2 是地球上各点的月球引潮力的大小和方向示意图，在地球中心，引力与离心力大小相等，方向相反，处于力的平衡状态，引潮力等于零。在其他各点处，引力和离心力不会相互抵消，从而产生了引潮力。

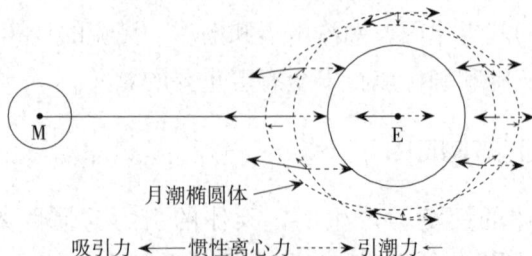

月潮椭圆体

吸引力 ◄──── 惯性离心力 ┄┄┄┄► 引潮力 ◄──

图 1-4-2　月球引潮力示意图

假设地球表面被等深的海水所覆盖，则在引潮力的作用下，地球表面的海水将达到新的平衡状态，而成为其长轴与月地连线一致的椭圆体，称为月潮椭圆体。

见图1-4-3，假设月球赤纬等于零，对于地球表面上任意一点A，当地球自转时，A点分别处于A_1、A_2、A_3、A_4点，该地海面的高度分别经历高-低-高-低的周期性变化，由此就产生了潮汐。

相对于月亮，地球自转1周称为1个太阴日，1个太阴日（月亮连续两次上中天的时间间隔）是多长时间呢？

地点A由A_1-A_2-A_3-A_4再回到A_1点历时24h，此时由于月亮绕地球公转，此时已经不在M_1位置，而是到了M_2位置。由于1个太阴月为29.5天（相对于太阳，月亮绕行地球1周的时间），这样，地球必须继续自转大约12°（即地点A转到A_5点）才能再次月中天。地球自转12°需要50min，因此，1个太阴日为24h50min。在1个太阴日中潮汐要经过4次变化，相邻2次高潮（低潮）的时间间隔为12 h25min。

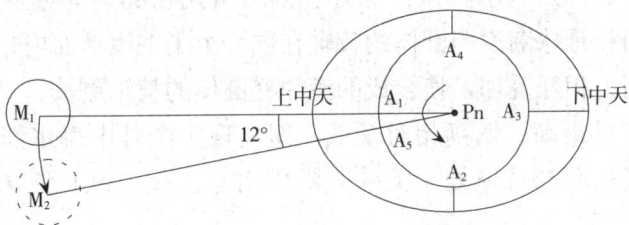

图1-4-3 潮汐产生示意图

三、潮汐不等

1. 潮汐的周日不等

当月赤纬等于零时，或观测点的地理纬度为零时，在1个太阴日中发生的2次高潮（或低潮）的高度差不多相等，相邻涨落潮的时间间隔也差不多相等，我们把这种潮汐称为半日潮。

当月赤纬不等于零，观测点的地理纬度也不为零时，潮汐椭圆体的长轴与赤道平面之间有1个夹角（夹角等于月球赤纬），当地球自转时，就出现了同一太阴日中2次高潮（低潮）的高度不等，相邻的高、低潮（或低、高潮）之间的时间间隔（涨、落潮时间）也不等的现象，我们称为周日不等现象。

潮汐按涨落周期不同，可分为以下4种类型：

（1）**正规半日潮** 1个太阴日内发生2次高潮和2次低潮，2次高潮（低潮）的高度相差不大，涨落潮时间也大致相同。

（2）全日潮　半个月中连续 1/2 以上天数是日潮，其余日子为半日潮。

（3）不正规半日潮　基本上为半日潮特征，但相邻高潮（低潮）的潮高相差很大，涨落潮时间也不相等。

（4）不正规日潮　半个月中，日潮天数不超过 7 天，其余为不正规半日潮。

2. 潮汐的半月不等

上面仅讨论了月球对地球的作用和月引潮力对潮汐的影响，太阳同样对地球产生作用，产生的太阳引潮力同样会对潮汐产生影响。由于太阳到地球的距离远大于月球到地球的距离，月引潮力要比太阳的引潮力大 2.17 倍，所以，对于潮汐现象而言，月球的作用是主要的，太阳的引潮力是次要的。由于月球、太阳和地球在空间周期性地改变着它们的相对位置，因而发生了潮汐半月不等现象。

如图 1-4-4（a）所示，当月球处在新月（阴历初一）或满月（阴历十六）时，太阳和月球潮汐椭圆体的长轴在同一个子午圈平面内，则太阳引潮力与月球引潮力相互叠加，使合成的潮汐椭圆体的长轴更长、短轴更短，从而出现高潮相对最高、低潮相对最低，即出现 1 个月中海水涨落最大的现象，称为大潮；而当月球处于上弦（阴历初七、八）和下弦（阴历初二十

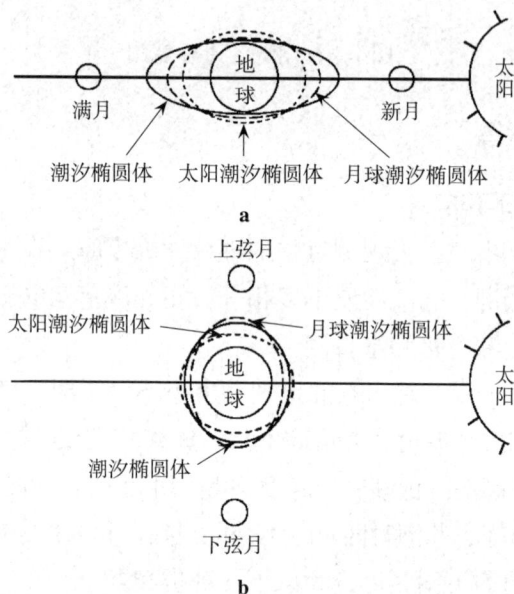

图 1-4-4　潮汐半月不等
a. 大潮产生示意图　b. 小潮产生示意图

二、三）时，太阳和月球潮汐椭圆体的长、短轴在同一个子午圈平面内，因此，两者的引潮力互相抵消一部分，使合成的潮汐椭圆体的长轴变短、短轴变长，如图1-4-4（b）所示，从而出现了高潮相对最低、低潮相对最高，即出现1个月中海水涨落相对最小的现象，称为小潮。可见，月亮从新月-上弦月-满月-下弦月变化，潮汐将经过大潮-小潮-大潮-小潮的变化。由于大小潮的变化是以半个太阴月为周期的，这种现象称为潮汐的半月不等。

3. 潮汐的视差不等

潮汐的视差不等，是由于月球和太阳与地球间的距离变化，使月球引潮力和太阳引潮力发生变化，从而产生的潮汐不等现象。月球是沿椭圆轨道绕地球转动的，地球在椭圆轨道的1个焦点上。当月球位于近地点时，其引潮力要比位于远地点时约大40%；当地球位于近日点时，引潮力比远日点时约大10%。这种由于地球和太阳、月球距离变化而产生的潮汐不等,称为视差不等。

四、理论潮汐与实际潮汐的差异

上述对潮汐成因、潮汐不等问题的讨论，都是在理想的假设条件下进行的。事实上，海水有黏滞性，海洋深浅不一，海底崎岖不平，海水与地面有很大的摩擦力，因此，高潮并不发生在月上（下）中天之时，而是滞后一段时间才发生。从月上（下）中天时到当地出现第一次高潮的时间间隔称高潮间隙；大潮也不发生在朔望之日，而往往发生在朔望后的1～3天。朔望日到发生大潮的间隔天数称为潮龄，我国沿海潮龄一般为2天。

沿岸海区地理条件较大洋更加复杂。其水深变化大，海底地形复杂，岸线曲折，尤其是浅滩和狭窄海湾的存在等地理特点，不仅能改变海水涨落的差距，而且能改变潮汐性质。另外，潮汐还受大风、气压变化（如台风）、洪水、结冰等影响而增水或减水，尤其在浅水海湾或河口港，其影响可能非常显著，不可忽视。有些河口航道，由于河流下泄水的影响，落潮时间明显长于涨潮时间，落潮流速也明显大于涨潮流速。

五、潮汐术语

在论述潮汐成因、潮汐不等等问题时已介绍了一些潮汐术语，为了便于掌握和实际运用潮汐计算方法，再介绍一些潮汐术语如下（图1-4-5）。

（1）平均海面　根据长期潮汐观测记录算得的某一时期的海面平均高度。

（2）海图深度基准面（海图基准面）　计算海图水深的起算面。

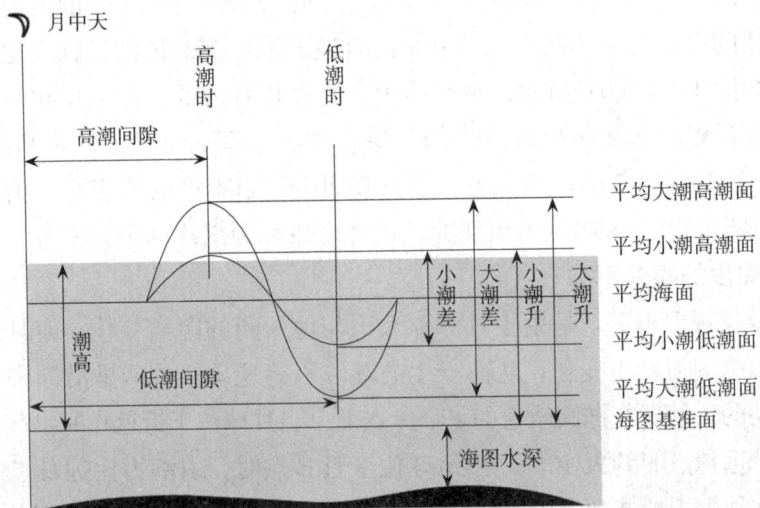

图 1-4-5　潮汐术语示意图

（3）**潮高基准面**　观测和预报潮高的起算面，从平均海面向下度量。潮高基准面一般与海图深度基准面一致。因此，实际水深等于当时潮高加上海图水深。如两者不一致，求实际水深时，应对两者的差值进行修正。

实际水深＝海图水深＋潮高＋（海图基准面－潮高基准面）

（4）**大潮升**　从潮高基准面到平均大潮高潮面的高度。

（5）**小潮升**　从潮高基准面到平均小潮高潮面的高度。

（6）**平均高潮（低潮）间隙**　每天月中天时刻到高（低）潮时的时间间隔的长期观测平均值，称为平均高潮（低潮）间隙。

（7）**潮龄**　由朔、望日到实际大潮发生所间隔的天数，一般为 1~3 天。

（8）**潮高**　从潮高基准面至某潮面的高度。

（9）**高潮高**　从潮高基准面至高潮面的高度，即高潮时的潮高。

（10）**低潮高**　从潮高基准面至低潮面的高度，即低潮时的潮高。

（11）**潮差**　相邻的高潮高与低潮高之差。大潮时的平均潮差称大潮差；小潮时的平均潮差称小潮差。

（12）**平潮与停潮**　当高潮发生后，海面有一段时间呈现停止升降的现象，称为平潮；当低潮发生后，海面有一段时间呈现停止升降的现象，称为停潮。

（13）**回归潮**　当月赤纬最大时的潮汐称为回归潮，此时，潮汐周日不等现象最明显。

（14）分点潮　当月赤纬最小时的潮汐称为分点潮，此时，潮汐周日不等现象最不明显。

第二节　利用潮信资料进行潮汐推算

本节要点：利用潮信资料计算高、低潮时间和高度的方法。

对于小型渔船，在实际工作中需要掌握浅水区的涨落潮时间和高度，以便于安全航行和生产。在中版《潮汐表》的差比数与潮信资料表中给出了港口的潮信资料，可以用来概算潮汐。该方法计算简单、易学好用，在一般情况下准确性可以满足渔船需要。

潮信资料包括：平均大（小）潮升、平均高（低）潮间隙、平均海面。

1. 求高（低）潮时

高（低）潮时＝平均高（低）潮间隙＋（农历日期－1）×0.8＋1200（上半月）

或　＝平均高（低）潮间隙＋（农历日期－16）×0.8（下半月）

例 1-4-1：求阴历初五丹东港高潮时，经查潮信表得到丹东港平均高潮间隙是 1033。

解：高潮潮时＝（5－1）×0.8＋1033＋1200

　　　　　　＝0312＋1033＋1200

　　　　　　＝2545（是第二天的潮汐，需要算回今天的潮汐）

　　　　　　＝2545－2450＝0055（第一高潮时）

第二高潮时＝0055＋1225＝1320

例 1-4-2：求阴历二十三江阴高潮时。经查潮信表得到江阴平均高潮间隙是 0508。

解：高潮潮时＝（23－16）×0.8＋0508

　　　　　　＝0536＋0508

　　　　　　＝1044（第一高潮时）

第二高潮时＝1044＋1225＝2309

在求算高（低）潮时的时候应注意：计算高潮时要用平均高潮间隙；计算低潮时要用平均低潮间隙，使用时不要混淆。

2. 估算潮高

　平均大潮高潮高＝大潮升

平均大潮低潮高＝2×平均海面－大潮升

平均小潮高潮高＝小潮升

平均小潮低潮高＝2×平均海面－小潮升

其他日子的高潮高度可以用下式计算：

$$高潮高度＝大潮升－\frac{大潮升－小潮升}{7.5}×所求日与大潮日相隔的天数$$

低潮高度＝2×平均海面－高潮高度

例1-4-3：查潮信资料得知：我国某地大潮升4.5m、小潮升3.0m、平均海面2.5m，求该地农历初五的高潮高度和低潮高度

解：$高潮高度＝4.5－\dfrac{4.5－3.0}{7.5}×（5－3）＝4.1m$

（我国大潮日为农历初三和十八）

低潮高度＝2×2.5－4.1＝0.9m

求出潮高后，可以利用下列公式求出高、低潮的实际水深。

实际水深＝海图水深＋潮高

思考题

1. 试述潮汐的成因。

2. 试述潮汐的周日不等及其产生的原因。

3. 试述潮汐的半月不等及其产生原因。

4. 试述潮汐类型及其特点。

5. 解释下列名词：潮高基准面、海图基准面、平均大潮高潮面、潮差、高高潮、高低潮、大潮升、平均海面、潮龄、平均高潮间隙。

6. 试写出应用潮信资料进行潮汐推算的公式。

第五章　航　　标

第一节　航标的种类

本节要点：航标的作用；航标的种类。

一、航标的作用

航标是助航标志的简称，它是通过用特定的标志、灯光、音响或无线电信号等供船舶确定船位、航向、避离危险，使船舶沿航道或预定航线安全航行的助航设施。其主要作用是：

（1）**指示航道**　在岛屿、海岸显著处，设置引导标志或在水上设立浮标、灯浮或灯船等，引导船舶沿航标所指示的航道航行。

（2）**供船舶定位**　利用设置的各种航标测定船位。

（3）**标示危险区**　标示航道附近的沉船、暗礁、浅滩及其他危险物，指引船舶远离避开这些危险物。

（4）**供特殊需要**　标示锚地、检疫锚地、测量作业区、禁区、渔区以及供船舶测定运动性能和罗经差使用的水域等。

二、主要航标的种类

（1）**灯塔**　一般设置在显著的海岸、岬角、重要航道附近的陆地或岛屿上和港湾入口处。它是一种比较高大、坚固并能发出特定灯光的塔形建筑物，由塔身、塔基和发光器三部分组成。塔身具有显著的形状和颜色特征，顶部装有光力较强、射程较远的发光器；灯塔一般有专人看守，工作可靠，海图上位置准确，是一种重要的航标；有些灯塔还附设有音响信号、雾号和无线电信号等。

（2）**灯桩**　一般设置在航道附近的岛岸边以及港口防波堤上。它是一种柱状或铁架结构的建筑物，其顶部也装有发光器，但灯光强度不及灯塔，通常无人看守。

（3）**浮标** 一种锚泊在海港和沿海航道以及水下危险物附近，具有规定的形状、尺寸、颜色等的浮动标志。浮标通常装有发光器、音响设备、雷达信标和规定的顶标等，用以标示航道和指示沉船、暗礁、浅滩等危险物的位置。浮标受海流和潮汐的影响，其实际位置以锚碇为中心在一定范围内移动，遇大风浪时可能移位或漂失，一般不能用来定位。

（4）**立标** 一种设置在浅水区、水中礁石上的普通的杆状标，顶部有球形或三角形等标志，用以标示沙嘴尽头、浅滩及险礁的两端、水中礁石及航道中较小的障碍物；也有的设在岸上作为叠标或导标，用以引导船舶进出港口或测定船舶运动性能和罗经差。

（5）**灯船** 一般设立在周围无显著陆标、又不便建造灯塔等的重要航道附近，以引导船舶进出港口和避险等，如表1-5-1所示。

表1-5-1 航标图式

名称	中版图式符号	说明
灯塔		一般设置在显著的海岸、岬角和重要航道附近的陆地上，用来导航和指示危险物位置，一般有人看守
灯桩		简易灯塔，一般无人看守
浮标、灯浮标	 绿　红　黑黄　绿（闪绿）　红（闪红）	一般设在水中危险物附近，用来标示航道和指示危险物位置
立标	 红　黑黄　黑红黑	一般设在浅水区、水中礁石上
灯船		一般设在周围无显著物标且无法设立灯塔的重要航道附近，用来引导船舶进出港和避险。上面的灯船有人看守，下面的灯船无人看守

三、灯光灯质

灯质指灯光的节奏和灯光着色。灯光的颜色通常有白、红、绿、黄几种颜色。基本灯质有定光、闪光、明暗光和互光；常见的灯质有定光、闪光、联闪光、明暗光、联明暗、互光、互闪光、互联闪光、互定闪光和莫尔斯闪光。另外，还有组合闪，如闪（2+1）、快闪（6）＋长闪。其中，闪光灯还分长闪、快闪、甚快闪、特快闪。

第二节 中国海区水上助航标志制度

本节要点：中国海区水上助航标志适用范围；中国海区水上助航标志特征；浮标习惯走向。

海区水上助航标志制度具有国际性质，直接影响着海上船舶的航行安全。过去几百年，由于世界各海区水上助航标志的混乱而给航海人员带来不便，甚至造成航行事故，国际航标协会和各国航标管理部门进行了长期研究、协调，并于1980年11月商讨并通过了国际航标协会浮标制度。

现在有两种国际性的浮标制度区域——A区域和B区域。适用B区域浮标制度的国家有韩国、日本、菲律宾和南、北美洲，其他国家适用A区域浮标制度。A、B区域浮标制度仅在于侧面标标身、顶标的颜色和光色不同：A区域为"左红右绿"；B区域为"左绿右红"。

《中国海区水上助航标志》（GB 4696—1999），是在国际航标协会浮标制度（A区域）的基础上结合我国具体情况制定的。该标准适用于中国海区及其海港、通海河口的所有浮标和水中固定标志（不包括灯塔、扇形光灯标、导灯、灯船和大型助航浮标）。

中国海区水上助航标志，也包括方位标志、侧面标志、孤立危险物标志、安全水域标志和专用标志五大类，其形状、颜色、顶标、光色和光质等与国际航标协会浮标制度中所规定的基本相同。为加强应急沉船示位标设置管理，中华人民共和国海事局2007年9月1日颁布实施了《中国海区应急沉船示位标设置管理规则（试行）》，对应急沉船示位标的用途、特征、设置等做出了详细规定。各类标志简介有以下几种。

一、侧面标志

侧面标志是依航道走向配布的，用以标示航道两侧界限，或标示推荐航道，也可以标示特定航道走向。侧面标包括航道左侧标、右侧标和推荐航道左侧标、右侧标。侧面标志结合"浮标习惯走向"使用，船舶在沿海、河口的航道航行时，用以确定航道左右侧的根据，即浮标系统习惯走向。其规定如下：

①从海上驶近或进入港口、河口、港湾或其他水道的方向。

②在外海、海峡或岛屿之间的水道，原则上指围绕大陆顺时航行的方向。

③在复杂的环境中，航道走向由航标管理机关规定，并在海图上用符号"➤" 标示。

1. 航道左侧标、右侧标

航道左侧标和右侧标分别设在航道的左侧和右侧，标示航道左侧和右侧界线。按照航道走向行驶的船舶，应将航道左侧标和右侧标置于该船的左舷和右舷通过，如图 1-5-1 所示。航道左侧标和右侧标的特征，应符合表 1-5-2 的规定。

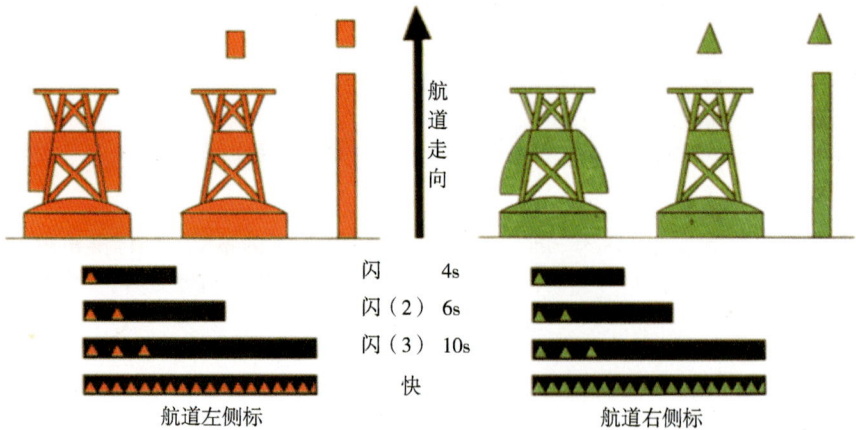

图 1-5-1　航道左侧标、右侧标

表 1-5-2　侧面标特征

特　征	航道左侧表	航道右侧表
颜　色	红色	绿色
形　状	罐形，或装有顶标的柱形或杆形	锥形，或装有顶标的柱形或杆形
顶　标	单个红色罐形	单个绿色锥形，锥顶向上

（续）

特 征	航道左侧表	航道右侧表
灯 质	红光，单闪，周期4s 红光，单闪2次，周期6s 红光，单闪3次，周期10s 红光，连续快闪	绿光，单闪，周期4s 绿光，单闪2次，周期6s 绿光，单闪3次，周期10s 绿光，连续快闪

2. 推荐航道左侧标、右侧标

推荐航道左侧标和右侧标设立在航道分岔处，也可设置在特定航道。船舶沿航道航行时，推荐航道左侧标标示推荐航道或特定航道在其右侧，推荐航道右侧标标示推荐航道或特定航道在其左侧，如图1-5-2所示。推荐航道左侧标和右侧标的特征，应符合表1-5-3的规定。

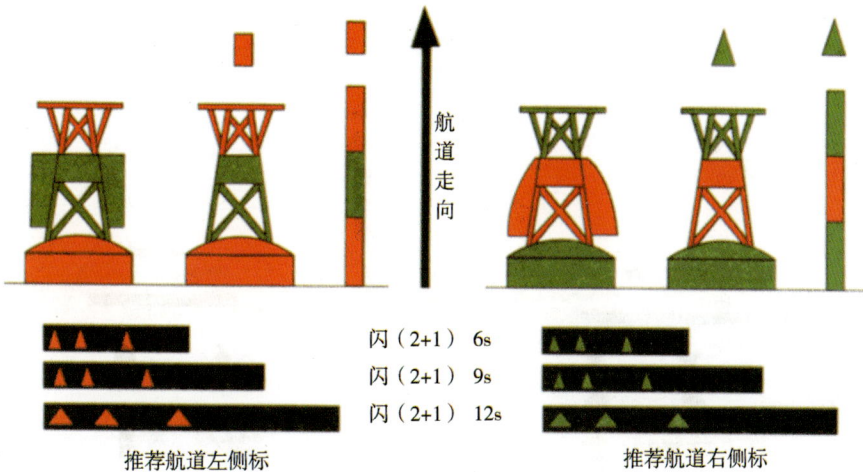

图1-5-2 推荐航道左侧标、右侧标

表1-5-3 推荐航道侧面标特征

特 征	推荐航道左侧表	推荐航道右侧表
颜 色	红色，中间1条绿色横带	绿色，中间1条红色横带
形 状	罐形，装有顶标的柱形或杆形	锥形，装有顶标的柱形或杆形
顶 标	单个红色罐形	单个绿色锥形，锥顶向上
灯 质	红光，混合联闪2次加1次，6s 红光，混合联闪2次加1次，9s 红光，混合联闪2次加1次，12s	绿光，混合联闪2次加1次，6s 绿光，混合联闪2次加1次，9s 绿光，混合联闪2次加1次，12s

二、方位标志

方位标志设在以危险物或危险区为中心的北、东、南、西四个象限内，即真方位西北-东北，东北-东南，东南-西南，西南-西北，并对应所在象限命名为北方位标、东方位标、南方位标、西方位标，分别标示在该标的同名一侧为可航行水域。方位标也可设在航道的转弯、分支汇合处或浅滩的终端。

北方位标设在危险物或危险区的北方，船舶应在本标的北方通过；东方位标设在危险物或危险区的东方，船舶应在本标的东方通过；南方位标设在危险物或危险区的南方，船舶应在本标的南方通过；西方位标设在危险物或危险区的西方，船舶应在本标的西方通过。方位标志如图 1-5-3 所示，方位标志的特征应符合表 1-5-4 的规定。

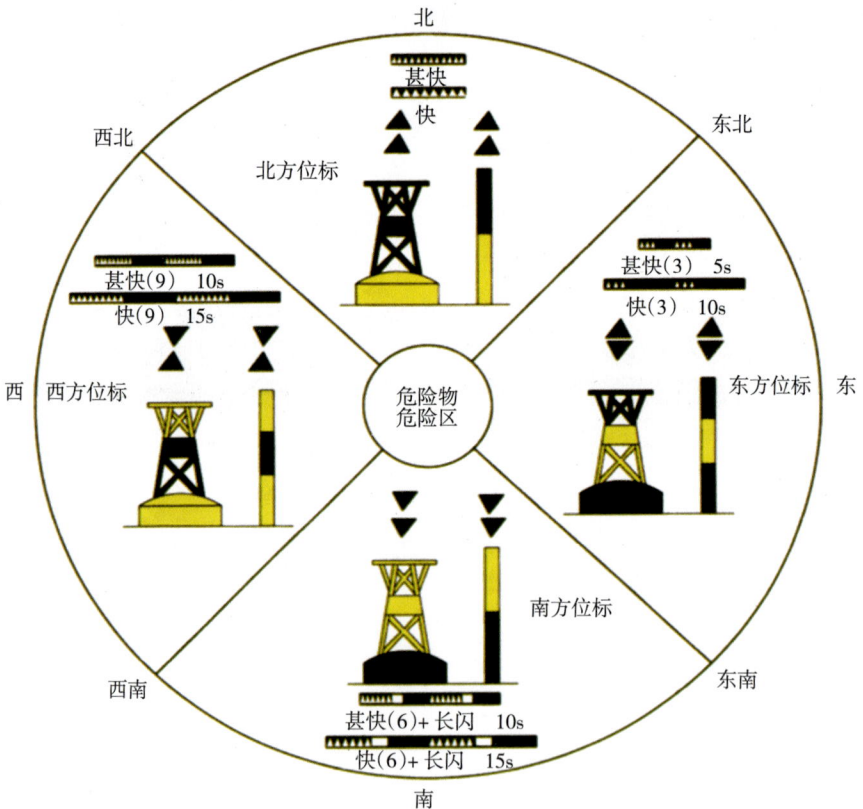

图 1-5-3　方位标

表 1-5-4　方位标特征

特　征	北方位标	东方位标	南方位标	西方位标
颜　色	上黑下黄	黑色，中间1条黄色横带	上黄下黑	黄色，中间1条黑色横带
形　状	装有顶标的柱形或杆形			
顶　标	上下垂直设置2个锥体			
灯　质	锥顶均向上	锥底相对	锥顶均向下	锥顶相对
	白光，连续甚快闪	白光，联甚快闪3次，周期5s	白光，联甚快闪6次加一长闪，周期10s	白光，联甚快闪9次，周期10s
	白光，连续快闪	白光，联甚快闪3次，周期10s	白光，联快闪6次加一长闪，周期15s	白光，联快闪9次，周期15s

三、孤立危险物标志

孤立危险物标设置或系泊在孤立危险物上，或尽量靠近危险物的地方，标示孤立危险物所在。船舶应参照航海资料，避开本标航行。孤立危险物标如图 1-5-4 所示，孤立危险物标的特征应符合表 1-5-5 的规定。

闪（2）　5s

图 1-5-4　孤立危险标

表 1-5-5　孤立危险标特征

特　征	孤立危险标
颜　色	黑色，中间有1条或数条红色横带
形　状	装有顶标的柱形或杆形
顶　标	上下垂直的两个黑球
灯　质	白光，联闪2次，周期5s

四、安全水域标志

安全水域标设在航道中央或航道的中线上，标示其周围均为可航行水域；也可代替方位标或侧面标指示接近陆地。安全水域标如图 1-5-5 所示，安全水域标的特征应符合表 1-5-6 的规定。

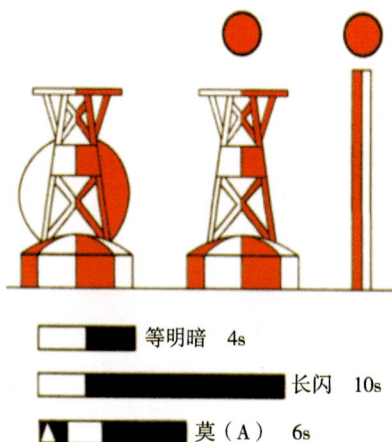

图 1-5-5　安全水域标

表 1-5-6　安全水域标特征

特　征	安全水域标
颜　色	红白相间竖条
形　状	球形，或装有顶标的柱形或杆形
顶　标	单个红色球形
灯　质	白光，等明暗，周期 4s
	白光，长闪，周期 10s
	白光，莫尔斯信号"A"，周期 6s

五、专用标志

专用标是用于标示特定水域或水域特征的标志，如图 1-5-6 所示。专用标的特征应符合表 1-5-7 的规定。

表 1-5-7　专用标特征

特　征	专用标
颜　色	黄色

（续）

特 征	专用标
形 状	不与浮标和水中固定标志相抵触的任何形状
顶 标	黄色，单个"X"形
灯 质	符合表 1-5-8 的规定

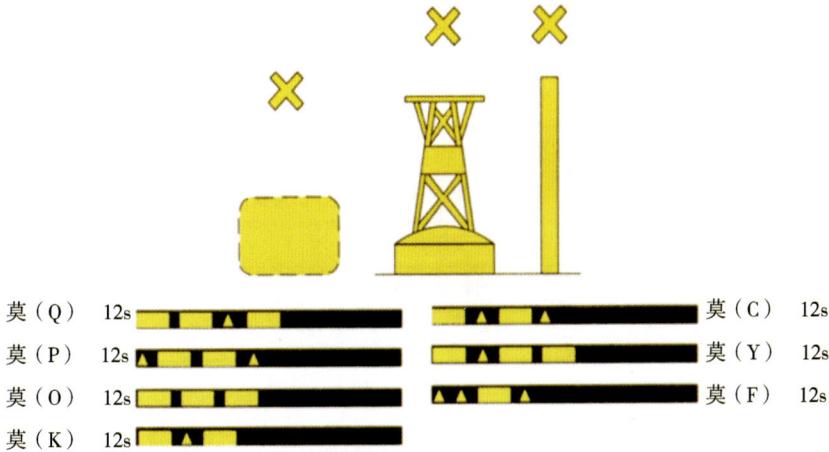

图 1-5-6 专用标

专用标按用途划分，主要包括锚地、禁航区、海上作业区、分道通航、水中构筑物、娱乐区、水产作业区。专用标应在标体明显处设置标示其用途的标记，并应在水上从任何水平方向观测时都能看到，如表 1-5-8 所示。

表 1-5-8 专用标标记符号及灯质

标志用途	标 记		灯 质		
	颜色	符号	光色	莫尔斯信号	周期（s）
锚地	黑	⚓	黄	Q — — · —	12
禁航区	黑	✕	黄	P · — — ·	12
海上作业	红、白	◺	黄	O — — —	12

（续）

标志用途	标　记		灯　质		
	颜色	符号	光色	莫尔斯信号	周期（s）
分道通航	黑		黄	K — · —	12
水中构筑物	黑		黄	C — · — ·	12
娱乐区	红、白		黄	Y — · — —	12
水产作业	黑		黄	F · · — ·	12

六、应急沉船示位标

应急沉船示位标是应设置或系泊在新危险沉船之上，或尽可能靠近新危险沉船的地方，标示新危险沉船所在，船舶应参照有关航海资料，避开本标谨慎航行。

为加强应急沉船示位标设置管理，更有效地标示在我国沿海发生的新危险沉船，保障船舶航行安全，保护水域环境，根据《中国海区水上助航标志》（GB 4696—1999）国家标准和有关法规、国际海事组织相关通函和国际航标协会相关建议和指南，制定中国海区应急沉船示位标设置管理规则。应急沉船示位标的特征应符合表 1-5-9 所示。

表 1-5-9　应急沉船示位标特征

颜色	浮标表面是等分的蓝黄垂直条纹（最少 4 个条纹最多 8 个条纹）
形状	柱形或杆形
顶标	单个竖立/直立黄色十字
灯质	黄蓝光互闪 3s，蓝光和黄光轮流各闪 1s，中间暗 0.5s　（蓝光 1.0s＋暗 0.5s＋黄光 1.0s＋暗 0.5s＝3.0s），灯光射程 4n mile
其他	如果为标示同一危险沉船设置了多个标，其灯质必须同步闪光；可以考虑加设雷达应答器（莫尔斯编码"D"）和/或 AIS 应答器

在以下情况下，经航标管理机关批准可撤除应急沉船示位标：

①沉船已经充分勘测并掌握了详细资料。

②沉船在航海通告上公告或航海出版物上标注，并采取了必要的永久性标识措施。

③新危险沉船碍航危险消除（如已经被打捞）。

思考题

1. 航标有哪些作用？

2. 简述主要航标有哪些分类？

3. 试述中国海区水上助航标志的种类？

4. 试述侧面标志的作用、特征和灯质？

5. 试述方位标志的作用、特征和灯质？

6. 试述孤立危险物标志的作用、特征和灯质？

7. 试述安全水域标志的作用、特征和灯质？

8. 浮标的习惯走向是如何规定的？

第六章　航行计划与航行方法

第一节　航行计划与航海日志

本节要点：航行计划主要内容；航海日志主要内容。

一、航行计划

为了保证安全、迅速、经济地完成航行任务，联系实际，充分考虑各种因素，综合利用船舶驾驶科学知识，制定好航行计划是非常重要的。拟定航行计划的具体工作内容：

1. 图书资料的准备和改正

应备齐包括有关港口、航线、水文气象、航标、港章和地方性航行规则等全部图书资料，并根据航海通告认真改正到使用之日。

2. 人员配备、各种助航仪器的准备和检修

船舶领导对所属船员的适航状况要特别关心，对确定出航人员的政治、技术素质要做到心中有数。助航设备的完备状态，是执行航行计划的必要保证条件之一。要根据平时的工作记录，进行必要的检修。必要时对磁罗经、无线电测向仪等仪器还应进行校正，编制新的自差表。

3. 确定航线

根据查阅航海图书资料和本船或他船的具体航行经验，结合本船的船型、吃水、性能、气象条件、定位条件和船员素质等因素，在保证安全和经济的前提下，反复推敲，确定并预画航线。

4. 进出港和通过重要航段或物标的时机

进出潮流较强的港口，应考虑潮时。还要结合港章的具体规定，尽可能选在中午之前进港。如锚泊船进港或码头在港口纵深地段时，应考虑在时间上留有充分的余地。挂中途港时，应将旅客上下、货物装卸、补充燃料、淡水和食物等时间估算进去。对于暗礁、浅滩、孤立障碍物多或因渔汛期渔船密集的海面，应尽可能设计绕航航线，这样增加航程不多，但更有利于航行安全。

5. 预算时间

经过狭水道、进中途港或目的港时，应根据驶抵时间推算潮汐和潮流情况。在预算到达时间上，应留有余地。在实际航行中，则应宁可提前一些，而不推迟，以便发生意外情况时，有周旋的余地。

6. 填写航行计划表

航行计划制定完成后，还需要填写如下的航行计划表：

①海区重要记事。

②通过重要物标和转向点记要。

③大圆航线分点表。

④途经主要港口的标准时和世界时关系表。

二、航海日志

航海日志是船舶航行和停泊时的工作记录文件，它记载着船舶航行和停泊时的条件和所遇到的情况，以及船员为保证船舶安全所采取的一切措施。

1. 航海日志的作用

（1）积累资料

（2）海事处理的依据　船舶航行在国外，航海日志更要从政治和涉外的角度来考虑它的意义和作用。因此，在填写航海日志时，应该严肃认真地按记载及保管规则的要求进行。

2. 航海日志的填写要求

①由值班驾驶员填写，不得中断。要能完整地反映当当时航行和生产的主要情况，必要时能根据填写内容复原出当时的海图作业。

②按顺序记载，不得留有空格和空页，按规定使用缩写和符号，并记载原始数据。

③记载如有错误，可用笔划去后改写，但划去部分应当清晰可见，并由修改人在修改处签名，交班时应在本班记载内容之后签名。

④船舶发生海事，应当详细记载，留作事后进行海事分析和处理。

3. 航海日志填写内容

航海日志分左页（主页）和右页（记事栏）。

（1）左页的填写内容　包括两部分，详见表 1-6-1。

①航行记录部分：航向、航程。

②气象海况部分：风向、风力、气压、云量。

表 1-6-1 航海日志左页

年 月 日 星期 农历 月 日											第 航次
时间	罗经航向	罗经差	风		流		航迹向	航速	航程	天气	能见度	水深	值班驾驶员
			向	级	向	节							

（2）右页的填写内容　凡是左页不能包括，但与航梅有关的内容均应记入右页（表 1-6-2）。

表 1-6-2 航海日志右页

时间	记事栏	备忘录

4. 航海日志的管理

①航海日志由大副负责管理及保存。

②船长有检查监督的责任。

③用完的航海日志由大副保存 3 年后上交公司。

④当发生重大海事时，应将航海日志连同海图交船长封存，弃船时，船长必须将航海日志及有关海图随身携带离船，以供调查处理之用。

第二节 沿岸航行

本节要点：沿岸航线的拟定；沿岸航行注意事项。

沿岸航行的特点是，离沿岸危险物较近、地形比较复杂、潮流影响较大，而且航行船舶和渔船比较密集，有时造成避让比较困难，尤其在能见度不佳时，更须谨慎驾驶。

一、沿岸航线的拟定

沿岸航行时，沿岸的主要航区资料比较详细，并且有推荐航线。一般情况下，应当选用推荐航线。但根据具体情况不同，航线也不是固定不变的。在具体选定航线时，应当进行以下三方面的工作。

1. 分析本航次的情况

航次的任务、本船情况、航程、风、流、能见度、障碍物和避风港等。

2. 研究有关资料

研究有关的航海图书资料，分析天气预报、掌握本航次的气象特点，确定开航时间。

3. 预画航线

应在仔细研究海图和航路指南等航海图书资料的基础上，根据下述原则选定：

①应尽可能采用资料中的习惯航线、推荐航线和通航分隔航道来拟定航线。

②计划航线应尽可能与岸线的总趋势平行，以减少发生海事的可能性。

③确定正确的离岸距离。适当的离岸距离可以根据具体情况来定，应当对避让和转向留有足够的余地。

a. 能见度良好时：距离陡峭无危险的海岸，可以在 2n mile 以外通过。

沿着较平坦的海岸航行时，大船应当以 20m 的等深线作为警戒线；小船以 10m 等深线作为警戒线（总之，水深应当大于 2 倍的吃水）。

b. 定位条件不好、或能见度不良时，应当在离岸 10n mile 以外航行。

c. 航线应当尽量避开船舶交汇点和渔船作业区。

④确定正确的离危险物的距离。安全距离根据下列因素考虑决定：

a. 从最后 1 个实测船位到危险物的推算距离和航行时间。

b. 危险物附近海图测量的精确度。

c. 危险物附近有没有显著的可供定位和避险的物标。

d. 通过时的能见度情况。

　　e. 风流对航行的影响（一般有陆标可供不断定位时，至少应当在1n mile 以上通过；没有陆标时，一般以 5～10n mile 为好。能见度不良时还应当增大）。

　　⑤拟定沿岸航线时最好避开下列区域

　　a. 周围水深较浅、水深变化不规则的水深空白区。

　　b. 连续的长礁脉及其边缘附近。

　　c. 孤立的岩礁以及水深明显比周围浅的点滩。

　　d. 未经精确测量的岩礁和岛屿之间的狭窄水域。

　　e. 珊瑚礁附近未经系统的扫海测量、水深浅于 100m 的水域。

　　⑥转向点的选择。关键的转向点应当选在明显的物标附近，可选择转向一侧的正横附近的显著物标作为转向点依据。围绕岛屿与岬角航行，最好采用定距绕航的办法。

二、沿岸航行注意事项

1. 准确地进行航迹推算

　　沿岸航行虽然定位方便，但是不能忽视推算，否则一旦能见度变坏，就有失去船位的危险。应当对推算船位心中有数。

2. 做好定位工作

　　沿岸航行应当每半小时测定 1 次船位，并能利用各种方法定位，以排除单一定位方法可能存在的误差；推算船位每小时测定 1 次（平时 2～4h 测 1次船位）。

3. 驾驶瞭望

　　许多海事的发生，特别是碰撞事故，大部分是由于疏忽瞭望而引起的。瞭望应由近及远地连续扫视水平线内的一切事物，不要忽视任何微小的异常现象。

4. 转向

　　①转向前测定准确船位。

　　②推算出预计到达转向点的时间、计算好新的航向。

　　③转向时用小舵角转向、并根据船到转向物标的横距比预定距离的大小，提前或推后转向。

　　④转向后在海图和航海日志上记下转向时间、计程仪读数和船位，并校验转向后船是否驶上计划航线。

第三节　狭水道航行

本节要点：狭水道航行方法；狭水道航行避险方法；狭水道航行转向方法。

狭水道一般是指船舶不能完全自由航行和操纵的可航水域，也就是指水域深度、宽度受到限制的水道，如港口、狭窄海峡、江河水道、运河、岛礁区、雷区和其他禁航地带的限制水道。

一、狭水道的特点

①水道狭窄，且水道中有沉船、浅滩、暗礁及其他障碍物存在，限制了船舶的机动余地，影响船舶安全航行。

②狭水道一般有较多的弯曲地段，因此需要频繁转向。

③航道水深变化较大，一般浅水区较多。过浅滩时要注意浅水效应，大船过浅滩时往往要候潮。

④水流流向、流速复杂多变。由于狭水道附近地形都比较复杂，往往出现回流、涡梳和急流等现象。

⑤狭水道通常是船舶来往要道，船舶密集，增大了航行和操纵的困难。

⑥导航标志较多。海峡、岛礁区一般多自然物标。港口航道除自然物标外还设有浮标、导航标等，都可作为导航和定位之用。

二、狭水道航行方法

1. 按浮标航行

在江河入海处，往往岸线低平，必须设置一系列的灯船、灯浮等来标示航道、指示危险，引导船舶安全进出港。某些海上雷区航道，由于离岸较远，导航准确度要求较高，也设置浮标导航。

浮标导航方法，实际上就是逐个通过浮标的航行方法。因此，要查阅有关航路指南和港章，熟悉浮标制度。航行前，应预画好航线、熟记相邻浮标之间的航向和航程。航行中要认真逐一核对灯浮的形状、颜色、灯质、顶标和编号等。浮标导航时，应在航道内靠本船右舷的一边航行。通过浮标的距离按规定不宜过近，防止因风流影响将船压上浮标。

可以利用下列方法，检查本船是否在航道内或计划航线上行驶。

（1）**查看前后浮标法**　如图 1-6-1 所示，查看前后浮标，将前后浮标连成线，能直观地判断本船是否行驶在航道内。B、A 是前后两个浮标，设置在航道南侧，北侧为可航水道。a、b、c 表示船的三个位置。a 在前后标连线的南侧，说明本船已偏离航道进入浅水区，应立即左转离开此地；b 在前后浮标连线上，说明已进入航道边线，也应左转离开连线位置；c 在前后连线的北侧，说明本船在航道内。

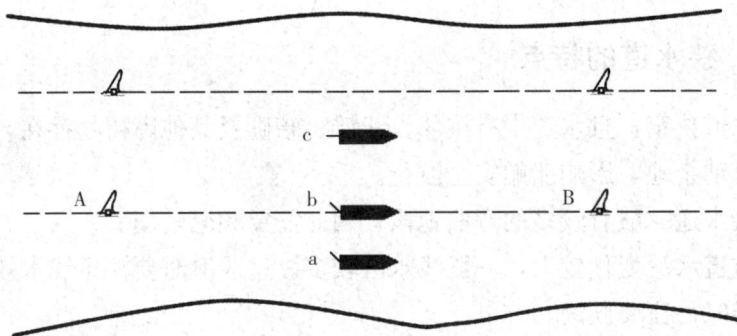

图 1-6-1　查看前后浮标法

（2）**前标舷角变化法**　如图 1-6-2 所示，船位于 A 浮标正横附近时测得前标 B 方位为 Q_1，航行中不断观测前标 B 的舷角，即可判断船舶偏航情况：如果航行中舷角不断增加，表明船舶在通过 B 标前，将行驶在该标所标示的航道边界线的可航水域一侧；如果舷角不变，船舶将与 B 标碰撞；一旦舷角越来越小，船舶在通过 B 标前，就将偏离航道进入该标所标示的航道边界线的浅水区一侧。

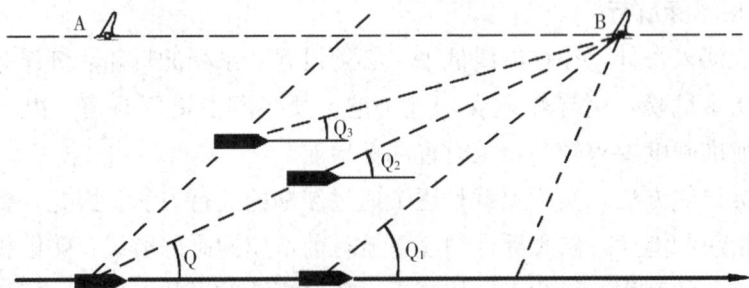

图 1-6-2　前标舷角变化法

（3）**舷角航程法**　浮标导航目测正横距离，可用以判断船舶是否偏离计划航线。无风流情况下，除四点方位法外，还可使用舷角航程法。如图 1-6-3 所示：A、B 为两浮标，其间距设为 6n mile。船与 A 浮标正横时，测得 B 浮标的舷角 Q＝1°，则船通过 B 浮标的正横距离，可按下式算出：

$$BD＝AB×\frac{Q°}{57.3}＝6×\frac{1}{57.3}＝0.1n\ mile$$

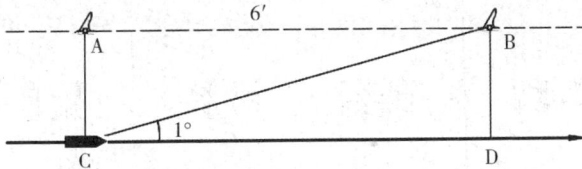

图 1-6-3　舷角航程法

浮标导航时，转向时机应视船舶操纵性能、装载量、流的大小和方向以及船位偏离浮标的远近而定。正常情况下，选择在浮标正横时转向。顺流航行，应适当提前转向；顶流航行，应适当推迟转向，具体位置根据流的大小、船舶惯性、舵效等因素和当时实际情况而定。根据船位采取提前或推迟转向时，要注意勿使转向直航后离浮标太近。通常，离浮标近，应晚些转向；离浮标远，可早些转向。

2. 按叠标航行

为了保证船舶准确地保持在计划航线上航行，在拟定计划航线时，如航线两端有合适的叠标，则可将叠标线作为计划航线。航行时始终保持叠标串视。在有风流影响时，应当修正风流压差。

如发现叠标分开，说明船舶已偏离计划航线，应及时修正。修正时以后标为基准，当叠标在船首方向时，前标偏右，表示船舶偏在计划航线左边，应向右修正，前标偏左，应向左修正；当叠标在船后方向时，修正方向与上述相反，如图 1-6-4 所示。

按叠标保持船舶在计划航线上航行的准确性与叠标的敏感性有关。所谓叠标敏感性，是指船在垂直叠标线方向偏离多少距离才能发现叠标分开。敏感性好的叠标，船舶稍微偏离叠标线时，就能发现叠标分开。为提高叠标的敏感性，在选择叠标时，应注意：

①叠标间的距离与船到前标的距离比值≥1∶3。

②叠标越细长越好。

③后标比前标高，并且背景清晰。

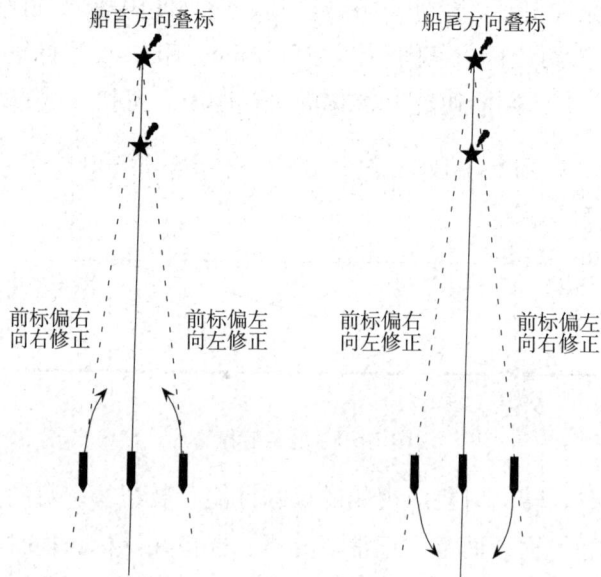

图 1-6-4　叠标导航

3. 按导标航行

当航线上没有合适的叠标时，可在航线前方或后方，选择一个明显的物标作为导标。即过该物标作一方位线，选择该方位线为计划航线，航行中保持该物标的预定方位不变，即可使船舶沿该方位线航行。按导标航行，必须不断地用罗经观测导标方位。当方位变化时，说明已偏离计划航线，应及时修正。其修正方法是：导标在船首方向时，方位增大，说明船位偏在计划航线的左边，应向右修正；当方位减小，说明船位偏在计划航线的右边，应向左修正；导标在船尾方向时，则相反。如图 1-6-5 所示：按导航标航行，切记不能误认为是船首对着导标航行，否则在有风流压的情况下，会被压向风流的下方而发生危险。

三、避险方法

狭水道航行，应选择适当而有效的避险方法进行避险。

1. 利用物标方位线避险

在障碍物附近并在海图上标有准确位置且易于辨认的适当物标，最好是处在航线的两端，由该物标作方位限制线，量出其真方位后换算为罗经方位。在航行中，应保持该物标的罗经方位始终小于（或大于）方位限制线的罗经方位，这样就可避开障碍物。

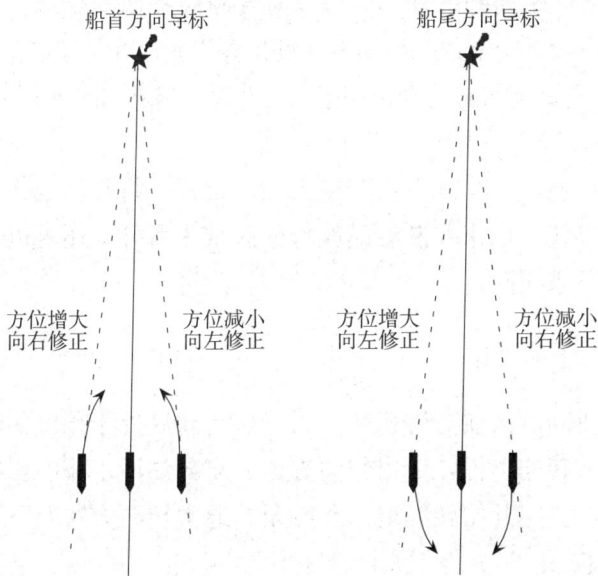

图 1-6-5 导标导航

例如：某渔轮经某岛礁区，为避开航线西边一暗礁，选用前方灯塔 A 作方位限制线，量得罗方位为 357°，只要保持灯塔 A 的罗经方位始终小于 357°，即可安全避开暗礁，如图 1-6-6 所示。

2. 利用距离圈避险

在障碍物附近选一物标，以物标为圆心，以安全距离为半径作圆弧，这就是距离避险圈。距离的测定，可以用雷达测距或用六分仪测定物标的垂直夹角求距离，如图 1-6-7 所示。

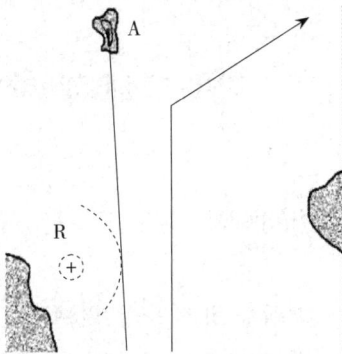

图 1-6-6 方位避险线

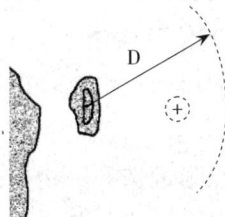

图 1-6-7 距离避险线

当用雷达测距时，可先把雷达的活动距离圈定在安全距离上，航行时只要保持物标在活动距离圈之外，就可以避开障碍物而安全通过。如用六分仪测垂直夹角，要根据安全距离和物标高度先算出垂直角 α，航行时不断地测该物标的垂直角，只要实测的垂直角小于 α，船就在避险圈之外，可以安全通过。

3. 叠标避险线

利用叠标线避险，可采用人工或天然的叠标。将叠标线作为安全水域和危险水域的分界线，用未控制船舶航行的区域。另外，还可以设置垂直危险角和水平危险角来避险。

四、狭道中转向

在狭水道或岛礁区航行的船舶，为确保转向后处于预定的航线上，须预先选定转向点和转向物标，量出转向方位，充分估计水流的影响，并根据本船的旋回性能，决定开始转舵地点和舵角。通常转向方法有下列几种：

1. 逐渐转向法

在狭窄而弯度较大的航道中转向，通常不能通过 1 次回旋就转入下一航线。为了保持船舶在转向航道中央航行，必须逐渐改变航向，这种方法为逐渐转向法。

当航道附近有危险物时，可同时采用船位限制线，如图 1-6-8 所示。

在逐渐转向过程中，始终保持 A 物标的距离大于 D，同时不超过 B 与 C 物标的连线，即可保持在航道中央航行。

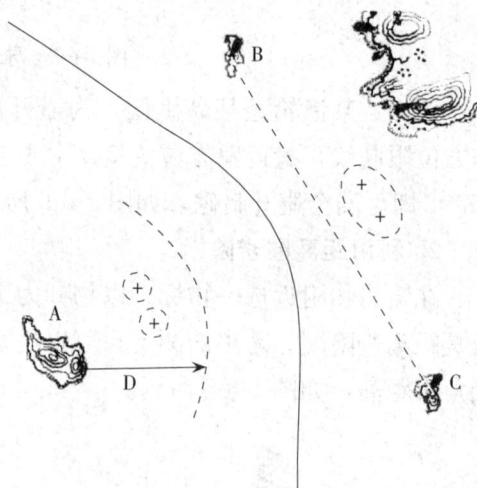

图 1-6-8　逐渐转向法

2. 平行方位转向法

如在转向点附近没有合适物标作转向依据时，可采用平行方位转向法，如图 1-6-9 所示。

在转向点附近选择一物标 M，经 M 作新航向的平行线 MN 交计划航线于 a 点，量出 a 至转向点 A 的航程 S，根据航速算出这段航程所需的航行时间 T。航行时，当物标 M 的方位等于新航向的度数时，立即启动秒表，经 T 时间后转向，即可转入预定的计划航线上。

3. 利用导标转向法

当新航线的正前方或正后方有导标时，可直接用该导标方位作为转向方位。这样，转向前不论船舶航迹偏离在原计划航线的哪一边，均能准确地转到新计划航线上。

4. 正横距离转向法

正横距离转向法，是船舶常用的转向方法之一。这种转向法是把计划航线的转向点，选择在某物标的正横方位线与航线的交点上，并量出物标至转向点的距离。实际航行时，当航行到该物标正横的转向点时转向。使用这种转向法时，可使船舶能较准确地转到新航线上。

当航行中船舶偏离计划航线外侧时，船到达转向物标正横时，距物标的距离大于预定距离，这时应在正横之前转向；当船舶向转向物标靠拢时，应推迟转向，如图 1-6-10 所示。

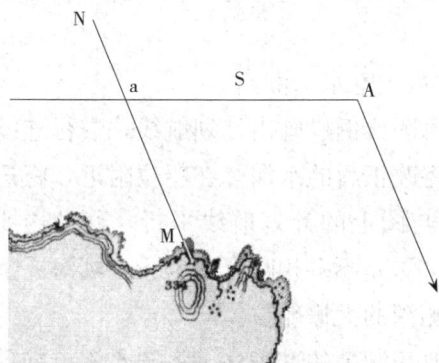

图 1-6-9 平行方位转向法 图 1-6-10 正横距离转向法

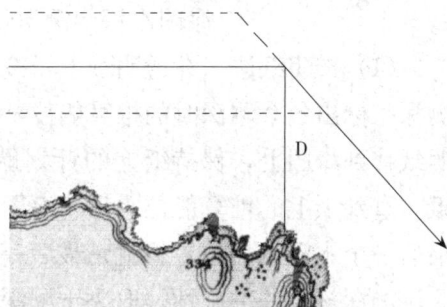

第四节 雾中航行

本节要点：雾中航行方法；雾中航行定位。

根据国际雾级的规定，凡能见距离在 4 000m 以下者，称能见度不良。由于无法直接观察船舶周围情况，使定位、避让和船舶机动受到局限，航行变得困难和危险。所谓雾中航行，是能见度不良情况下航行的一种习惯叫法。

一、雾航前准备

①通知机舱备车，并按国际避碰规则使用安全航速和施放雾号。

②通知船长，并派出必要的瞭望人员。

③立即记下视界内所有船舶的大概方位、距离和航向。如果有可能，应观测进入雾区前的最后一个准确船位。

④开启雷达和甚高频对讲机，必要时运用无线电测向仪和测深仪等助航仪器，以保证船舶航行安全。

⑤保持肃静，关闭所有水密门窗。

⑥如果对船位有任何怀疑时，应立即改向驶往安全地区，或在条件许可时抛锚，等弄清情况后再继续航行。

二、雾中航行定位和导航方法

1. 用雷达或其他无线电导航系统进行定位和导航

2. 利用测深辨位

接近海岸时连续测水深，然后与海图相对照，进行避险和辨位，以引导船舶安全航行。

$$海图水深＝测深仪读数＋吃水－潮高$$

（1）透明纸法　在透明纸上，按照海图比例尺画出计划航线，进行连续测深。标出各个测深时的推算船位，并将改正后的水深标在船位附近，将透明纸移到海图上，保持纸上的计划航线与图上的计划航线平行，移动透明纸，直到纸上的推算船位水深与海图上水深差不多相吻合时为止。则海图上最后一个水深点的位置，就是最后一次测深的大概船位。

测深辨位的准确性，取决于测深和改正潮高的准确性、海图水深点的位置和深度的准确性，以及计划航线上水深变化的情况。如果计划航线上水深变化明显且均匀，则结果较为准确；反之，如果计划航线上水深变化不明显或存在急剧地不规则变化，则辨位准确度较差。

（2）特殊水深法　有的海区水深变化有某种特殊规律，可以利用这种变化规律选择航线，并且利用连续测深，判定船位是否在计划航线上或在某一区域内航行。如在航行区域有特殊水深，设法测得这种特殊水深的所在，也是辨位的一种好方法。当船接近特殊水深区时，可去寻找该特殊水深点。一旦测得这样的水深，即得知船位的所在。

3. 逐点航法

如果在航区内有适当的灯塔、浮标、雾号站、小岛等物标，而其周围危险物又较少，可采用逐点航法。

所谓逐点航法，就是由一个物标正对着下一物标航行的方法。根据航速和两物标之间的距离，预算到达下一个物标的时间。航行中要注意瞭望，如不能及时发现物标，则应抛锚待航，决不可盲目航行，如图1-6-11所示。

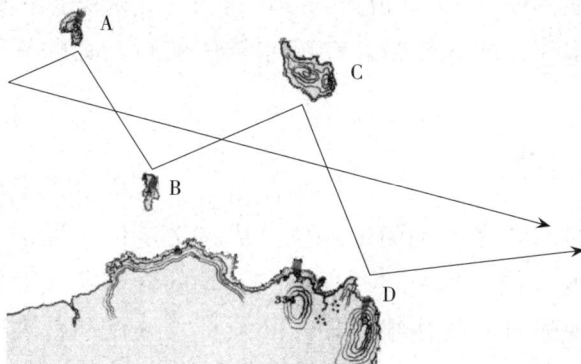

图1-6-11 逐点航法

逐点航行法的优点是：可以连续不断地控制和缩小推算误差；其缺点是：必须故意接近物标，能见度极差时，也具有较大的危险性。

第五节 冰区航行

本节要点：冰区航行方法；冰区航行定位方法。

冰对船舶航行影响是比较大的。冰区航行对船舶操纵、船舶定位和确保航行安全上面都是相当困难的。在我国北部沿海，如渤海湾，在历史上发生过严重结冰，影响船舶航行。

一、接近冰区的预兆

船舶在冬季航行时，可根据下述预兆推测冰况：

①刮西北风或西风时，在海上遇到波高2m左右的波浪，如风力不减弱，波峰变为平坦，则在上风区可能遇到流冰。

②在冰区方向的云中出现灰白色的反光；有时在冰区的边缘伴有薄雾带。

③夜间航行时，船首经常不断地发生撞击流冰声或冲破薄冰层的破裂声，这说明已接近冰区或已抵达冰区。

二、冰区航行

在冰区航行时，可利用风流，当船舶在大海中航行，途中发现前方有流冰群，宜绕其上风一侧航行。如果航线非通过流冰群不可，则宜从其下风的一边进入，因为上风的一边涌浪大，冰块紧密，且冰块上下波动易损船体。而下风一侧涌浪小，冰块松散。在流冰群中航行，宜顺流而过，以减少阻力。

三、冰中定位

冰区航行的困难之一是测定船位。从天文定位来说，冰区水域的水平线常被冰的地平线所代替，所以天文定位的误差甚大而机会又少。太阳在云隙中出现的时间往往很短促，必须将六分仪和秒表保持在备用状态，抓住测天时机，以免错过观测机会。对陆标定位来说，在白茫茫一片中，难以辨别海洋与陆地；冰雪覆盖之下，使雷达荧光屏上显示的岸形与真实的海岸线不一；冰区天气阴霾多雾，能见度很差，难以清晰区别物标。

所以，当从大洋接近陆岸而第一次用陆标定位时，应参照卫星船位。从推算船位来说，在冰区航行，经常被迫不断地变向变速，难以测定船舶在流冰中漂移的方向和速度，造成推算船位上的误差，因此在利用推算船位定位时，应采用航迹推算中的折航法。即在航行中改变 1 次航向，就应记下时间、航向、航速或航程。如改向改速过频，可在较短的时间间隔中，定时地记录航向、航速和航程，然后按三角公式或东西距纬差表，分别计算出东西距与纬差的代数和，再求出总纬差和总经差与出发点经纬度相加，即得出最后一转向点的经纬度。

四、冰区航行的注意事项

①进入冰区附近时，必须加强瞭望，并按时收听有关单位发布的冰况预报。

②掌握好进入冰区前的准确船位，作为冰区推算和定位的基础。

③调整好吃水和吃水差，一般应尽量增加吃水而使车叶全部淹没在水面下。为了使船舶具有较好的破冰能力，前后吃水差应保持在 1m 左右。

④发现漂浮冰块时，应设法避开。遇到大量冰块无法躲避时，应尽量降

低航速，以减少冲击力，并尽可能以船首柱对准冰缘，直角驶入选定的进路。船舶的航速，必须根据冰量、冰质、本船的船型结构及实际强度谨慎决定。

⑤有冰山和碎冰接近船舶时，应尽量避开，以免被冰围困。

⑥在冰区航行，如船尾集结大量流冰或船体被冰冻结时，切不可用倒车，以防损坏车叶。

⑦在冰区中尽可能避免下锚，如果必须下锚时，放出的锚链不宜过长，一般不要超过水深的2倍。否则当船舶受到大块流冰挤压时，锚链会因受力过大而断链。

⑧在破冰船引导下航行时，要严格执行破冰船的引航信号，并在破冰船后保持一定的距离。

思考题

1. 试述拟定航行计划的具体工作内容？
2. 沿岸航行如何确定距海岸的安全距离？
3. 沿岸航行如何确定距危险物的安全距离？
4. 沿岸航行时有哪些注意事项？
5. 在狭水道航行中避开危险物的方法有哪些？
6. 如何在狭水道中进行转向？
7. 雾航前应做好哪些工作准备？
8. 什么是逐点航法？
9. 冰区航行有哪些注意事项？

第七章　船用雷达导航系统

雷达（RADAR）是英文 Radio Detection And Ranging 的缩写，意为无线电探测与测距。雷达是一种发射电磁波和接收回波，对目标进行探测和测定目标信息的设备。

1887 年，赫兹发现电磁波现象并发明电磁波理论。1935 年，瓦特利用电磁波设计了第一部雷达设备，直至 1937 年第一部航海雷达问世。1939 年，第二次世界大战及其以后民用雷达得到普及，首先用于船舶导航，称为航海雷达。航海雷达能够及时发现远距离弱小目标，精确测量本船相对目标的距离和方位，确定船舶位置，引导船舶航行。通过对海上运动目标的连续观测和标绘，还可以得到目标的运动数据，判断目标的动态，保证船舶的安全航行。

第一节　雷达基本工作原理及组成

本节要点：雷达测距与测方位原理；雷达基本组成及各部分的作用。

一、雷达测距、测方位原理

（一）雷达图像特点

航海雷达是通过发射微波脉冲探测目标和测量目标参数，微波具有似光性。雷达波在地球表面近似以光速直线传播，遇到物体后，雷达波被反射，反射波被雷达接收，称为回波。回波经过接收机处理，最终以加强亮点方式显示在显示器上。在雷达中，回波距离和方位的测量都是在显示器上完成的。显示器上除了显示岛屿、岸线、导航标志、船舶等对船舶导航避碰、安全航行有用的各种回波之外，还会显示各种驾驶员不希望看到的回波，如假回波、海浪干扰、雨雪干扰、云雾回波、同频干扰和噪声等。一个优秀的雷达观测者，应能够在杂波干扰和各种复杂屏幕背景中分辨出有用回波，引导船舶安全航行。

（二）测距原理

如果雷达发射脉冲往返于雷达天线与目标之间的时间为 Δt，电磁波在空间传播的速度为 C（约 $3 \times 10^8 \mathrm{m/s}$）（图 1-7-1），则目标的距离：

$$R = C \cdot \Delta t / 2$$

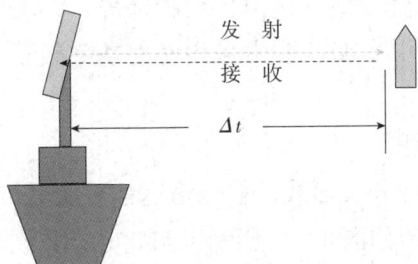

图 1-7-1　测距原理示意图

（三）测方位原理

雷达天线是定向圆周扫描天线，在水平面内，天线辐射宽度只有 $1°$ 左右。所以对于每一特定时刻，雷达只能向一个方向发射和接收。雷达天线在空中 $360°$ 匀速转动，典型转速大约 $20\mathrm{r/min}$。通过方位同步系统，显示器上的扫描线在屏幕上的转动与天线在空中的转动保持着方位一致，于是天线探测到目标的方向就被记录在屏幕上相应的方位，再借助于船首线和电子方位线，就可以测量出目标的舷角（图 1-7-2）。

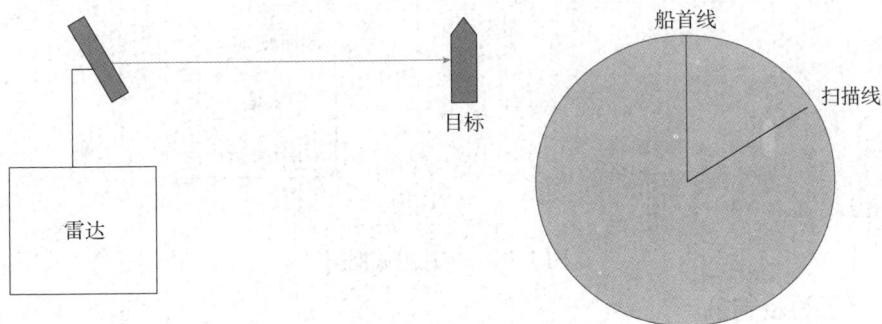

图 1-7-2　测方位原理示意图

二、雷达基本组成

航海雷达采用收发一体的脉冲体制，通常由收发机、天线和显示器组成，并被分装在不同的箱体，分别安装在船舶适当的位置。根据雷达设备分装形式不同，又可称为桅上型雷达或桅下型雷达。桅下型雷达被分装为天线、收发机和显示器三个箱体，一般天线安装在主桅上，显示器安装在驾驶台，收发机则安装在海图室或驾驶台附近的设备间；如果收发机与天线底座合为一体，装在主桅上，显示器安装在驾驶台里，这样的分装形式就称为桅上型雷达。桅下型雷达便于维护保养，多安装在大型船舶上，一般发射功率较大；而中小型船舶常采用发射功率较低的桅上型配置，设备成本较低。

（一）雷达组成框图

无论雷达采用哪种分装形式，航海雷达都采用了传统的脉冲发射和接收体制，其基本组成框图如图 1-7-3 所示。与雷达出厂分装相比，原理图中的定时器、发射机、接收机和双工器构成了雷达收发机，对于桅下型雷达，这是 1 个单独的箱体；而对桅上型雷达来说，则与天线共同组成了天线收发单元，俗称为"雷达头"。

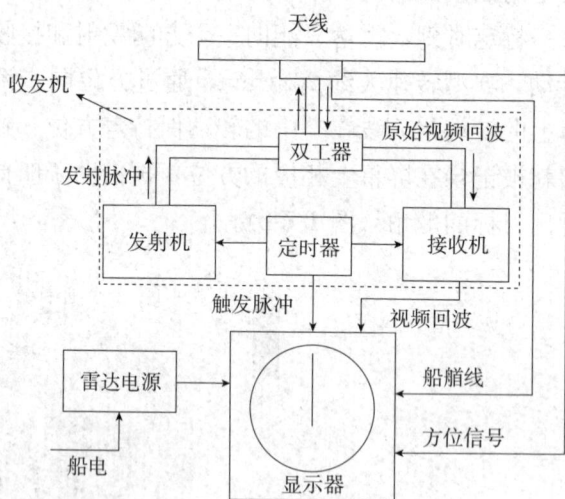

图 1-7-3　雷达组成框图

（二）发射机

在触发脉冲的控制下，发射机产生具有一定宽度和幅度的大功率射频脉冲，通过微波传输线送到天线，向空间辐射。

航海雷达主要工作波段有 S 和 X 两种，它们的频率和波长为：

X 波段雷达：工作频率 9GHz、波长 3cm，通常简称 3cm 雷达。

S 波段雷达：工作频率 3GHz、波长 10cm，通常简称 10cm 雷达。

注意：磁控管是发射机中的重要部件，它的工作寿命通常为 3 000～

9 000h（图 1-7-4）。磁控管在正常发射之前，需要有 3min 以上的加热时间，使阴极充分预热，以延长磁控管使用寿命。因此，雷达首次接通电源 3min 之后，雷达发射机才能进入预备工作状态。

（三）微波传输与天线系统

雷达天线（图 1-7-5）系统是一种方向性很强的天线。它将发射机经微波传输系统（图 1-7-6）送来的发射脉冲的能量集成细束朝 1 个方向发射出去，同时，也只接收来自该方向的物标反射回波，再经微波传输系统送入接收机。

图 1-7-4 磁控管

雷达天线转速通常为 20～25r/min，少数高转速天线的转速高于40r/min。从空中俯瞰雷达天线，应顺时针旋转。

图 1-7-5 雷达天线

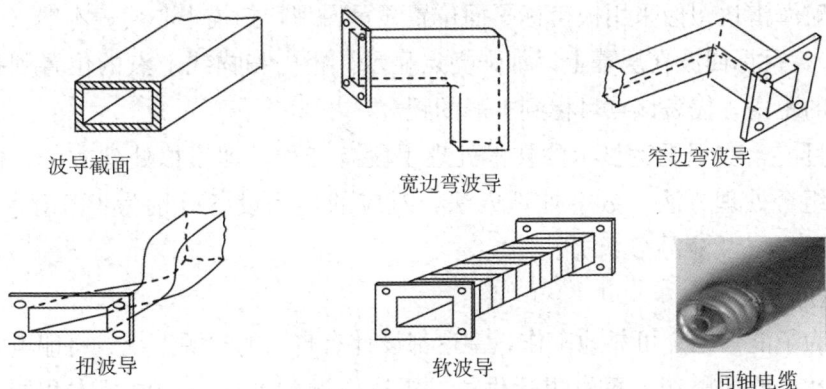

波导截面　　　　　宽边弯波导　　　　　窄边弯波导

扭波导　　　　　软波导　　　　　同轴电缆

图 1-7-6 各种微波传输系统

航海雷达普遍采用的隙缝波导天线（图 1-7-7），它由隙缝波导辐射器、

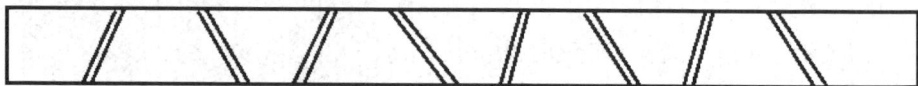

图 1-7-7　隙缝波导

扇形滤波喇叭、吸收负载和天线面罩等组成。

注意：很多雷达的天线上设有安全开关，当人员在天线附近维护作业时，可以切断电源，防止意外启动雷达。应每年定期检查驱动马达皮带的附着力和更换防冻润滑油，做好维护保养，保证传动装置工作正常。

（四）接收机

由于从天线系统传送的回波信号非常微弱（几微伏），而显示器显示需要几十伏的幅度的视频信号，因此，必须将回波信号放大近百万倍才行。航海雷达接收机，采用超外差接收技术。雷达系统将天线接收到的微弱射频回波信号，经双工器送到接收机，通过低噪声微波集成放大器（MIC）放大，改善射频回波信噪比。变频器将射频回波信号转变为中频回波信号后，在中频放大器中对回波进行放大。经过去除海浪杂波和放大后的中频回波信号，经过检波器，转变为视频回波信号，送到显示器显示。

（五）显示器

雷达显示器是目标回波的显示单元。在显示器上，驾驶员能够观测到目标回波，并借助各种刻度计量系统，测量目标的方位和距离。连续观测目标运动，建立目标的运动轨迹，还能够获得周围目标的运动参数，避免船舶碰撞，引导船舶安全航行。

航海雷达图像采用极坐标平面位置显示原理，扫描中心代表本船（天线位置），目标回波在屏幕上以加强亮点显示。径向扫描线上点的位置到扫描中心的距离，代表该点目标到本船的距离。

目前，实现雷达显示的技术处理手段有三种，即模拟处理方法、模拟数字组合处理方法、数字处理方法，对应的显示设备分别为 PPI 显示屏、光栅显示屏及液晶显示屏。

（六）电源

为了能够稳定可靠地工作，雷达都设计有自己的电源系统，将船电转变为雷达需要的电源，再给雷达供电。雷达电源的电压与船电基本相同，在 $100\sim300\mathrm{V}$ 之内，但其频率通常高于船电频率，在 $400\sim2\,000\mathrm{Hz}$，称为中频电源。采用中频电源，能够有效隔离船电电网干扰，向雷达输出稳定可靠电源，缩小雷达内部电源设备尺寸，从而减小雷达设备体积。

第二节　雷达操作与显示方式

本节要点：相对运动与真运动的特点与不同；船首向上显示方式的特点；雷达常用控扭的作用及基本操作方法。

雷达设有不同的图像显示方式，以满足不同航行环境下的雷达观测需要。根据代表本船位置的扫描中心在荧光屏上的运动方式，船用雷达可分为相对运动和真运动显示方式。真运动显示方式，根据输入的速度源不同，分为对水真运动和对地真运动。

此外，在不同的雷达图像运动模式下，根据船首指向划分，雷达显示方式可分为船首向上、真北向上和航向向上等三种显示方式。不同的显示方式，方便不同航行环境下的雷达观测，驾驶员应该熟练掌握和灵活运用各种显示方式的特点，保证船舶航行安全。

一、相对运动（RM）显示方式

所谓相对运动，是指无论本船是否运动，在雷达屏幕上代表本船的扫描中心固定不动，所有目标都做相对本船的运动。与本船同向同速的目标，其回波在屏幕上固定不动，而固定目标的回波在屏幕上与本船等速反向运动。

船首向上（H-up）相对运动显示

这种显示方式，雷达无需接入任何其他传感器信号便能够工作。其显示特点如下：

①具有相对运动的特点，代表本船的扫描中心固定不动，所有目标都做相对本船的运动。与本船同向同速的目标，其回波在屏幕上固定不动，而固定目标的回波在屏幕上与本船等速反向运动。

②船首线指向方位刻度盘的零度并固定不动，雷达回波在屏幕上的分布与驾驶员视觉瞭望目标的实际情况一致，可获得目标的相对方位。

③本船转向时，船首线不动，目标回波反向转动，图像不稳定，会出现目标拖尾现象，影响观测。尤其是大风浪天气，船首偏荡频繁时，目标回波左右摇摆，会使得图像模糊不清，影响观测精度。不利于定位、导航和航向频繁机动的环境，如船舶进港、狭水道以及大多数情况的沿岸航行。

以上特点可用图 1-7-8 说明，图中画出海上真实情况与雷达显示屏显示情况。本船在❶位置时，屏幕显示见❶图：船首线指 0°，物标回波显示舷角为 030°，距离为 6n mile 的 A 处；本船保向（050°）航行至❷位置时，屏幕显示❷图：船首线指 0°，物标回波在右正横位置（090°），距离 3n mile 的 B 处；假设本船在❷位置原地右转 45°至 095°的❸位置时，屏幕显示❸图：船首线仍指 0°，但物标回波左转 45°至 C 处，距离仍为 3n mile。这种显示方式较直观，便于判明来船在本船左舷还是右舷，适合宽阔水域平静海况时船舶避碰。

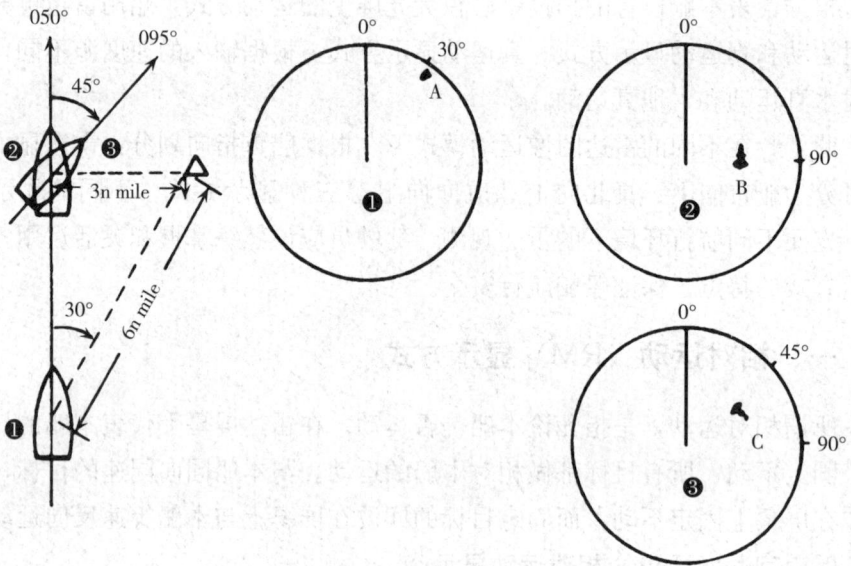

图 1-7-8 船首向上相对运动显示方式图

二、真运动（TM）显示方式

这种显示方式，雷达需同时接入本船航向和航速信号才能够工作。

真运动显示时，代表本船参考位置的扫描中心根据所选择量程比例，在屏幕上按照本船的航向和航速移动，所有目标的运动都参考本船的速度输入。

如果输入的是对水速度，则在水面上漂浮的船舶在屏幕上固定不动，而陆地会以与风流压差相反的方向和速度移动。对水稳定真运动，用于船舶避让。

如果输入的是对地速度，则岛屿等固定目标是静止的，本船和目标船在屏幕上按照其航迹向移动。对地稳定真运动，用于船舶在狭水道和进出港导航。

真运动显示时，雷达也同样可以具有船首向上、真北向上、航向向上3种屏幕指向方式。但考虑到 TM H-up 显示方式不能很好地表现出运动的真实性，现代雷达多数不提供这种显示方式。但在本船首向信号丢失时，雷达通常会给出艏向丢失报警，并执行 H-up 显示方式。当本船速度信号丢失时，雷达也会给出航速丢失报警，并执行偏心相对运动显示方式。

三、雷达的控钮及作用

雷达主要控钮分为：控制电源的开关、调整图像质量的控钮、提供测量手段的控钮、杂波干扰抑制控钮、显示方式选择控钮、附属操作控钮（表 1-7-1）。

表 1-7-1　雷达的主要控钮

控钮	功能说明
POWER	雷达电源开关，主要是在开机、关机时使用。它的作用是接通或切断雷达供电
STBY TX	发射机工作开关，主要是用来控制发射机的工作状态。开关置"ON"位置，发射机进入了工作状态。在发射机工作期间，将该开关置"STBY"位置，发射机停止工作，雷达恢复到"STANDBY"状态
BRILL	亮度控钮，对于 PPI 显示器型雷达，亮度控钮的作用是调整扫描线亮度。开关机前该控钮逆时针调到最小位置；正常使用时，调节该控钮使雷达屏幕上的扫描线刚刚看不见 TV 显示器型雷达和 TFT 显示器型雷达屏幕亮度调节适中后，开关机前不必逆时针方向置最小位置
GAIN	增益控钮的作用是，调整雷达接收机的灵敏度。调节该控钮，可以改变屏幕上视频回波的强度。开关机前该控钮逆时针调到最小位置。正常使用时，调节该控钮，使雷达屏幕上的接收机噪声信号刚刚看得见
TUNE	调谐控钮的作用是，改变雷达接收机本级振荡器的振荡频率。调节调谐控钮，雷达接收机中频信号的频率随之变化。调谐最佳时，可获得清晰而饱满的视频回波图像，同时调谐指示也会指示其所能达到的最大位置。接收机调谐前，"微调"调谐控钮置于中间位置，使得接收机调谐后保留一定的微调动态范围
OFF ON VRM	活动距标控钮，是用于测量物标距本船的距离。调整活动距标距离调节钮，使活动距标圈的内缘与物标的前沿相切，此时活动距标读数器显示的读数是该物标距本船的距离。雷达通常设置两个活动距标控制与显示系统，可以单独使用，也可以同时使用

（续）

控钮	功能说明
OFF ON EBL	电子方位线控钮，是用于测量物标与本船的方位。调整电子方位线控钮，可以改变电子方位线信号相对船首线（或北）的位置，此时，电子方位线读数器显示出电子方位线相对本船船首（或北）的方位读数。雷达通常设置2条电子方位线控制与显示系统
固定距标控钮（RR）	固定距标控钮，是控制固定距标圈的显示与否。固定距标测距有时采用估算的方法获取物标相对本船的距离，存在一定的读数误差
2 EBL OFFSET	电子方位线偏心控钮，是用来调整电子方位线偏心显示功能。用于观测某一参考目标相对待定目标的方位，还可用作安全避险线功能。电子方位线偏心显示时，该方位线上的活动距标圈测取的距离是距偏心点的距离
+ RANGE -	量程转换开关，是用来改变雷达观测的距离范围。雷达开关机前，量程转换开关应选择中距离量程（6nm或12nm），以便驾驶员雷达观测和船舶操纵能够同时兼顾本船近距离避让和中距离导航
A/C SEA	有两种海浪干扰抑制的方式，一种是自动海浪干扰抑制，另外一种是人工海浪干扰抑制。由于海浪干扰回波的特点，海浪干扰抑制的作用随距离的增加而明显减弱。开关机前海浪干扰抑制控钮选择人工抑制方式，返时针方向调到最小位置。正常使用时要保持"雷达天线高度15m，有海浪干扰的海面，3.5nm以上的图像清晰"的原则
A/C RAIN	有两种雨雪干扰抑制的方式，一种是自动雨雪干扰抑制，另外一种是人工雨雪干扰抑制。它通过微分减弱或消除雨、雪、雹等形成的干扰回波。使用雨雪干扰抑制后，不仅可以消除雨雪等干扰回波对雷达观测的不良影响，而且还可以提高雷达观测的距离分辨率。开关机前雨雪干扰抑制控钮选择人工抑制方式，返时针方向调到最小位置。无论使用哪一种微分形式，使用效果都要保留雨雪中的小目标回波不被丢失
同频干扰抑制控钮（IR或RIC）	雷达同频干扰抑制控钮的作用是，消除来自于其他船舶相同波段雷达射频信号被本船雷达所接收而在本船雷达屏幕上形成的同频干扰信号。雷达同频干扰抑制一般设置为3～4级，级数越高，同频干扰抑制的效果越好，雷达屏幕越清晰。使用同频干扰抑制效果，应该是有效地消除同频干扰信号而保留小物标回波信号
1 HL OFF	船首线消隐控钮，是常闭弹簧控钮。按下并保持该控钮时，船首线消失；松开它时，船首线恢复显示。这样就可以有效观测船首方向上的小目标回波信号
ALARM ACK	警报应答按钮，当雷达系统产生报警后，按下报警应答按钮可临时消音。除非产生警报的条件解除，否则一段时间后，系统会再次报警

（续）

控钮	功能说明
ACQ	捕获 ARPA 物标按钮，开启 ARPA 功能后，光标移动至物标上按下捕获按钮，可跟踪已捕获的物标
TARGET DATA	读取 ARPA/AIS 物标的运动参数按钮，将光标移动至想要读取数据的 ARPA/AIS 物标上，按下按钮，可读取物标方位、距离、航向、航速、CPA、TCPA 或目标的 AIS 信息等
TARGET CANCEL	取消 ARPA/AIS 物标按钮，将光标移动至想要取消数据的 ARPA/AIS 物标上，按下按钮，可取消物标数据
3 MODE	显示方式转换按钮，每按 1 次，可实现船首向上、真北向上、航向向上等显示方式交替转换

四、雷达基本操作

（一）开机前检查项目

①检查天线单元，是否有人或是否存在影响天线辐射器旋转的障碍物。

②检查雷达操作面板上亮度（BRILL）、增益（GAIN）、海浪干扰抑制（SEA CLUTTER、STC）、雨雪干扰抑制（RAIN CLUTTER、FTC）、抗同频干扰（RIC）等控制旋钮，是否置于返时针最小位置；调谐（TUNE）旋钮置中间位置；量程转换开关置于中量程或空挡位置，传统 PPI 雷达的亮度和增益应预置在最小位置。

（二）雷达一般开机步骤

①接通船舶电源。

②接通雷达电源，雷达进入"预备"状态，等待 3min。

③待雷达进入"预备好"状态，将发射开关置"发射"。

④调整亮度，对于光栅扫描雷达，使屏幕亮度与环境适应，适于观测；对于 PPI 雷达，使扫描线刚刚看不见。

⑤调整增益，使噪声斑点刚刚看得见。

⑥调整调谐，在调谐指示达到最大时，再微调调谐确认回波饱满，清晰；然后置调谐于自动调谐，并确认回波质量不低于手动调谐的最佳效果，否则采用手动调谐。

⑦在需要的时候，使用各种抗干扰电路和雷达图像质量辅助控制装置。

（三）以某一型号雷达为例，具体操作方法如下

1. 进行开机前检查

2. 接通船舶电源

3. 接通雷达电源

位于操作键盘的左上角的雷达电源［POWER］开关，翻开其保护弹簧盖板，并按1次发送指令开启雷达。雷达荧幕首先显示"Now Intializing"，即设备处于"安装初始值"状态。"安装初始值"状态结束，雷达设备进入预热状态，屏幕显示方位标尺和人机对话窗口，同时在屏幕中心显示倒计时。等待3min，即整机预热、磁控管灯丝预热。当倒计时为"0：00"时，屏幕中心显示"ST-BY"，雷达处于预备状态。在"ST-BY"下方显示的"ON TIME"和"TX TIME"标志该雷达在此之前"通电时间（包括预热时间和发射机工作时间总和）"和"发射机工作时间"。

4. 屏幕亮度调整

调节操作键盘上方的"BRILL"控钮，顺时针调节屏幕亮度增强；反时针调节屏幕亮度减弱。

5. 接通发射机

可以通过两种模式接通发射机。按1次操作键盘的左下角"STBY/TX"键；或使用鼠标滚动式跟踪球使屏幕上的光标指示位于屏幕左下角的"STBY/TX"位置，再点1次鼠标左键。两种模式均能接通发射机，如图1-7-9所示。

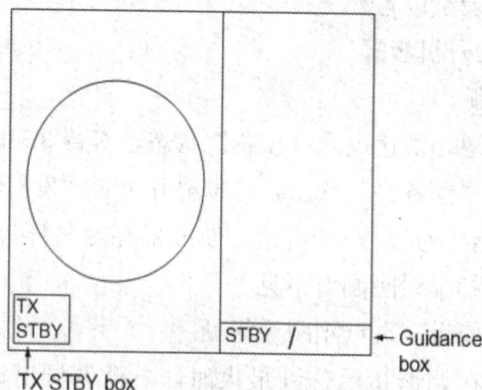

图1-7-9 接通发射机操作示意图

6. 接收机增益调整

可以通过两种模式进行接收机增益调整。调节操作键盘上方的

"GAIN"控钮；或使用鼠标滚动式跟踪球使屏幕上的光标指示位于屏幕右上角的"GAIN"位置激活窗口，使用滚动手轮调节。两种模式均能进行接收机增益调整，如图1-7-10所示。

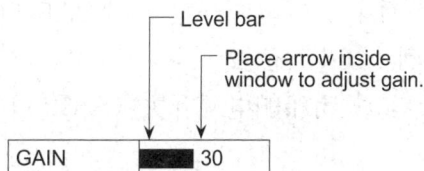

图 1-7-10　增益调节示意图

接收机增益调整，使屏幕上的噪声信号刚刚看到。

7. 接收机调谐

可以选择自动调谐或人工调谐两种模式，进行接收机调谐。

使用鼠标滚动式跟踪球，使屏幕上的光标指示位于屏幕右上角的"TUNE AUTO 或 TUNE MANU"位置激活窗口。当选择了"TUNE MANU"时，光标移向右侧激活调谐指示窗口，使用手轮进行调谐。调谐指示窗口可移动的"▲"的位置，表示"MIC"工作电压数值；调谐指示窗口可移动的"游标指示"，表示接收机调谐状态（图1-7-11）。

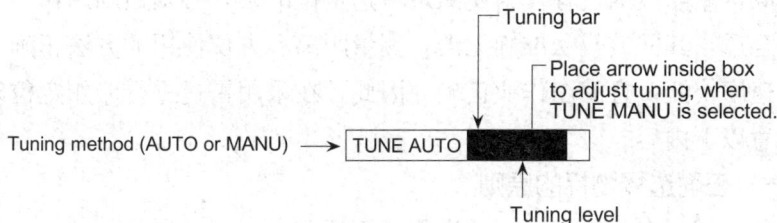

图 1-7-11　调谐调节示意图

8. 量程选择

（1）键盘操作　使用"RANGE"键，选择所需的量程。点击量程键的"＋"，增加距离；点击量程键的"－"，减小距离。

（2）鼠标操作　移动跟踪球，放置在屏幕左上角的"RANGE"（距离）方框上（图1-7-12）。

图 1-7-12　雷达量程示意图

按左键减小距离，按右键增加距离；也可以通过转动滚轮选择量程，然后按下滚轮或左键。

9. 雷达关机步骤

①将雷达电源开关从发射状态"TX"，转换为预备"Stand-by"。

②将雨雪干扰、海浪干扰、同频干扰等抗杂波控钮调至最小状态。

③对于 PPI 雷达，将增益和亮度置于最低。

④将雷达电源开关（RADAR POWER SWICTH）由"ON"位置，转换到"OFF"位置。

⑤关闭船舶电源开关（SHIPS POWER SWICTH）。

第三节　雷达定位与导航的注意事项

本节要点：雷达定位中物标选择原则；不同物标回波特点并正确识别物标；测距、测方位要领；学会使用各种雷达定位的方法；距离避险线、方位避险线的方法及雷达导航注意事项。

一、雷达定位

船舶近岸航行时，尤其在沿岸 10n mile 之内，由于雷达能够提供较高精度的定位，因此，它是驾驶员首选的定位设备。驾驶员通过仔细对比海图与雷达图像，选择合适的定位目标，测量出目标的距离或方位，通过海图作业，求取本船船位的过程。为使测定雷达定位准确，必须做到用作定位的物标选得合适，其回波辨认准确无误，测量距离和方位使用的方法正确、数据准确、速度快捷，且海图作业正确。因此，在采用雷达进行船舶定位时，应认真注意以下内容。

（一）正确选择物标的原则

在选择用于定位物标时，应遵循以下原则：

①应尽量选用孤立小岛、岩石、岬角、突堤、孤立灯标等物标，其回波特性应是：图像稳定，亮而清晰，回波位置应能与海图精确对应。应避免使用回波可能产生严重变形或位置难以在海图上确定的物标，如平坦的岸线、斜缓的山坡、高大建筑物群中的灯塔等。

②应尽量选用近的便于确认的可靠物标，而不用远、容易搞错的物标。

③选用多目标定位，船位线交角符合航海定位要求。确认目标十分可靠时，也可使用单目标距离方位定位。

（二）准确测距与测方位的要领

1. 准确测距的要领

①选择能显示被测量物标的合适量程，使物标回波显示于屏幕半径的1/2～2/3处。

②正确调节显示器各控钮，使回波饱满清晰。

③应使活动距标圈内缘与回波前沿相切。

④测量的先后顺序为：先正横、后艏艉。

⑤应经常检查活动距标的准确度。

2. 准确测方位的要领

①选择能显示被测量物标的合适量程，使物标回波显示于屏幕半径的1/2～2/3处。

②选择近而可靠的物标，左右侧陡峭的物标或孤立物标。

③各控钮应调节适当，否则将使图像变形而导致测量误差。

④调准中心，减少中心偏差。正确读数，减少视差。

⑤检查船首线是否在正确的位置上。应校对罗经复示器、主罗经及船首线所指航向值三者是否一致。

⑥测点物标时，应使方位标尺线穿过回波中心；测横向岬角、突堤等物标时，应将方位标尺线切于回波边缘，如果测量目标左侧，应加上半个波束宽度值；测量目标右侧时，应减去半个波束宽度值。

⑦测量的先后顺序为：先艏艉，后正横。

⑧船舶摇摆时，待船舶正平时测量。

（三）雷达定位方法

根据物标回波特点及位置分布，雷达定位方法大致可分为以下 4 种：

1. 单物标距离、方位定位

利用雷达同时测定孤立、显著的单物标的方位和距离，来确定船位的方法称为单物标方位、距离定位。这种定位方法方便、快速，两条船位线垂直相交，作图精度较高。若使用陀螺罗经目测方位代替雷达方位，船位可靠性和精度则会更高，物标正横距离定位是这种方法的特例。

使用这种方法定位时，最重要的是物标辨识一定要准确、可靠，否则一旦认错物标，船位则完全错误。

2. 两个或三个物标距离定位

如果本船周围有适合雷达测距定位的两个或多个物标，选择交角合适的两个或三个目标分别测量其距离，在海图上画出相应的距离船位线，其交点即为本船船位，这是船位精度最高的一种雷达定位方法。

测量时应充分利用雷达的双 VRM 功能，尽量缩短操作时间，并注意先测左右舷目标、后测艏艉向目标，先测难测目标、后测易测目标。

3. 两个或三个目标方位定位

如果本船周围有适合雷达测方位定位的两个或多个目标，选择交角合适的两个或三个目标分别测量其方位，在海图上画出相应的方位船位线，其交点即为本船船位。这种方法的优点是作图方便；缺点是雷达测方位精度较低，所以航行中较少使用。

测量时应充分利用雷达的双 EBL 功能，尽量缩短操作时间，并注意先测艏艉向目标、后测左右舷目标，先测难测目标、后测易测目标。

4. 多目标方位、距离混合定位

如果本船周围既有适合雷达测距定位又有适合测方位定位的两个或多个目标，选择交角合适的两个或三个目标分别测量其距离和方位，在海图上画出相应的船位线，其交点即为本船船位。多目标距离、方位混合定位的组合，可以是两目标距离和一目标的方位定位，或两目标方位和一目标的距离定位，或一目标的方位、距离和另一目标的距离或方位等方法定位。这种定位方法可靠性精度较高，是沿岸航行时驾驶员常用的方法。

5. 雷达定位精度

雷达定位的精度，主要取决于目标海图位置的准确性、观测距离和方位的精度、船位线的交角以及海图作业的精度等因素。由于雷达测距性能较测方位性能好，且测方位的精度受各种因素的影响较大，因此，测距离定位精度比测方位定位精度高。就船位线数量来说，三船位线精度高于两船位线精度；就船位线交角来说，两船位线交角以 90° 为最好，三船位线交角以 120° 为最好；就目标的远近来说，近距离定位精度高于远距离定位精度；就目标特性来说，用孤立、点状及位置可靠的目标或迎面陡峭、回波前沿清晰、稳定的目标最好。

除此之外，定位精度还取决于驾驶员的测量方法、操作速度和海图作业技巧等因素有关。

（四）雷达定位方法的精度

若上述各种条件因素均相同时，各种定位方法所对应船位精度由高至低排序大致如下：

①三目标距离定位。

②两目标距离加一目标方位定位。

③两目标距离定位。

④两目标方位加一目标距离定位。

⑤单目标距离、方位定位。

⑥三目标方位定位。

⑦两目标方位定位。

二、雷达导航

船舶在进出港、狭水道以及沿岸航行中，尤其在夜间或能见度不良的恶劣天气时，使用雷达导航十分方便、有效。雷达导航，包括距离避险线导航和方位避险线导航。

（一）距离避险线

当所选避险物标和危险物的连线与计划航线垂直或接近垂直时，可采用距离避险线避险。具体是使船舶在航行中离岸（或选定目标点）保持一定的距离，确保航行安全。采用距离避险，必须选择位于危险物同侧的避险物标。

1. 单一危险物标

首先，确定距离危险物的最近距离 d（不是一个定值，受诸多因素影响，包括航行海域的海况、本船操作性能、本船装置情况等），再根据参考物标 M 进一步确定避险距离 D_0。航行中，保持船舶距该标的距离 $D \geqslant D_0$，即可避离该避险物标附近的危险物。雷达导航时，调整雷达活动距标圈值为 D_0，只要避险物标的回波位于该活动距标圈以外，就可安全避开该危险物。或者采用平行导航线，使船位始终处于平行导航线 PIL 的外侧（图 1-7-13）。

2. 多个危险物标

首先，在海图上确立距离避险线。它由各危险点的安全距离圈的切线组成。图 1-7-14 中实线表示计划航线，虚线表示距离避险线。航行时必须使船舶始终保持在距离避险线的外侧。雷达导航时，打开平行导航线，根据以上的介绍，调整好距离和方位，航行时保持危险物标的回波处在平行导航线的外侧。

（二）方位避险线

为了避开航线一侧的危险物，当船舶的航向和岸线或多个危险物连线的方向近于平行时，可采用方位避险线避险。具体是在海图上画出危险物标的连线，在靠近航线一侧，根据安全距离 d 确定一条与连线平行的直线，即为方位避险线。雷达导航时，根据方位避险线设置平行导航线。船舶航行时，保证危险物标回波始终处于导航线的外侧即可（图 1-7-15）。

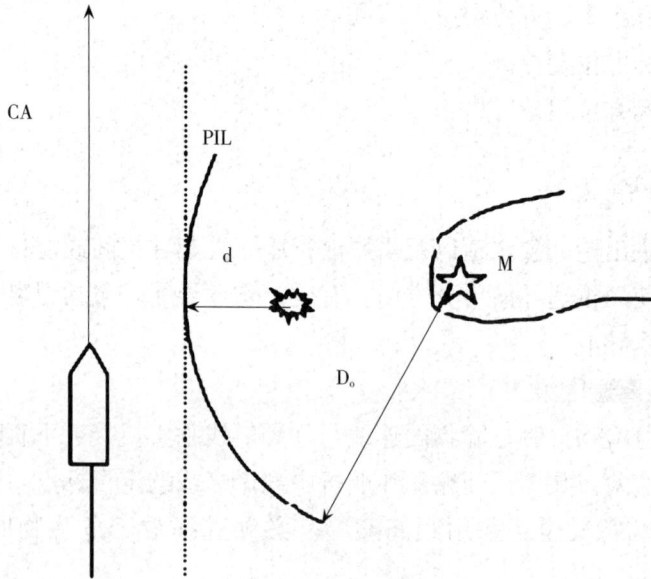

图 1-7-13　距离避险线（1）

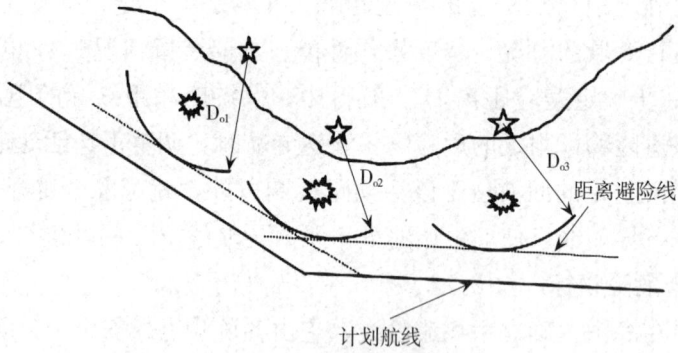

图 1-7-14　距离避险线（2）

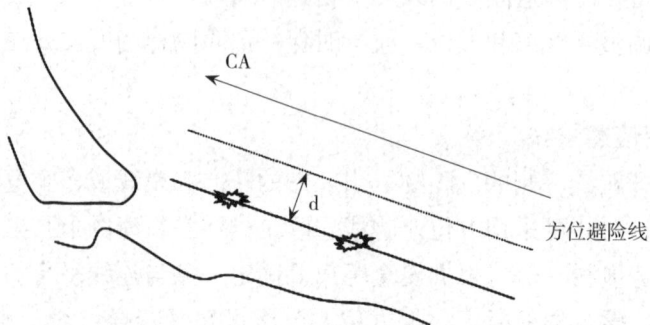

图 1-7-15　方位避险线

三、雷达导航注意事项

利用雷达导航时，应注意以下几点：

①在进入导航区前，应仔细研究导航区情况及本船计划航线情况，找到主要物标、转向点位置及转向数据、导航物标及危险物的位置及特点、定出避险线等，并了解当时的风流及航区中的船舶动态，做到心中有数。应利用一切有利时机，分析雷达图像与海图实际情况的差异，积累经验，这对在能见度不良时进行导航、定位等是很重要的。

②在狭水道中，由于陆标近、方位变化快，一般不能像在近海航行那样作图定位，而只能根据雷达图像及当时情况即时导航。这就要求对图像的判读要准而快，并且准备工作要做得充分，如航线与岸或导航标的距离、转向点物标的图像特点、转向点的距离及方位、距离、航向、航程等都要标志清楚，在特殊地区还应熟记。

③狭水道大多用浮标和岸标标志航道，因此，要熟悉它们的特点，了解它们的探测距离，认真识别。如有怀疑，应立即设法用岸上可靠物标进行校核。

④狭水道中，雷达荧光屏上易出现假回波和干扰回波，应注意识别。小船和浮标的回波也较难识别，应仔细辨认，不可混淆。

⑤应充分利用雷达方位平行标尺线、电子方位线和活动距离圈，协助判断船位及避离危险物。

⑥进入狭水道前要准备好雷达，查明它的工作状态，并将雷达调至最佳状态。显示方式的选择要根据具体情况决定。一般来说，用对地稳定真运动显示方式为好。无真运动显示方式时，若航道变向不多，则用船首向上显示方式为好；若航道弯曲、变向频繁，则用真北向上显示方式为好。量程要根据当时的视距、当地的船舶密度、航道的情况及本船的速度、操纵性能等决定。

⑦不能仅仅依赖雷达进行观测瞭望。为了有足够的时间进行雷达图像的判读，除了派有经验人员担任雷达观测外，船速应尽量慢些。

思考题

1. 简述雷达测量目标距离和方位的基本原理。
2. 简述雷达相对运动模式和真运动模式的特点。

3. 简述雷达组成及各部分作用。

4. 简述雷达开机前的准备及正确的开关机步骤。

5. 简述雷达定位时选择目标的原则。

6. 总结雷达导航注意事项。

第八章 船载 GPS/北斗卫星系统

第一节 GPS 卫星导航系统的组成及其作用

本节要点：GPS 系统组成及其特点。

GPS（Global Positioning System），即全球定位系统，是一种测距卫星导航系统。GPS 利用多颗高轨道卫星，测量其距离变化与距离变化率来精测用户位置、速度和时间参数。GPS 是一种以空间卫星为基础的电子定位系统，可在全球范围内全天候的为海上、陆上、空中和空间的用户提供连续的、高精度的、近于实时的三维定位、速度和时间信息。

一、GPS 卫星导航系统的组成

GPS 由空间部分、地面部分和用户设备三部分组成（图 1-8-1）。

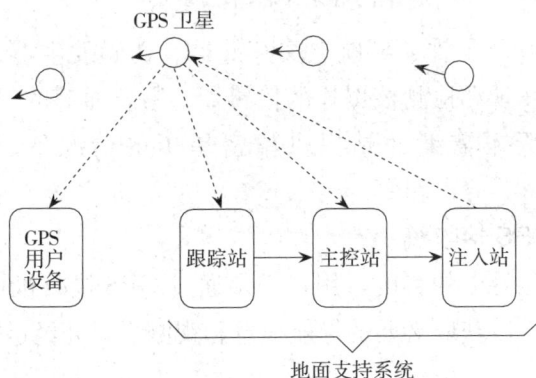

图 1-8-1　GPS 系统组成

（一）地面部分

地面部分包括 1 个主控站、3 个注入站和 5 个跟踪站。地面站的作用是跟踪所有的卫星，测量卫星轨道参数和卫星钟误差，预测修正模型参数，星钟同步和向卫星注入新的信息。

（二）空间部分

空间部分由 24 颗 GPS 导航卫星组成，其中，21 颗为工作卫星，3 颗为备用卫星，平均分布在 6 个轨道上。卫星轨道倾角 55°，轨道高度约为 20 183km，运行周期约 12h（11h58min）（图 1-8-2）。

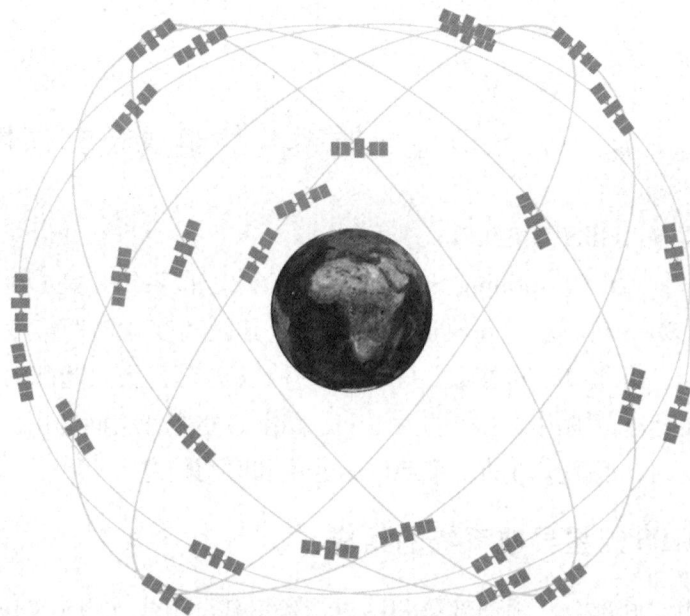

图 1-8-2　GPS 卫星星座

卫星上装备有原子钟、导航电文存储器、伪码发生器、接收机、发射机、微处理器、发现和检测核爆炸的传感器、紧急通信的卫星通信转发器。卫星可以在 14 天不需地面站提供精密星历的情况下，测距精度达到 10～200m。

（三）用户 GPS 接收机

为了实现定位导航的目的，用户必须通过 GPS 接收机设备，接收 GPS 卫星发射的信号，以获取必要的导航信息和观测量，并经过数据处理完成解算任务。

二、GPS 卫星导航系统的作用

（一）定位导航

GPS 卫星导航系统，可提供全球、全天候、高精度、连续、近于实时的定位与导航。民用定位精度 20～30m，目前，已成为全球拥有用户数量最为众多的卫星导航系统。

（二）授时

GPS 卫星导航系统，以空间卫星上的精确时钟为基础，通过地面监测站，传送精确时间和频率，用于精确时间或频率的控制。

第二节 北斗卫星导航系统的组成及其作用

本节要点：北斗定位系统的组成及其作用。

北斗卫星导航系统，是继美国全球定位系统（GPS）、俄罗斯格洛纳斯卫星导航系统（GLONASS）之后第三个成熟的卫星导航系统，它可为亚太地区提供无源定位、导航、授时等服务。2014 年 11 月 23 日，国际海事组织海上安全委员会审议通过了对北斗卫星导航系统认可的航行安全通函，这标志着北斗卫星导航系统正式成为全球无线电导航系统的组成部分，取得面向海事应用的国际合法地位。截至 2015 年 7 月 25 日，我国已经发射了 19 颗北斗二代卫星，今后我国还会不断发射更多卫星，以实现 2020 年形成全球运行服务能力，为全球用户提供更高精度的服务。

一、北斗卫星导航系统的组成

北斗卫星导航系统，由北斗卫星网、地面系统和北斗用户设备三部分组成（图 1-8-3）。

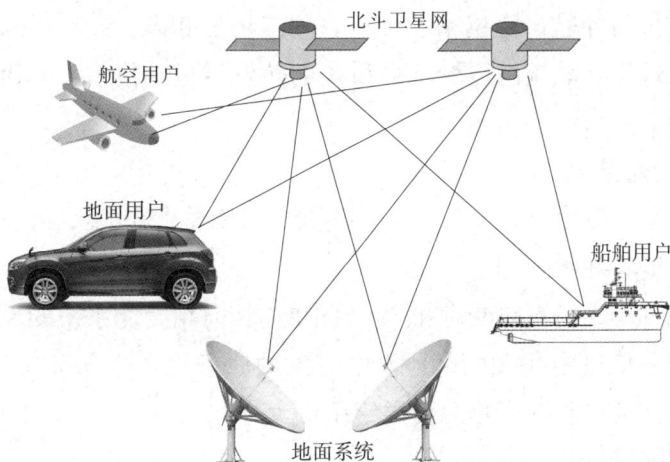

图 1-8-3　北斗卫星导航系统组成

（一）北斗卫星网

计划由 35 颗卫星组成，包括 5 颗静止轨道卫星、27 颗中地球轨道卫星、3 颗倾斜同步轨道卫星，运行在 3 个轨道面上，轨道面之间为相隔 120°。

卫星上还装有太阳能电源、电池组成的卫星电源及原子钟等。

（二）地面系统

地面系统，包括北斗地面控制中心站、集团用户管理中心、北斗运营服务中心。其主要任务为，对卫星定位、测轨和制备星历，调整卫星运行轨道、姿态和控制卫星的工作；测量和收集导航定位参量、校正参量等，对用户进行导航定位；完成地面系统和用户以及用户和用户之间的通信；对系统覆盖区域内的用户进行识别、监视和控制。

（三）北斗用户设备

北斗用户设备，是带有全向收发天线的接收、转发器，它用于追踪北斗导航卫星，并实时地计算出接收机所在位置的坐标、移动速度及时间，并向卫星发射应答信号，完成信息存储和显示。接收机可分为袖珍式、背负式、车载、船载和机载等。

二、北斗卫星导航系统的作用

（一）定位导航

北斗卫星导航系统，可提供区域性、全天候、高精度、连续、快速、近于实时的定位与导航。定位精度 10m，测速精度 0.2m/s。另外，北斗卫星也可用作全球导航系统的区域增强系统的转发卫星，使差分 GPS 的定位精度为 2~5m。

（二）简短通信

可提供双向数字（报文）通信，一次可以传送 120 个汉字信息。

（三）精密授时

可提供 100ns 的双向授时和 20ns 的单向授时精度。系统的授时与定位、通信是在同一信道中完成的，地面中心站的原子钟产生标准时间和标准频率，通过询问信号将时间信息传送给用户。

（四）船位监控

通过北斗船载终端，可实现自动位置报告和点名调取船位。

（五）紧急报警

北斗系统还可实现区域性遇险报警功能。当船舶遇到紧急或突发事件时，持续 3s 按下船载终端的"紧急"报警按钮，紧急信息通过北斗发送至北斗运营服务分理中心，经过存储处理后，再共享发送给渔船管辖所属的陆地监控指挥台站，实现紧急报警功能。

第三节　北斗与 GPS 卫星导航系统的区别

本节要点：GPS 与北斗系统的区别。

北斗卫星导航系统与 GPS 系统的主要区别如下：

①北斗系统是我国自主发展的，2020 年后由 35 颗卫星构成的无线导航定位系统，高于 GPS 的 24 颗卫星。

②北斗系统有 B1、B2、B3 共 3 个载波，其频率分别为：1 561.098MHz、1 207.140MHz、1 268.520MHz；GPS 主要使用 L1、L2 两个载波，其频率为 1 575.42MHz、1 227.60MHz。

③北斗系统具有独特的短报文功能（短信功能）、紧急报警等。

④北斗系统信号是双向传输，用户和外界均可知道用户的位置，便于定位、搜救、船位监控等业务的开展。

⑤北斗系统使用的是 2000 年中国大地坐标系，简称 CGCS2000，而 GPS 采用 WGS-84 坐标系。

⑥北斗系统采用北斗时 BDT，以 2006 年 1 月 1 日 UTC 时间的零点作为起点；GPS 采用 GPS 时间，以 1980 年 1 月 6 日 UTC 时间的零点为起点。

⑦现今，北斗系统为区域覆盖，至 2020 年后可实现全球覆盖；GPS 已经到达全球覆盖。

⑧北斗系统和 GPS 系统是兼容的，使用北斗系统后，定位精度和可用性可大大提高。

第四节　卫星导航系统的主要控钮及其作用

本节要点：卫星导航系统常用控钮及其作用。

很多不同的厂家生产各种型号卫星导航系统，它们具有完全不同的操作界面，控钮的布局与数量也存在着很大的不同，即使是同一厂家生产的卫星导航系统，不同型号的产品也存着或多或少的差别。从各种型号的卫星导航系统中分析得到，其主要控钮如表 1-8-1 所示。

表 1-8-1　卫星导航系统的主要按钮

控钮	功能说明
［DIM/PWR］［POWER］ ［开/关］［电源］	电源按钮：其作用是打开或关闭卫星导航系统的接收机
［DIM/PWR］［POWER］ ［TONE］［亮度］	背景灯亮度与对比度调整按钮：其作用是调节背景灯光的亮度和对比度，有些型号接收机的此按钮与电源开/关按钮合二为一
［DISP］［DISPLAY］ ［MODE］［切换］	显示方式转换按钮：其作用进行显示模式转换，例如，卫星（1-8-19）、导航信息（1-8-20）、电子罗盘（1-8-21）、海图等
［MENU］［菜单］	菜单按钮：打开或关闭菜单
［ESC］［返回］	退出按钮：退出当前操作
［ENT］［确定］	确认按钮：确定当前的操作
［WPT］/［RTE］［航迹］	航路/航线按钮：输入航路点（waypoints）/输入航线（routes）
［GOTO］	指向按钮：设置目的地或功能菜单之间的跳转
［CLEAR］	清除按钮：删除航路点或标记；清除错误的数据；GPS 报警时，可通过按此键消音
［MARK/MOB］/ ［EVENT/MOB］［标位］	图标按钮：可标记某条件下的船舶位置。如人员落水点、锚位等
［导航］	显示导航菜单
［AIS］	显示 AIS 列表
［短信］	北斗特有按钮，进入短信界面
字母数字键	主要用来输入字母、数字和各种符号，按下指定的按钮，将显示字母及符号
［服务］	北斗特有按钮，进入服务界面
［紧急］	北斗特有按钮，按下后发出紧急报警
［输入法］	输入时各种输入法的切换
［放大］［缩小］	用于当前海图的放大与缩小

除了以上常见的功能按钮外，部分北斗还配有手写板。手写板连接北斗终端，会在屏幕上显示 1 个箭头光标，用户可用触笔划动光标操作程序，或进行手写操作。

第五节　北斗卫星导航系统的基本操作

本节要点：卫星导航系统的开关机步骤；常用报警功能的设置；北斗系统短信息、紧急信号发送等操作。

北斗卫星导航设备主要由显示器（图 1-8-4，a）、天线（图 1-8-4，b）、直流电源及配套电缆和安装件等组成，除了可实现 GPS 的功能外还有其自身特点，如短信息发射、紧急报警等。

a   b

图 1-8-4 北斗设备组成

a. 显示器   b. 天线

一、北斗卫星导航系统的基本功能

（一）启动

①打开直流供电电源。

②长按［开关］键，系统启动（图 1-8-5）。

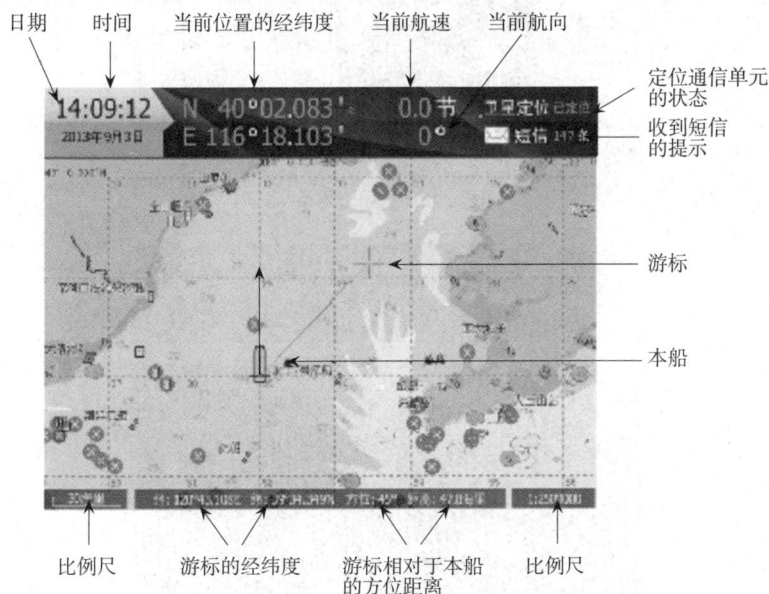

图 1-8-5 北斗系统界面

③按［亮度］键，调整屏幕至操作人员眼睛正视时，图像清晰即可。

注意：系统加电后将自动获取船位，若船舶位置为绿色字体表示已定位，灰色字体表示没有定位。若系统长时间无法定位，请检查北斗天线及电缆接头的工况。

（二）海图操作

1. 海图浏览

北斗系统中，可根据需要提供中国沿海的电子海图，通过方向键、［放大］［缩小］键实现海图的移动、放大和缩小等功能。

2. 航路点

（1）建立航路点　按［方向］移动光标到海图的某一位置，按［标位］出现标位界面（图1-8-6），在"名称"中更改标位点名称，按［确定］保存。

（2）航路点管理　按［菜单］－［3标位］－［2标位点管理］，启动航路点管理程序（图1-8-7），按［菜单］可以对航路点进行以下操作：

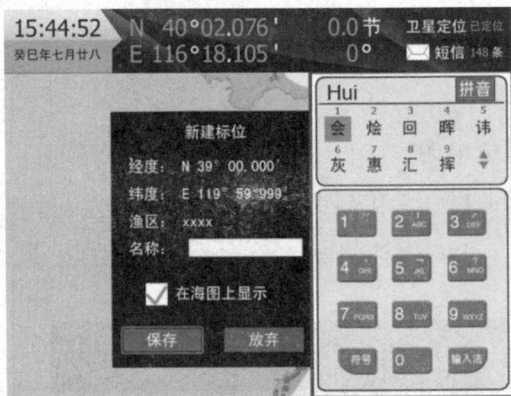

图1-8-6　标位界面

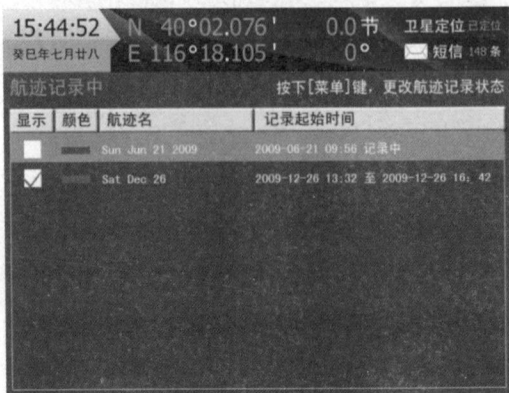

图1-8-7　航迹管理界面

①修改：重新编辑选中的航路点的参数。

②删除：删除选中的航路点。

③删除全部：删除所有存储的航路点。

3. 航迹记录

（1）开始记录航迹　按［菜单］－［4 航迹］－［1 记录新航迹］。

（2）暂停/继续记录航迹　按［菜单］－［4 航迹］－［1 记录新航迹］。

（3）记录一个新的航迹　按［菜单］－［4 航迹］－［2 航迹管理］。

（4）航迹管理　按［航迹］，进入航迹管理，按［菜单］，选择对应的选项，可以对航迹进行以下操作：

①显示/不显示：切换选中的航迹在海图上的显示状态。

②航迹颜色：设置航迹在海图上显示的颜色。

③重命名：重新命名航迹。

④删除：删除选中的航迹。

⑤删除全部：删除全部航迹。

⑥暂停/继续记录航迹：切换当前航迹的记录状态。

⑦记录新航迹：保存当前记录的航迹，同时新建 1 条航迹进行记录。

4. 导航及偏航报警

（1）游标导航　按［导航］－［1 游标导航］，移动光标选择 1 个目的地，按［确定］。

（2）航路点导航　按［导航］－［2 标位点导航］，按［方向］－［确定］选择多个航路点，按［返回］。

（3）导航及报警设置　按［导航］－［3 导航报警设置］，设置偏航报警。

（4）主要报警种类

①到达警和锚更警（Arrival/Anchor Watch Alarm）：到达警作用，当本船离转向点或目的地的距离小于到达警的设置范围时，GPS 卫星导航仪发出警报声，并出现"ARV　ALARM！"字样和警报图标，提示用户即将接近目标（图 1-8-8）。

锚更警作用，在船舶锚泊期间，当船舶偏移锚泊警所设置的数值时，GPS 卫星导航仪发出警报声，并出现"ANC　ALARM！"字样和警报图标，提示船舶可能走锚（图1-8-9）。

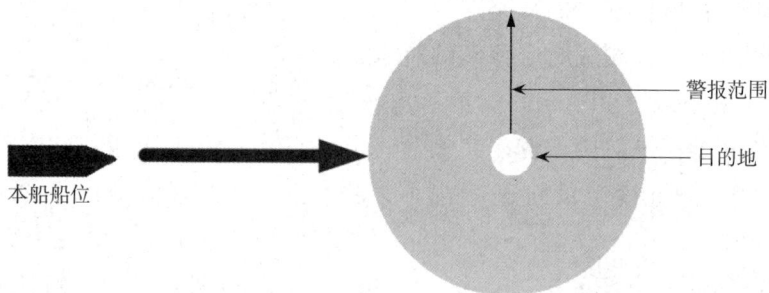

图1-8-8 到达警示意图

注意：到达警和锚更警，不可同时使用。设定到达警前，需要确定下一个转向点或目的地；而锚更警打开前，需确定本船的锚位。

②偏航警和边界警（Off-Course/XTE/Boundary Alarm）：偏航警的作用，当本船偏离预计航线一定范围时，GPS卫星导航仪发出警报声并出现"XTE ERROR!"字样和警报图标（图1-8-10）。

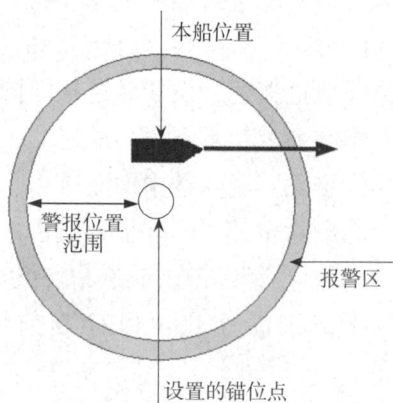

图1-8-9 锚更警示意图

边界警报的作用，当本船进入预计航线为中心所设定的范围时，GPS卫星导航仪发出警报声并出现"BOUNDARY ALAEM!"字样和警报图标（图1-8-11）。

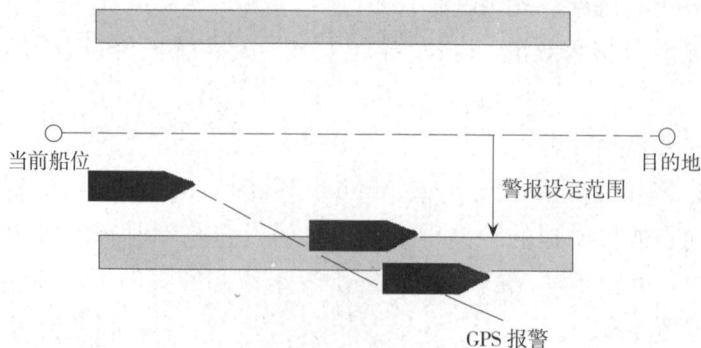

图1-8-10 偏航警示意图

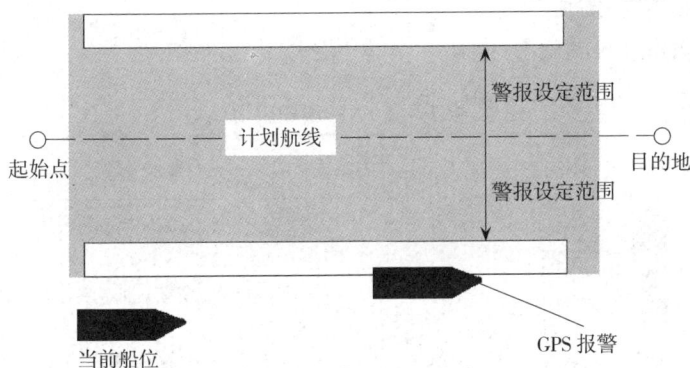

图 1-8-11 边界警示意图

（三）关机

①长按［开关］键，关闭启动。

②关闭直流供电电源。

二、北斗卫星导航系统的特殊功能

（一）AIS 功能

只有连接了 Class B 类的 AIS 设备，本功能才能正常使用。

1. AIS 界面

当显示器连接 AIS 设备且正常工作时，在海图界面将显示由 AIS 设备获取的周围船舶信息（图 1-8-12）。用方向键移动游标至想要查询信息的船型图标上，界面会弹出显示船舶信息的文本框。移开游标后，船舶信息消失。

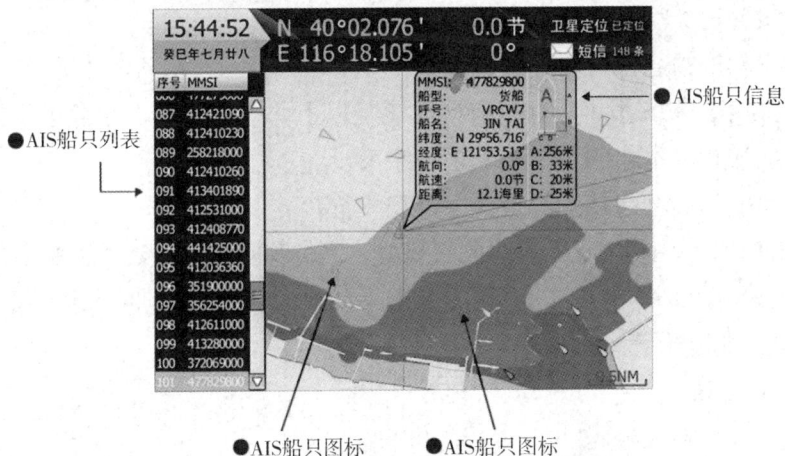

图 1-8-12 AIS 信息界面

2. 船舶类型说明

AIS 船舶类型详见表 1-8-2。

表 1-8-2　AIS 船舶类型

船舶符号颜色	船舶类型
（蓝色）	客船、游船
（绿色）	货船、油轮
（黄色）	高速船
（青色）	拖带船、引航船
（橙色）	渔船
（红色）	危险船舶
（灰色）	其他类型
（蓝色）	以辅助动力航行的船舶

3. AIS 报警设置

按下［菜单］－［AIS］－［AIS 设置］，可以进行以下设定：

①是否开启 AIS 报警。

②报警距离（判断其他船舶与本船的距离是否过近）。

③报警警示圈（是否在本船位置显示警报范围）。

④报警船类型（筛选报警船舶的种类）。

⑤安全广播悬停时间设置。

当开启了 AIS 报警后，只有同时满足以下两个条件时，才会进行报警：

①船舶距离本船的距离小于报警距离。

②船舶的类型与设置的报警船类型相符。

界面中将弹出报警提示框，同时机身发出蜂鸣音示警；当以上两个条件有任意一条不满足时，警报自动解除，界面恢复到正常状态，同时，蜂鸣音停止。

（二）北斗短信

1. 发信息

第一步：输入号码

按下［输入法］，切换到数字或者 ABC 输入法输入号码（图 1-8-13）。

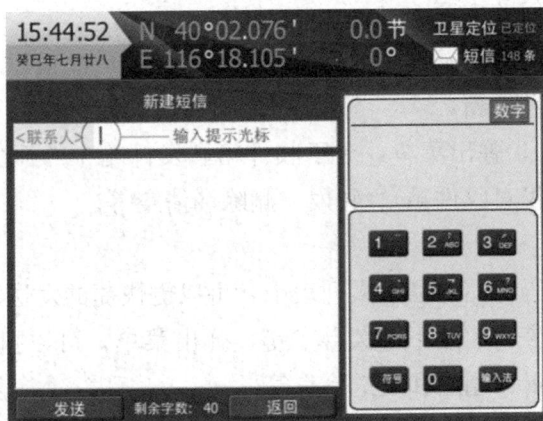

图 1-8-13 信息编辑界面

如果要选择已存的联系人,按下〔确定〕,从右侧的联系人列表中选出。

第二步:输入内容

按下〔方向下〕,将输入提示光标移动到短信编辑区。

按下〔输入法〕,切换到合适的输入法,进行短信内容的编写。

第三步:发送

按下〔方向下〕,提示光标移动到"发送"按钮,按下〔确定〕发送编写的短信。

另一种发送的方式:按下〔菜单〕-〔发送〕,同样可以发送编写的短信。

2. 收件箱和发件箱

收到的短信,都被存储在收件箱之中,图 1-8-14 选中某一条短信,将

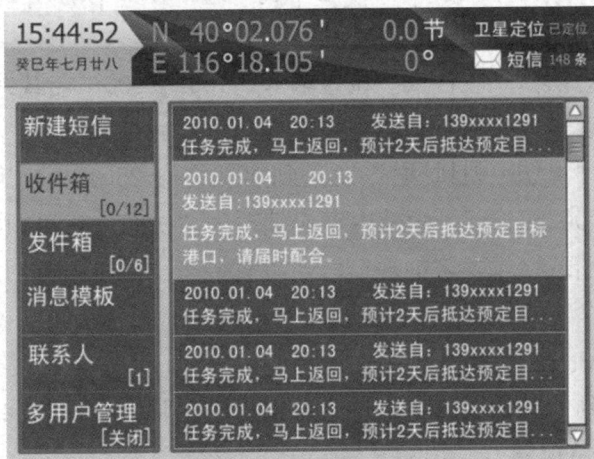

图 1-8-14 收件箱

会自动展开该短信的内容。

与收件箱对应的是发件箱，所有编辑后未发出的短信以及已经发出的短信，都将存储于发件箱。

按下［菜单］，弹出菜单，对于收件箱和发件箱中的短信，可以进行以下操作：回复（仅对收件箱）、转发、删除和清空等。

3. 联系人

将常用的号码存储到联系人列表中，可以更快捷的发送短信。

在联系人列表中，按下［菜单］键，弹出菜单，可以执行以下的操作：新建、查看、编辑、删除和发送信息等。

4. 用手机向船载终端发送短信

（1）充值

①使用北斗充值卡：终端为本终端充值，编辑短信：BD＋卡密码，发送到 266666。

手机为本机北斗账户充值，编辑短信：BD＋卡密码，发送到 106902000。

手机为终端充值，编辑短信：终端 ID 号码＋BD＋卡密码，发送到 106902000。

②使用中国移动充值卡：终端为本终端充值，编辑短信：YD＋卡号/＋卡密码/＋卡面值，发送到 266666。

手机为本机北斗账户充值，编辑短信：YD＋卡号＃＋卡密码＃＋卡面值，发送到 106902000。

手机为终端充值，编辑短信：北斗 ID 号码＋YD＋卡号＃＋卡密码＃＋卡面值，发送到 106902000。

（2）发送短信　"收件人"位置输入"106902000＋船载终端号码"，直接编辑短信内容进行发送，短信将发送到指定船载终端。

例如，将"祝您一帆风顺！"发送到船载终端 250188，"收件人"位置输入"106902000250188"，短信内容应编写为"祝您一帆风顺！"。

手机收到船载终端发来的短信时，可直接按"回复"键回复该短信。

（3）查询余额　编辑：YE，发送至 106902000。

（三）紧急报警

在船只遇到紧急情况时，通过紧急报警向运营中心发送求救信号。

1. 发送紧急报警

在任意界面下，长按［紧急］3s，系统会弹出提示，要求确定是否发送紧急报警。此时按下［确定］，紧急报警信息将发出。

如果紧急报警信息发送成功，屏幕上会弹出发送成功的提示。

发出报警后，蜂鸣器将不断发出尖锐的提示音，同时，界面将开始闪烁，表示当前正处于紧急报警状态。

2. 紧急报警附加信息

在确定发送紧急报警之后，紧接着出现的界面是附加信息选择界面（图 1-8-15）。

在列表中选择报警的附加信息，并按下［确定］键，完成报警的流程。

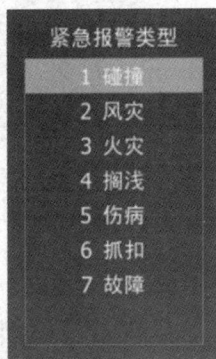

3. 解除紧急报警

在紧急报警状态下，再次按下［紧急］键，系统会弹出提示"确定是否取消紧急报警"。此时，按下［确定］键，紧急报警状态将解除。

图 1-8-15　附加信息选择界面

（四）服务

服务模块中集成了多个和运营服务相关的应用，包括出港报告、进港报告、充值服务、余额查询、业务状态、北斗参数、设备信息和系统设置（图 1-8-16）。

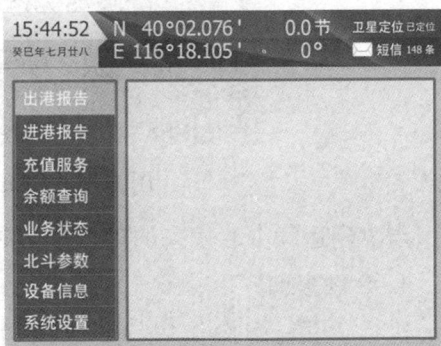

1. 出港报告

船只出港时，发送出港报告。

2. 进港报告

船只进港时，发送进港报告。

图 1-8-16　服务模块界面

3. 充值服务

使用显控单元发送短信，会扣去账户中储蓄的余额。如果要向账户中充值，可以通过充值服务模块实现。

向账户充值，可以选择以下几种运营商的充值卡：中国移动、中国联通、中国电信、北斗星通（图 1-8-17），请到相关营业厅或销售点咨询购买可用的充值卡。

充值时，首先选择充值卡对应的运营商，然后输入卡号和密码（图 1-8-18）。

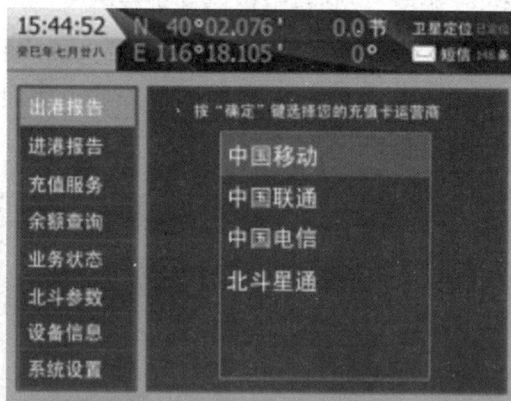

图 1-8-17　充值服务界面（1）

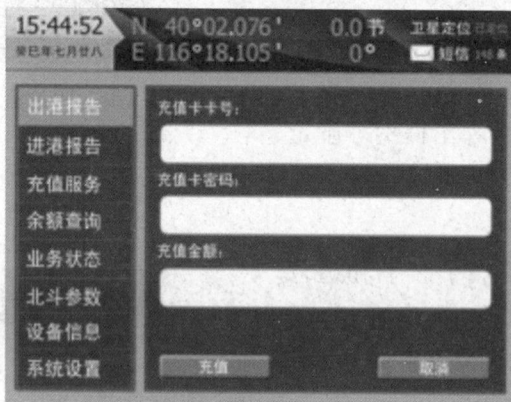

图 1-8-18　充值服务界面（2）

当收到运营中心发来的确认短信后，说明充值已成功。

4. 余额查询

执行余额查询操作后，会收到运营中心的短信，内容为用户的账户余额。

5. 业务状态

查询当前开通的服务。如果发现部分业务异常，可以在此界面中选择"查询业务状态"来主动更新，获得业务开通状态的信息。

6. 北斗参数

读取与显控单元连接的定位通信单元信息，显示相关的北斗参数。

7. 设备信息

读取与显控单元连接的定位通信单元信息，显示相关的设备信息。

三、北斗卫星导航系统的其他显示界面

除了上面介绍的常用显示界面外，北斗还有以下功能界面：

（1）卫星界面　提供 GPS 卫星图、GPS 信号强度及北斗信号强度等（图 1-8-19）。

（2）导航界面　提供本船坐标、航程、航行时间等（图 1-8-20）。

卫星图

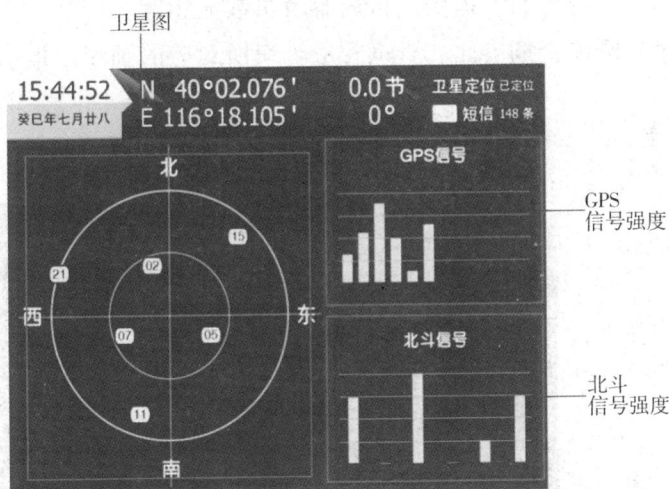

图 1-8-19　卫星界面

本船坐标

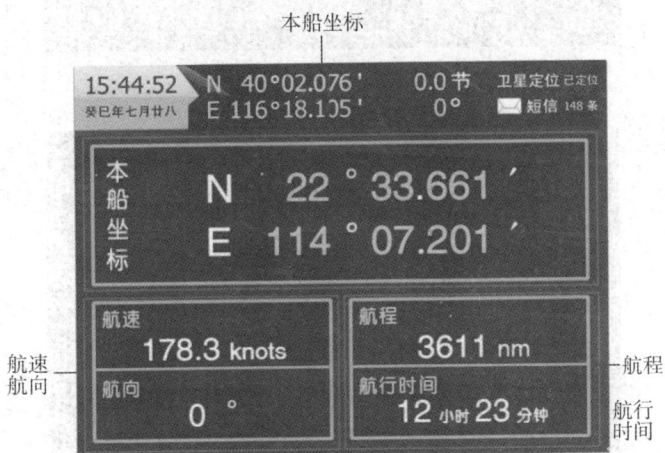

图 1-8-20　导航界面

注意：本船坐标显示在正常接收 GPS 或北斗卫星信号时，显示当前船位所在经纬度（N 表示北纬、E 表示东经）。经纬度为绿字，表示当前已定

位，其值为当前坐标；经纬度为灰字，表示当前未定位，其值为最后 1 次定位坐标；经纬度为蓝字，表示当前已定位，其值为北斗定位结果。

（3）**罗盘界面** 提供定位罗盘、目标位置、目标距离、目标方位和预计到达时间等（图 1-8-21）。

注意：定位罗盘的蓝色指针指向导航目标，标示导航目标相对于当前船位的方向；罗盘的绿色指针标示当前的航向与正北方向的夹角。

（4）**广告界面** 提供广告内容及页数显示等。

（5）**潮汐查询界面** 查询相应港口所对应的潮汐预报信息（图 1-8-22）。

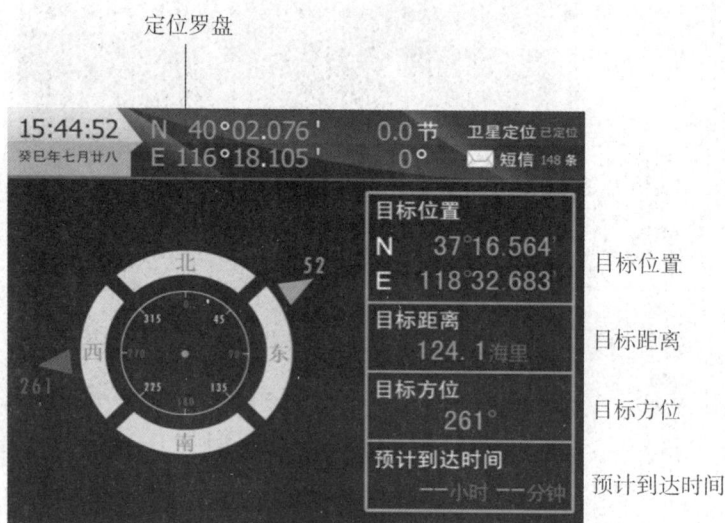

图 1-8-21　罗盘界面

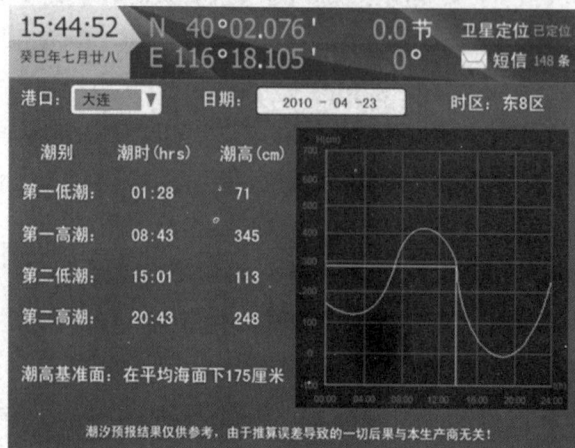

图 1-8-22　潮汐查询界面

思考题

1. 请叙述 GPS 卫星导航系统的组成。
2. 请叙述北斗卫星导航系统的组成。
3. 北斗与 GPS 卫星导航系统的主要区别。
4. 请叙述到达警和锚更警的特点及不同。
5. 请叙述边界警和偏航警的特点及不同。
6. 请简要叙述北斗卫星导航系统短消息发送的步骤。

第九章 船用磁罗经

第一节 磁罗经的组成

本节要点：*磁罗经的结构及各部的作用；方位仪的使用及其注意事项。*

磁罗经是一种古老的航海指向仪器，它利用地磁场与磁针等敏感元件相互吸引的作用原理，而使罗盘的磁针指向磁北。磁罗经除可为船舶指示航向外，还可为船舶定位和导航，它与陀螺罗经一起共同保障船舶的安全航行。由于磁罗经具有结构简单，工作性能可靠，除地磁场外可不依赖任何外界条件独立工作的特点，至今仍是船上必备的航海仪器之一。

现代船舶安装的都是液体罗经，液体罗经的罗盘浸浮在盛满液体的罗盆内，因受液体的阻尼作用，船舶摇摆时，罗盘的指向稳定性较好。另外，受液体浮力的作用，可减少轴针与轴帽间的摩擦力，提高了罗盘的灵敏度。这种性能优良的液体罗经，在现代船舶上得到普遍使用。

根据磁罗经的用途，可将磁罗经分为标准罗经、操舵罗经、救生艇罗经和应急罗经。根据罗盘的直径大小，可将磁罗经分为 190mm 型、165mm 型和 130mm 型的罗经。

一、磁罗经的结构

船用磁罗经，由罗经柜、罗盆和自差校正器三部分组成。

（一）罗经柜

罗经柜通常由铜、木、铝等非磁性材料制成，主要用来支撑罗盆和放置自差校正器（图 1-9-1）。

在罗经柜的顶部有罗经帽，用来保护罗盆，使其避免风吹雨淋和阳光照射，以及在夜航中防止照明灯光外露。

（二）自差校正器

在罗经柜的正前方，有一竖直圆筒，筒内根据需要放置数块消除软半圆自差用的佛氏铁或有一竖直长方形盒，在其内放数根消除自差用的软铁条。

在罗经柜左右正横放置象限自差校正器（软铁球或软铁片）的座架，软铁球或软铁盒的中心位于罗盘磁针的平面内，并可根据校正自差的需要内外移动。

在罗经柜内，位于罗盘中心正下方安装 1 根垂直铜管，管内放置消除倾斜自差的垂直磁铁，该磁铁可由吊链拉动在管内上下移动。

在罗经柜内还有放置消除半圆自差的纵向和横向磁铁的架子，并保证罗经中心应位于纵横磁铁的垂直平分线上。

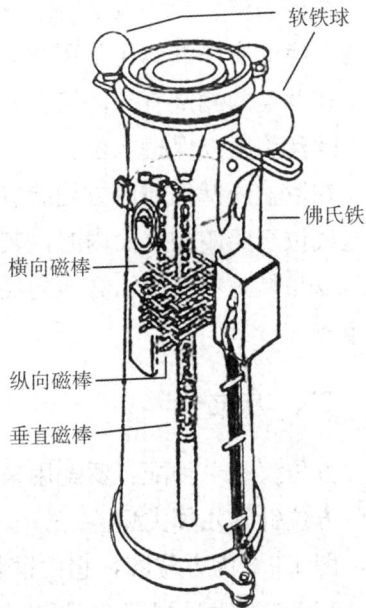

图 1-9-1 罗经柜

（三）罗盆

罗盆放置在平衡环上，以便在船体发生倾斜时，罗盆仍保持水平。平衡环通常装在减震装置上，以减缓罗盆震动。

罗盆是由罗盆本体和罗盘两部分组成（图 1-9-2）。

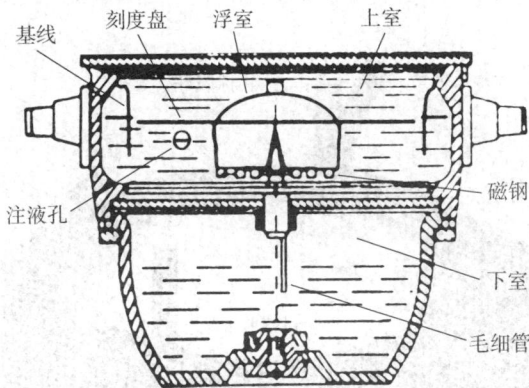

图 1-9-2 罗 盆

罗盆均由铜制成，其顶部为玻璃盖，玻璃盖的边缘有水密橡皮圈，并用一铜环压紧以保持水密。罗盆底部装有铅块，以降低罗盆重心，在船摇摆时，罗盆仍能保持水平。

罗盆内充满液体，通常为酒精与蒸馏水的混合液，混合液的比例为

45%医用酒精和55%蒸馏水。酒精的作用是为了降低冰点，冰点为—26℃。有的罗经的支撑液体还采用纯净的煤油。

在罗盆的侧壁有一注液孔，供灌注液体以排除罗盆内的气泡。注液孔平时由螺丝旋紧以保持水密。

在罗盆内壁的前后方均装有罗经基线，位于船首方向的称为首基线，当首基线位于船舶艏艉面内时，其所指示的罗盘刻度即为本船的航向。

罗盘是磁罗经指示方向的灵敏部件，罗盘均由刻度盘，浮室，磁钢和轴帽组成。

二、方位仪

方位仪是一种配合罗经用来观测物标方位的仪器，通常有方位圈、方位镜、方位针等几种类型。

图 1-9-3 为方位圈，它由铜制作，有 2 套互相垂直观测方位的装置。其中，1 套装置由目视照准架和物标照准架组成。在物标照准架的中间有一竖直线，其下部有天体反射镜和棱镜。天体反射镜用来反射天体（如太阳）的影像，而棱镜用来折射罗盘的刻度。目视照准架为中间有细缝隙的竖架。当测者从细缝中看到物标照准线和物标重合时，物标照准架下棱镜所折射的罗盘刻度，就是该物标的罗经方位。这套装置既可观测物标方位，又可观测天体方位。

图 1-9-3　方位圈

另一套装置由可旋转的凹面镜和允许细缝光线通过的棱镜组成，它专门用来观测太阳的方位。若将凹面镜朝向太阳，使太阳聚成一束的反射光经细缝和棱镜的折射，投影至罗盘上，则光线所照亮的罗盘刻度即为太阳的方位。

在方位仪上有水准仪，观测方位时，应使气泡位于中央位置，以提高观测方位的精度。目前在校正罗经时，方位针使用也很普遍，它是在罗盘中心垂直竖1根针，利用太阳照射后，在罗盘平面上投影所照射的度数即为太阳反向罗方位。注意在测定太阳罗方位时，罗盆一定要水平，方位针要准确垂直于罗盆，否则会产生较大的方位误差。

第二节　磁罗经的使用与检查

本节要点：磁罗经灵敏度、摆动半周期检查方法；气泡检查及其消除；校正器检查等。

一、磁罗经的检查

（一）罗盆和罗盘的检查

①罗盆应保持水密，无气泡。罗经液体应无色透明且无沉淀物。

②罗盆在常平环上应保持水平。

③罗盘应无变形，磁针与刻度盘 NS 线应严格平行，误差应小于 $0°.2$。

④罗经的首尾基线应准确地位于船舶艏艉面内，误差小于 $0°.5$。

（二）罗盘灵敏度的检查

检查罗盘的灵敏度，主要是检查罗盘轴针与轴帽之间的磨损情况。若摩擦力较大时，将会直接影响罗盘指向的准确性。

检查方法：在船停靠码头、船上或岸上机械不工作的情况下，首先准确记下罗经基线所指的航向，然后用一小磁铁或铁器将罗盘从原来平衡位置向左引偏 $2°\sim3°$，移开小磁铁，观察罗盘是否返回原航向，然后再向右边做同样的检查，取其误差的平均值。ISO 规定罗盘返回原航向的误差应在 $(3/H)°$ 以内（H 为地磁水平分量，单位为微特（μT），1 奥＝100μT）。若罗盘灵敏度不符合要求，需进行修理或调换。

（三）罗盘摆动周期的检查

罗盘磁针磁性的强弱，可通过测定罗盘摆动周期来检查的。通常仅测其摆动半周期，检查方法如下：用磁铁将罗盘从罗经基线引偏 $40°$，移去磁铁，罗盘开始摆动，用秒表记下原航向值连续 2 次过基线的时间间隔，此间隔即为罗盘摆动的半周期。ISO 规定，罗盘摆动半周期应不小于 $(2\ 600/H)^{1/2}$

秒。同样，用磁铁将罗盘向另一侧引偏后，做类似的检查，取两者的平均值。若测得的半周期比规定的标准值大得多，说明磁针的磁性减弱，应予以更换。

（四）消除罗盆内的气泡

罗盆产生气泡的原因主要有两种：其一是由于罗盆不水密，如罗盆上的垫圈老化或玻璃盖上的螺丝未旋紧等原因造成漏水，空气进入罗盆，而形成气泡；另一原因是浮室漏水，空气由浮室中逸出所致。罗盆内的气泡对观测航向和测定物标方位均会产生影响，务须消除。

消除气泡的方法是：将罗盆侧放，注液孔朝上，旋出螺丝，首先鉴别罗盆内装有何种液体，在注入液体前，应从罗盆内取出一些原液体与新液体混合，经过一段时间，确定仍为透明无沉淀后，方可注入新液体，直至气泡完全消除为止。对于盆体分为上下两室的罗盆，在上室注满液体把气泡排除后，还要测量下室液面的高度，其高度应符合说明书的要求。

二、校正器的注意事项

（一）硬铁校正磁铁的注意事项

消除自差用的磁铁棒应无锈，生锈者会使磁性衰退。还应检查磁铁棒特别是新购进的磁铁棒，其棒上所涂的颜色与磁极是否相符。

（二）软铁校正器的注意事项

软铁校正器应不含有永久磁性，否则会影响校正效果。检查软铁球是否含有永久磁性的方法是：船首固定于某一航向，将软铁球靠拢罗经柜，待罗盘稳定后，缓慢间断地原位旋转软铁球，罗盘应不发生偏转，然后用同样方法检查另一只球。若罗盘发生偏转，说明软铁球含有永久磁性。对于软铁片，可将软铁片盒移近罗经柜，将软铁片首尾倒向插入软铁片盒，罗盘应不发生偏转，否则软铁片含有永久磁性。

检查佛氏铁是否含有永久磁性的方法是：船首固定于磁东或磁西航向上，将佛氏铁逐段以正反向倒置放入罗经正前方的佛氏铁筒中，罗盘不应发生偏转，否则佛氏铁含有永久磁性。

对于含有永久磁性的校正软铁，可将其放在地上敲击或淬火进行退磁，退磁无效者应予以调换。

三、方位仪的注意事项

方位仪应能在罗盆上自由转动，其旋转轴应与罗盆中心轴针重合，无论是方位圈或方位镜，其棱镜必须垂直于照准面，否则观测方位时，将产生方位误差。检查方位圈时，把方位圈的舷角定在0°时，根据照准线从棱镜上看到的罗盘读数，应与船首基线所对的罗盘读数相等，否则方位圈的棱镜面不垂直于照准面，应予以调整。

思考题

1. 简述磁罗经的种类、结构及主要部件的作用。
2. 简述如何检查磁罗经的灵敏度？
3. 简述如何检查磁罗经罗盘磁性的大小？
4. 简述磁罗经消除气泡的方法。

第十章　船载 AIS 系统

　　船舶自动识别系统（Automatic Identification System，简称 AIS），是在甚高频海上移动频段采用时分多址接入技术，自动广播和接收船舶静态信息、动态信息、航次信息和安全消息，实现船舶识别、监视和通信的系统。目前，AIS 作为雷达的补充，用作船舶之间避碰和自动交换信息的重要助航工具，也为海事安全管理、渔业安全生产等提供重要的保障。

　　目前，AIS 系统的船舶终端可分为 A 类和 B 类两种类型。远洋及大中型商船，安装使用 A 类 AIS 船舶终端；部分中小型船舶和渔船，安装使用 B 类 AIS 船舶终端。

第一节　AIS 系统简介

　　本节要点：AIS 定义；AIS 系统组成；AIS 信息分类。

一、AIS 的组成

　　一般来说，典型的船载 AIS 设备由 AIS 主机、GPS 天线（图 1-10-1，a）、VHF 天线（图 1-10-1，b）及电源等组成。

　　AIS 设备内部都集成了 GNSS 接收机，通过 GPS 天线可获得本船船位、对地航速/航向以及定时基准。A 类设备往往还配备外接 GNSS 接收机提供以上信号，当外接设备信号中断时，自动切换内部接收机。本船信息的传送和其他船舶信息的接收，是通过 VHF 天线实现的。

二、船舶 AIS 信息分类

　　AIS 设备自动发送和接收规定格式的文本信息，根据国际标准，船舶 AIS 信息可分为静态信息、动态信息、航次相关信息和安全相关短消息等四类。

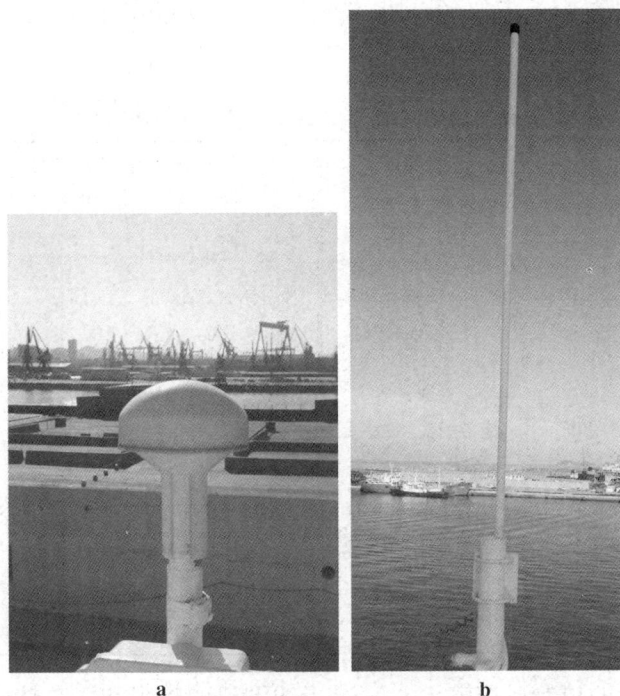

图 1-10-1　AIS 天线
a. GPS 天线　b. VHF 天线

（一）静态信息

所谓静态信息，是指 AIS 设备正常使用时，通常不需要变更的信息。静态信息在设备安装结束时由安装技术人员设置，在船舶买卖移交时需要重新设定。在修改静态信息时，一般需要输入密码。在设备正常工作时，驾驶员不可随意更改此项设置（表 1-10-1）。

表 1-10-1　AIS 船载设备的静态信息

信息标称	输入方式	输入时机	更新时机
MMSI	人工输入	设备安装	船舶变更国籍买卖移交时
呼号和船名	人工输入	设备安装	船舶更名时
IMO 编号（有的船没有）	人工输入	设备安装	无变更
船长和船宽	人工输入	设备安装	若改变，重新输入
船舶类型	人工输入	设备安装	若改变，重新选择
定位天线的位置	人工输入	设备安装	双向船舶换向行驶时或定位天线位置改变时

表 1-10-1 中的 MMSI 为海上移动业务识别码，AIS 设备仅在写入 MMSI 的时候，才能给发射信息。

在 AIS 设备中关于船舶种类，依设备厂家型号不同有多项可选项（表 1-10-2）。

表 1-10-2　AIS 船载设备的船舶类型名称

Passenger ship	客船	Pleasure craft	休闲游艇
Cargo ship	货船	HSC	高速船
Tanker	油船	Pilot vessel	引航船
WIG	飞翼	Search and rescue vessel	搜救船
Fishing vessel	渔船	TUG	拖轮
Towing vessel	拖带船	Port tender	港口供应船
Towing vessel L>200m B>25m	拖带船长>200m 宽>25m	With anti-pollution equipment	防污染设备船
Dredge/underwater operation	挖泥/水下作业船	Law enforcement vessel	法律强制船
Vessel-diving operation	潜水作业船	Medical transports	医务运输船
Vessel-military operation	军事作业船	Resolution No. 18 MOB-83	18 号决议规定的船
Sailing vessel	帆船	Other type of ship	其他种类船舶

定位天线的位置，应输入 GNSS 天线到船舶艏艉和左右舷的距离。

AIS 在开机后 2min 内，发射本船的静态数据。静态信息在有更改或有请求时，每隔 6min 重发 1 次。

（二）动态信息

所谓动态信息，是指能通过传感器自动更新的船舶运动参数，AIS 船载设备动态信息（表 1-10-3）。

表 1-10-3　AIS 船载设备的动态信息

信息标称	信息来源	更新方式	备注
船位	GNSS	自动	附精度/完善性状态信息
UTC 时间	GNSS	自动	附精度/完善性状态信息
COG（对地航向）	计程仪或 GNSS	自动	可能缺失
SOG（对地航速）	计程仪或 GNSS	自动	可能缺失
船首向	陀螺罗经	自动	
ROT（旋回速率）	ROT 传感器或陀螺罗经	自动	可不提供
（选项）首倾角	相应传感器	自动	可不提供
（选项）纵倾/横摇	相应传感器	自动	可不提供

动态信息，包括船位信息、UTC 时间、对地航速/航向、船首向、船舶

旋回速率（如果有）、吃水差（如果有）等，纵倾与横摇（如果有）。通过这些信息，能够掌握船舶的实时航行状态。

（三）航次相关信息

所谓航次相关信息，也称航行相关信息，是指驾驶员输入的，随航次而更新的船舶货运信息。航次相关信息，在船舶装卸货物后开航前或出现变化的任何时候由驾驶员设置。设置该信息时，有的设备需要密码。应注意的是，设置 ETA 和航线计划需经船长同意（表1-10-4）。

表1-10-4　AIS 船载设备的主要控钮

信息标称	输入方式	输入时机	信息内容	更新时机	备注
船舶吃水	手动输入	开航前	开航前最大吃水	根据需要	
危险品货物	手动选择	开航前	危险品货物种类	货物装卸后	主管机关要求时
目的港/ETA	手动输入	开航前	港口名和时间	变化时	经船长同意
航线计划	手动输入	开航前	转向点描述	变化时	经船长同意
航行状态	选择更改	开航前		变化时	

其中，航行状态见表1-10-5。

表1-10-5　AIS 船载设备的航行状态

Under way using engine	在航机动	Moored	系泊
Under way sailing	在航帆船	Aground	搁浅
At anchor	锚泊	Engaged in fishing	从事捕鱼
Not under command	失控	Reserved for HSC	高速船留用
Restricted maneuverability	操纵能力受限	Reserved for wig	飞翼船留用
Constrained by her draught	吃水受限	Not defined	未定义

有的设备航次相关信息包括了更多的内容，如 ETD、船员人数等。

（四）安全消息

所谓安全相关短消息，也称安全消息。可以是固定格式的，也可以是驾驶员输入的自由格式的，与航行安全相关的文本消息。当收到短信息时，屏幕会有报警提示，阅读后的信息会被保存，并可以反复调用和阅读或删除。通过按键或软键盘的操作，还可以输入、编辑和存储短信息，并以寻址或广播方式发送。寻址发送时可选择 MMSI 码、信息类型（安全或文本）、信道（自动、A 信道、B 信道和 A&B 信道）。发射的信息通常被设备自动记录保存，发射不成功，则屏幕出现提示信息。所有已阅读和发送的信息，可以按照时间列表显示。

第二节　AIS 系统的主要控钮及其作用

本节要点：AIS 主要旋钮及其作用。

AIS 设备通常有以下几种主要控钮，详见表 1-10-6。

表 1-10-6　B 类 AIS 船载设备的主要控钮

控钮	功能说明
开关	显示器的电源开关，主要是在开机、关机时使用。另外，还可以用来调整屏幕及按键亮度以及显示模式
退出	短按取消上一步操作；长按则可以启动应急程序，向外发出求救信号，并在屏幕出现提示。若误启动 SOS，则可以长按此键退出
帮助	提供帮助信息
确认	确认按钮。用于执行光标位置所显示的操作项目或数据输入及数据修改
菜单	菜单按钮。在任何模式下按此键均可返回菜单，同时显示菜单中的内容
标记	船位居中时，以当前船位建立标记，否则以光标所在位置建立标记
航点	船位居中时，以当前船位建立航路点，否则以光标所在位置建立航路点
航线	利用当前船位建立航线
导航	执行导航功能，包括选择航路点导航、航线导航、光标位置导航等
查找	调出系统的不同显示界面
潮汐	快速调出潮汐界面
海图	快速调出海图界面

（续）

控钮	功能说明
亮度 ☼	调出亮度调整画面
字母数字键	主要用来输入字母、数字和各种符号，按下指定的按钮，将显示字母及符号
▲ ▼	用于海图和声呐量程放大和缩小

另外，部分带有红外接口的设备，还单独配有用于设备操作的遥控器。

第三节　AIS 系统的基本操作

本节要点：AIS 系统的基本操作。

AIS 船载设备生产厂家及设备型号众多，不同设备的操作界面差别较大，但所有设备都应满足国际相关标准，其功能和显示的内容基本相同，操作也大同小异。

（一）开机/关机

船舶无论是航行、抛锚还是其他状态，AIS 船载设备都应在开机状态。然而，由于 AIS 设备的连续工作可能威胁船舶安全时（如在海盗出没海域航行），船长可以决定关闭设备。一旦危险因素排除，设备应重新开启。AIS 设备关闭时，静态数据和与航行有关的信息会被保存下来。接通设备的电源后，AIS 信息将在 2min 之内发送。电源的开关时间，通常作为安全记录被设备自动保存，并应记录在航海日志中。在港内，设备的操作应符合港口的规定。

1. 开机

按［开关］键就可以开机，开机之前要注意主机的 12-24VDC 直流电源是否正常。

2. 亮度调整

首次使用 AIS 系统，可根据操作人员的习惯及环境调节屏幕及按键的亮度、背景颜色。开机后短按［开关］键，将出现亮度调整界面，可调整背景灯、键盘灯以及情景色（图 1-10-2）。

3. 关机

注意：长按［开关］键就可以关机。若由于操作不当出现死机，则需长

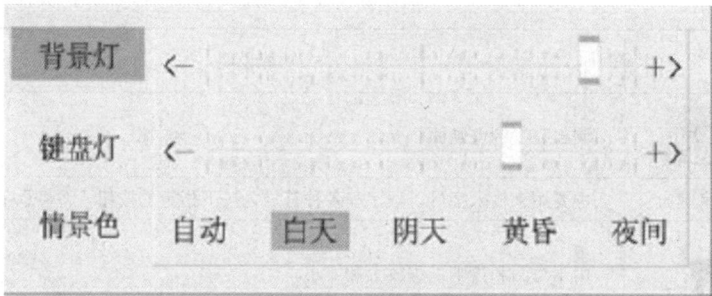

图 1-10-2　亮度调整菜单

按电源键 5s 关闭系统，或直接切断电源。

（二）GPS 初始化

按［菜单］键选中［GPS］选项，弹出 GPS 菜单项（图 1-10-3），可进行如下调整：

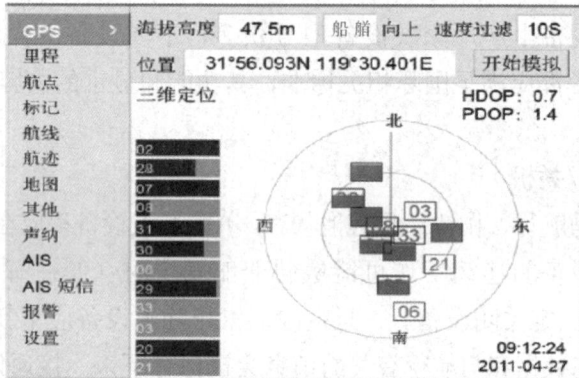

图 1-10-3　GPS 初始化界面

①船位初始化　GPS 未定位时，移动光标至［位置］输入框，按［确认］键，输入 1 个离当前船位比较近的经纬度后按［确认］键，便于快速定位。

②查看 GPS 卫星接收状态　通过此界面，可以查看当前接收卫星的数量及各卫星的信号强度（图 1-10-4）。

③海拔高度　GPS 定位后，显示当前位置的海拔高度即天线高度。

④地图方向　将光标移至［船首］上按［确认］键弹出下拉框，选择海图方向后，再次按［确认］键。

（三）海图操作

用户可通过方向键、缩放键、旋转键等进行海图浏览、海图放大与缩

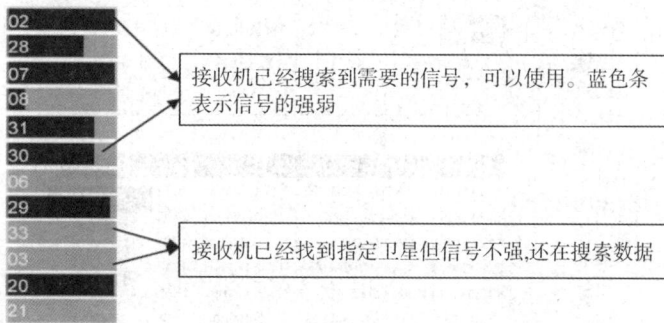

接收机已经搜索到需要的信号，可以使用。蓝色条表示信号的强弱

接收机已经找到指定卫星但信号不强,还在搜索数据

图 1-10-4 卫星状态界面

小、海图旋转等功能。

根据 AIS 物标的不同类型和状态，海图模式中显示的 AIS 符号如表 1-10-7 所示。

表 1-10-7 AIS 符号

A 类	B 类	说　　明
△	△	报警圈外的 AIS 目标
▲	▲	报警圈内非报警的 AIS 目标
▲▲	△▲	报警圈内报警的 AIS 目标，红黄交替显示

（四）AIS 操作

1. AIS 列表

在海图界面下按［菜单］键，选择［AIS］选项卡，选择［列表］显示本船已接收的其他船舶的 AIS 信息，如 MMSI、船名、距离、方位和速度等（图 1-10-5），其中，图 1-10-5 中第一行为本船信息。

2. 查找 AIS 物标船舶

按照 AIS 的 MMSI，可以在列表中查找 AIS 船舶。如要查找"212586000"，在查找内容中输入 212586000，从 AIS 列表中找到物标船的 AIS 信息后，按［确认］键，弹出快捷菜单，包括［显示地图］［详细信息］［发送信息］［添加到组］。

图1-10-5　AIS列表

（1）显示地图　选中［显示地图］后，按［确认］键，返回到以选中的AIS船舶为中心显示的海图界面（图1-10-6）。

图1-10-6　海图界面

（2）详细信息　选中［详细信息］，按［确认］键，则显示选中的AIS船舶的详细信息（图1-10-7）。

（3）发送信息　选中［发送信息］，按［确认］键，可以直接对选中的AIS发送消息（图1-10-8）。发送消息完成后，按［取消］键返回AIS列表。

3. AIS设置

（1）航次信息设置　选择［菜单］中的［AIS］选项卡，选择［设置1］显示如图1-10-9。选中［目的港］后，按［确认］键，输入目的港名称、预计到达时间"月""日""小时""分"等信息按确认键。用方向键调整到［航

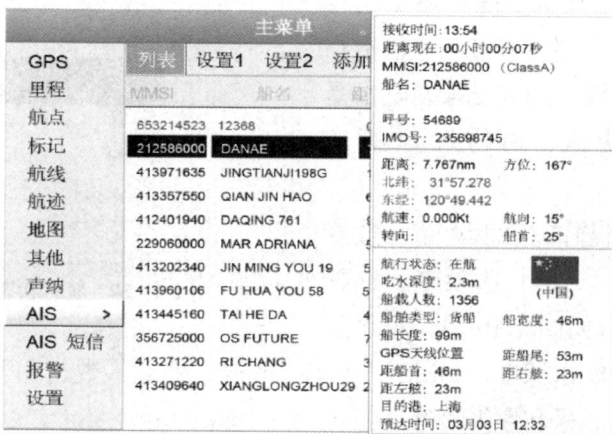

图 1-10-7 AIS 详细信息

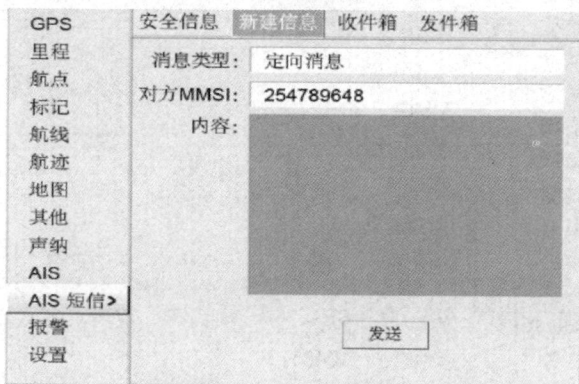

图 1-10-8 消息发送界面

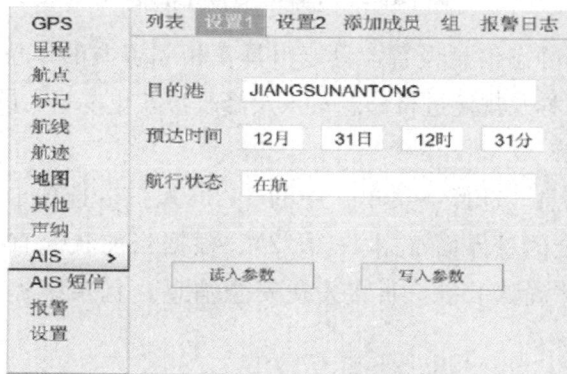

图 1-10-9 航次信息设置界面

行状态]，按［确认］键，弹出航行状态下拉列表（图 1-10-10），包括在航、锚泊、失控、操纵受限、吃水受限、靠泊、搁浅、捕捞和风帆航行等。

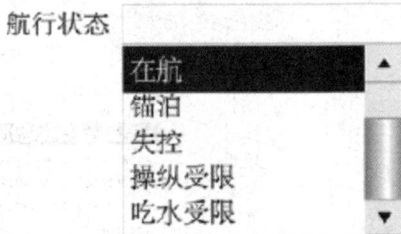

图 1-10-10　航行状态列表

（2）本船静态信息设置　选择［菜单］中的［AIS］选项卡，选择［设置 2］显示如图 1-10-11，可设置本船的船型、吃水深度、MMSI、船名、呼号、船载人数、GPS 天线安装位置、厂商、版本号和序列号等。

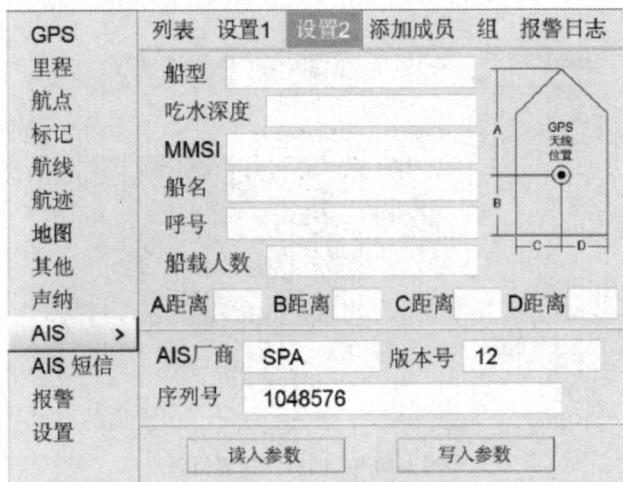

图 1-10-11　静态信息设置界面

注意，本船静态信息设置，只能由具备相关资质的单位、部门指定人员，根据有关流程及规定进行信息写入及修改，禁止本船人员操作。

4. AIS 短信

（1）安全信息　选择［菜单］中的［AIS 短信］选项卡，选择［安全信息］进入安全信息界面（图 1-10-12）。根据当前状况直接选择安全信息的类型，按［确认］键，直接发送安全消息，且系统提示：正在发送电文。

（2）发送信息　选择［菜单］中的［AIS 短信］选项卡，选择［新建信息］进入信息编辑界面（图 1-10-13）。

GPS	**安全信息**	新建信息	收件箱	发件箱	
里程	序号	中文		英文	
航点	00	紧急求救		SOS...	
标记	01	着火		ON FIRE	
航线	02	爆炸		EXPLOSION	
航迹	03	漏水		FLOODING	
地图	04	搁浅		GROUNDING	
其他	05	倾侧		LISTING	
声纳	06	倾覆		CAPSZING	
AIS	07	漂泊		ADRIFTING	
AIS 短信>	08	抢劫攻击		ROBBERY ATTACK	
报警	09	引擎故障		ENGINGE TROUBLE	
设置					

图 1-10-12　安全信息界面

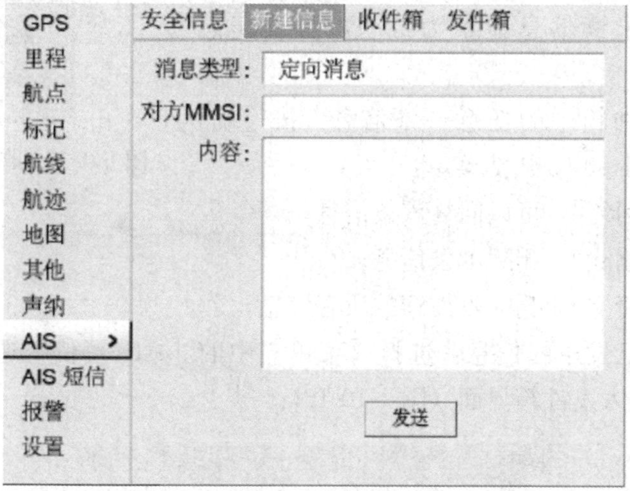

GPS	安全信息	**新建信息**	收件箱	发件箱
里程	消息类型：	定向消息		
航点	对方MMSI：			
标记	内容：			
航线				
航迹				
地图				
其他				
声纳				
AIS　>				
AIS 短信				
报警		发送		
设置				

图 1-10-13　信息编辑界面

①如果向周边所有船舶发送短信，则消息类型中选择"广播消息"，且对方 MMSI 栏不可编辑，直接按［发送］键，完成广播信息的发送。

②如果向周边某一艘船舶发送短信，则消息类型中选择"定向消息"，在对方 MMSI 栏中输入对方船舶的 MMSI 码，按［发送］键，完成定向信息的发送。

（3）查看信息

①查看已接收信息：选择［菜单］中的［AIS 短信］选项卡，选择［收

件箱] 进入收件箱界面（图 1-10-14）。

图 1-10-14　收件箱

选择收件箱列表中的信息，在信息内容中显示当前选中信息的内容。

注意：未读信息显示为红色，已读信息为黑色。

选择收件箱中的任意一条信息，按 [确认] 键，弹出图 1-10-15 快捷菜单：

图 1-10-15　收件箱快捷菜单

选择 [回复]，可以回复该条信息；

选择 [删除]，删除本条信息；

选择 [清空]，删除收件箱的所有信息。

②查看已发送的信息：选择 [菜单] 中的 [AIS 短信] 选项卡，选择 [发件箱] 进入发件箱界面（图 1-10-16）。

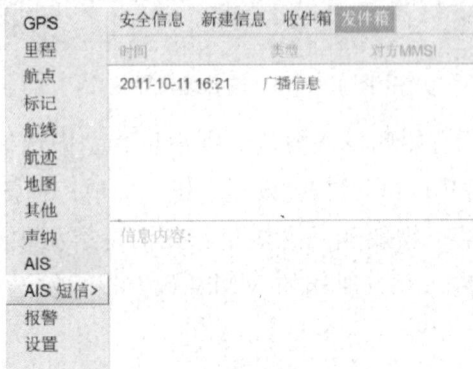

图 1-10-16　发件箱

选择发件箱列表中的信息，在信息内容中显示当前选中已发送信息的内容。

选择发件箱中的任意一条信息，按［确认］键，弹出图 1-10-17 快捷菜单：

选择［发送］，并按［确认］键，将再次发送本条信息，并提示：正在发送电文；

选择［删除］，删除本条信息；

选择［全部删除］，删除发件箱的所有信息。

图 1-10-17　发件箱快捷菜单

思考题

1. 什么是自动识别系统？
2. 请叙述 AIS 信息的种类有几种，分别是什么？
3. 船载 AIS 设备静态信息有哪些？这些信息是在什么时候如何输入的？
4. 船载 AIS 设备发送动态信息有哪些？这些信息来自于哪些传感器？
5. 船载 AIS 航次相关信息有哪些？输入时应注意哪些问题？
6. 请结合本船所用设备，叙述查看 AIS 静态信息的步骤。
7. 请结合本船所用设备，叙述输入 AIS 航次信息的步骤。
8. 请结合本船所用设备，叙述当前 AIS 有哪些动态信息？

第十一章 气象学基础知识

众所周知，大气和海洋构成了渔船作业环境。本章主要讲述大气概况、大气的基本运动形式、与航海活动密切相关的气象要素及其变化规律等内容。正确地理解和掌握这些内容，是学好气象学、分析预测天气变化的基础。

第一节 大气概况、气温和气压

本节要点：大气成分、大气的垂直结构；气压的变化、海平面气压场的基本形式。

一、大气概况

由于地心引力的作用，地球周围聚集着一个空气层，称其为大气层，简称大气。在大气中存在着各种物理过程（如增热、冷却、蒸发、凝结等）和各种物理现象（如风、云、雾、雨等），它们的发生及变化都是与大气本身的组成、结构及物理性质密切相关的。

1. 大气成分

大气主要是由多种气体混合组成的，此外，还包括一些悬浮着的固体及液体杂质。通常，把大气的组成分为三个部分：

（1）干洁空气 大气中除水汽、液体和固体杂质以外的整个混合气体，称为干洁空气或干空气。干洁空气是大气的主要组成成分。

（2）水汽 水汽是气体，它来自地球表面上江、河、湖、海及潮湿物体表面的水分蒸发，并借助空气的垂直对流向上空输送。大气中水汽所占的容积比例，随着时间、地点和气象条件的不同有较大的差异，其变化范围在0%～4%。在一般的自然条件下，水汽可以转变成水滴或冰晶，是大气中唯一可以发生相态变化的成分，像云、雾、雨、雪等都是一定条件下由水汽凝结而成的。

（3）杂质　悬浮在大气中的固体或液体微粒，称为大气杂质（又称气溶胶粒子）。它包括尘埃、烟粒、水滴和冰晶等水汽凝结物及海洋上飞溅的浪花蒸发后残留在空中的微小盐粒等。

2. 大气的垂直结构

根据高空探测资料分析，在垂直方向上，大气中不同层次的物理性质存在显著差异。气象上依据气温和水汽的垂直分布、大气的扰动程度和电离现象等不同特点，将大气层自下而上划分为对流层、平流层、中间层、热层和散逸层5个层次（图1-11-1）。

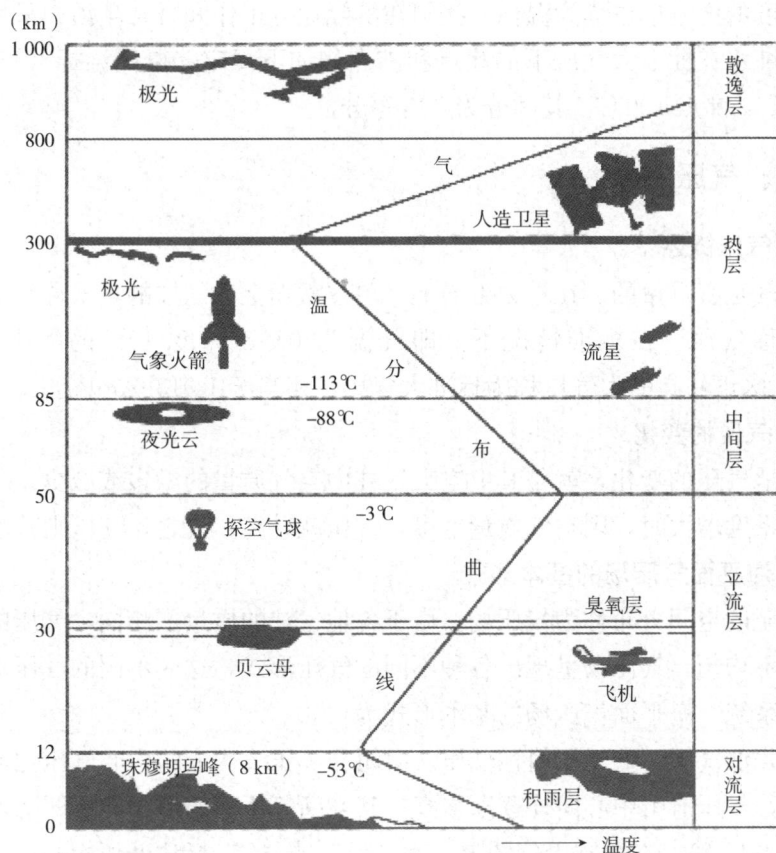

图1-11-1　大气的垂直结构

大气的最底层称为对流层，其下界是地表面，通常把地球表面称为大气层的下垫面。整个对流层平均厚度约10km左右。对流层集中了大气质量的80％和全部水汽，云、雾、雨、雪等主要大气现象都发生于此层，所以它是对人类影响最大的层次，也是渔船作业所涉及的航海气象学研究的重点对象。

二、气温

1. 气温的定义

气温是表示空气冷热程度的物理量，也是大气状态的重要参数之一。气温的高低本身与人类活动密切相关；同时，大气的冷与暖即温度场的分布，在某种意义上决定着空气的干湿与降水，决定着气压场的分布，从而影响天气形势和天气变化的全过程。

2. 温标的概念

温度的度量单位称为温标。我国在实际业务工作和日常生活中采用摄氏温标。纯水在标准大气压下的冰点和沸点作如下规定：摄氏温标（℃）、冰点为 0℃、沸点 100℃，其间分为 100 等分。

三、气压

1. 气压概述

大气是有重量的。在重力方向上，单位截面上大气柱的重量称为大气压强，简称气压。在标准情况下，即气温为 0℃、纬度 45℃ 的海平面上，760mm 水银柱高的大气压称为标准大气压，相当于 1 013.25hPa。

2. 气压的变化

某地气压的变化，就是其上空大气柱中空气质量的增多或减少。当气柱增厚、密度增大时，则空气质量增多，气压就升高；反之，气压则减少。

3. 海平面气压场的基本形式

气压的空间分布称为气压场。由于各地气柱的质量不相同，气压的空间分布也不均匀，气压场呈现出各种不同的气压形式，这些不同的气压形式统称气压系统。海平面气压场的基本形式为：

（1）低气压　低气压简称低压。由闭合等压线构成的中心气压比周围低的区域，气压值由中心向外逐渐增高。其空间等压面的形状向下凹陷，如盆地（图 1-11-2）。在我国天气图上，用"低"或"D"标注低压中心；而在国外天气图上，用"L"标注低压中心。

（2）高气压　高气压简称高压。由闭合等压线围成，中心气压高，向四周逐渐降低。空间等压面向上凸起，形似山丘（图 1-11-3）。在我国天气图上，用"高"或"G"标注高压中心；而在国外天气图上，用"H"标注高压中心。

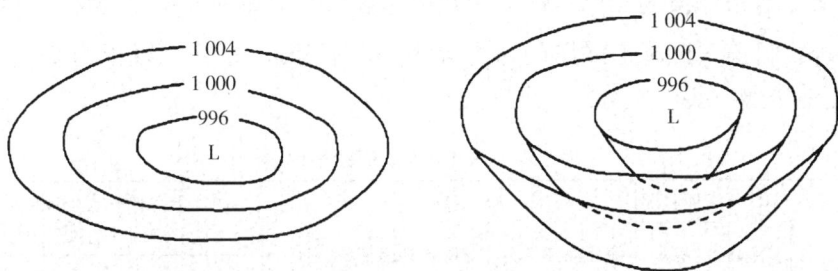

图 1-11-2　低气压及其空间等压面（气压单位：hPa）

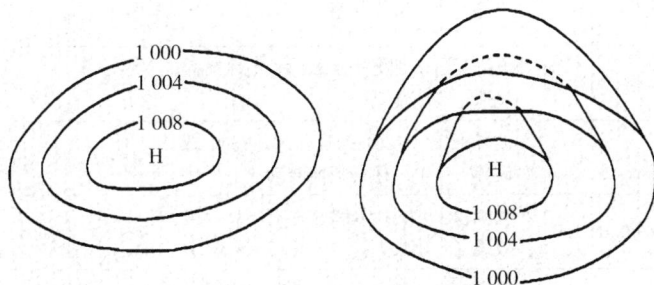

图 1-11-3　高气压及其空间等压面（气压单位：hPa）

第二节　空气的水平运动-风

本节要点：风速、风向；地形对风的影响。

大气的运动，可分为水平运动和垂直运动两部分。通常，把空气的水平运动称为风。风作用于船体上产生风压力，会使船舶向下风漂移，偏离计划航线；还会使船舶产生偏转，破坏稳性。风还对船舶的船速产生影响。此外，风对船舶的影响还会通过风引起的海浪而间接表现出来。

一、风概述

空气相对下垫面的水平运动称为风。风是向量，既有大小，又有方向，分别用风速（或风力）和风向来表示。

1. 风速

风速是单位时间内，空气在水平方向上移动的距离。风速单位常用 m/s，kn（n mile/h）和 km/h 表示，其换算关系如下：

1m/s＝3.6km/h　1kn＝1.852km/h　1km/h＝0.28m/s　1kn≈0.5m/s

风力表示风速的大小。根据风对地面物体或者海面的影响程度，定出风力等级。目前，国际上采用的风力等级是"蒲福风级"，风级分为 0～17 级共 18 个等级（表 1-11-1）。

表 1-11-1　风力等级表

风力级数	名称	海面状况		海面波浪	陆地地面征象	相当于空旷平地上标准高度 10m 处的风速		
		海浪				海里/小时 (n mile/h)	米/秒 (m/s)	中数 (m/s)
		m	m					
0	静风	0	0	平静	静，烟直上	小于 1	0～0.2	0～0.2
1	软风	0.1	0.1	微波峰无飞沫	烟能表示风向，但风向标不能动	1～3	0.3～1.5	0.9
2	轻风	0.2	0.3	小波峰未破碎	人面感觉有风，树叶微响，风向标能转动	4～6	1.6～3.3	2.5
3	微风	0.6	1.0	小波峰顶破裂	树叶及微枝摇动不息，旌旗展开	7～10	3.4～5.4	4.4
4	和风	1.0	1.5	小浪白沫波峰	能吹起地面灰尘和纸张，树的小枝摇动	11～16	5.5～7.9	6.7
5	清风	2.0	2.5	中浪折沫峰群	有叶的小树摇摆，内陆的水面有小波	17～21	8.0～10.7	9.4
6	强风	3.0	4.0	大浪白沫离峰	大树枝摇动，电线呼呼有声，举伞困难	22～27	10.8～13.8	12.3
7	疾风	4.0	5.5	破峰白沫成龙	全树摇动，迎风步行感觉不便	28～33	13.9～17.1	15.5
8	大风	5.5	7.5	浪长高有浪花	微枝折毁，人行向前感觉阻力甚大	34～40	17.2～20.7	19.0
9	烈风	7.0	10.0	浪峰倒卷	建筑物有小损（烟囱顶部及平屋摇动）	41～47	20.8～24.4	22.6
10	狂风	9.0	12.5	波浪翻滚咆哮	陆上少见，见时可使树木拔起或使建筑物损坏严重	48～55	24.5～28.4	26.5
11	暴风	11.5	16.0	波峰全呈飞沫	陆上很少见，有则必有广泛损坏	56～63	28.5～32.6	30.6
12	飓风	14.0		海浪滔天	陆上绝少见，摧毁力极大	64～71	32.7～36.9	34.8
13						72～80	37.0～41.4	39.2
14						81～89	41.5～46.1	43.8
15						90～99	46.2～50.9	48.6
16						100～108	51.0～56.0	53.5
17						109～118	56.1～61.2	58.7

在航海实践中，还常用到最大风速、极大风速、瞬时风速以及平均风速等名词。最大风速，是指在某个时间段内出现的最大 10min 平均风速值；极大风速（阵风），是指某个时间段内出现的最大瞬时风速值；瞬时风速，是指 3s 内的平均风速；平均风速，一般是指在规定时间段的平均值，有 3s、1min、2min、10min 的平均值。

2. 风向

风向是指风的来向，我国的习惯叫法是"风来流去"。如北方的老百姓经常说的"西北风"，是指风从西北方向吹来。常用度数（0°~360°）或 16 个方位来表示。

二、地形对风的影响

1. 绕流和阻挡作用

当气流遇到孤立的山峰和岛屿时，会绕过山峰（岛屿），从两侧通过。这种情况下，在迎风坡风速增强，在背风坡风速减弱，并且在背风坡会产生气旋式或反气旋式涡流。

2. 狭管效应

当气流从开阔地区进入峡谷口时，由于狭管效应，在峡谷中风速加大，风向被迫改变为沿峡谷走向，形成狭管风。如我国的台湾海峡，地形像个喇叭管，当气流从开阔海面直灌峡口时，海峡内经常出现的东北风或西南风比开阔海面大 1~2 级。

3. 岬角效应

当气流流经向海中突出的半岛或山脉尽头时，会造成气流辐合、流线密集，使风力大大加强，这种现象称为岬角效应。山东半岛的成山头附近就存在岬角效应，使得吹偏北风时，风力常比周围海区大 1~2 级。

4. 海岸效应

海岸附近，因海岸摩擦作用的影响，风速增强或减弱的现象，称为海岸效应。

第三节　大气湿度、云和降水

本节要点：湿度的定义；云的形成、分类及其基本特征；降水量、降水强度、降水性质。

一、空气湿度

空气湿度，是表示大气中水汽含量多少或潮湿程度的物理量。

二、云

云是由大气中空气上升运动而发生在高空的水汽凝结（凝华）形成的微小水滴、小冰晶或两者混合物组成的悬浮在空中的可见聚合体，云是降水的基础。云的种类繁多、形态各异，我国国家海洋局编写出版的《船舶海洋水文气象辅助测报规范》中，采用的是《中国云图》中的分类（表1-11-2）。

表1-11-2　云的分类及特征

云底高度	云属		形特征	颜色特点	伴随天气
	学名	符号			
>5.0km	卷云	Ci	纤维结构	白色无暗影	晕（不全）
	卷层云	Cs	均匀成层，日月轮廓清楚	透明、乳白色	常出现晕
	卷积云	Cc	云块很小，常成行成群排列整齐，像小波纹或鱼鳞	白色，无暗影	天气较好
2.5~5.0km	高层云	As	均匀成层，云底常有条纹结构，多出现在锋面云系中，常布满全天	呈灰白色或灰色	连续或间歇性雨雪
	高积云	Ac	常呈瓦块状、鱼鳞片状或水波状密集云条，常成群、成行、成波状排列	白色或灰白色的透光或蔽光	天气较好
<2.5km	层积云	Sc	云块较大，厚度从几百米到两千米，一般由发展的高积云形成	灰色或暗灰色	小雨或雪，毛毛雨或小雪
	层云	St	均匀成层，云底很低但不接触地面（区别于雾），薄处可见日月轮廓	灰色	小雪，毛毛雨
	雨层云	Ns	低而漫无定形，均匀成层，完全遮蔽日月，云底常伴有碎雨云	暗灰色	连续性雨或雪
	（碎雨云）	Fn	云体低而破碎，形状多变，移动较快，出现在雨层云、积雨云、厚的高层云下面	灰色或暗灰色	间歇性雨或雪
	积云	Cu	云体底部较平，顶部凸起成小山丘，云块多不相连	视观测者、云和太阳三者的相对位置而定	一般不产生降水
	积雨云	Cb	云浓而厚，云体庞大，很像耸立的高山，顶部已冻结，呈白色，底部十分阴暗	暗灰色	常出现阵雨、冰雹、雷电、大风天气

三、降水

大气中水汽的凝结（或凝华）物，从空中降到地面的现象称为降水。降水，包括由空中降落到地面的凝结物（如雨、雪、霰、冰雹等）和大气中水汽直接在地面上凝结的凝结物（如霜、露等）。通常分为连续性降水、间歇性降水和阵性降水三种性质不同的降水。降水（包括近地面凝结出的露水）未经蒸发、渗透、流失，在水平面上所积聚的水层深度，称为降水量，以毫米（mm）为单位表示。单位时间内的降水量，称为降水强度。常用单位是"毫米/小时（mm/h）""毫米/天（mm/d）"。

第四节　雾和能见度

本节要点：雾的种类与特点、我国近海雾的分布；海面能见度的等级。

雾是影响海面能见度的主要因子，无论在海上还是港口，当发生浓雾时能见度十分恶劣，使得船舶瞭望困难，从而易导致碰撞、偏航、搁浅等事故发生，严重影响船舶的航行安全。

一、雾

雾是由悬浮在近地面层大气中的大量细微乳白色小水滴或冰晶组成的，使水平能见度小于1km的天气现象。根据国家标准《雾的预报等级》（GB/T 27964—2011），依据水平能见度，通常将雾划分为5个等级：轻雾、大雾、浓雾、强浓雾和特强浓雾。雾的形成与云一样，都是发生在大气中的水汽凝结现象，只是云悬浮在空中，雾贴近地表面，因此，可以把雾看成地面上的云。

1. 雾的种类与特点

在海上及海岸区域常见的雾，按照其主要成因，可分为平流雾、辐射雾、锋面雾和蒸汽雾等几大类。其中，平流雾对我国沿海船舶影响较大。暖湿空气流经冷的下垫面，低层空气冷却，使空气达到饱和水汽凝结而形成的雾，称为平流雾。平流雾浓度大、厚度大；而且持续时间长。这种雾对船舶航行安全危害性最大，被海员称为"海雾"。平流雾是暖湿气流流到冷海面上而形成的。

2. 我国近海的海雾分布

中国近海是太平洋的多雾区之一。雾区北起渤海南至北部湾，大致呈带状分布于沿海水域，雾区范围具有南窄北宽的特点，南部宽为 100～200km，舟山群岛一带约 400km，黄海 6—7 月几乎全部都是雾区。各海区雾的分布简况如下：

（1）渤海　渤海的雾主要出现于春、夏季，秋季是海雾最少的季节。从地区分布来看，渤海海峡和渤海中部地区较多，海峡附近年雾日（一日中任何时间出现雾，不论持续时间长短均计为一个雾日）20～40 天；而辽东湾北部、渤海湾及莱州湾全年雾日天数较少。

（2）黄海　黄海的雾始于 4 月，4—8 月为雾季，6—7 月最盛。除了与东海交界处春季雾区连成片外，青岛近海、成山头近海、鸭绿江口至江华湾、西朝鲜湾、大里山岛附近雾也相当多。青岛近海年雾日 50 余天，5—6 月雾频率最高达 12%～15%；成山头附近年雾日超过 80 天，最长连续雾日曾达 29 天；鸭绿江口到济州岛的朝鲜西部沿海年雾日也有 50 多天，有时与山东南部沿海的雾区连成一片。

（3）东海　东海的雾始于 3 月，3—7 月为雾季，其中，浙江沿海至长江口 4—6 月最盛。雾区分布于东海西部和西北部，台湾海峡西部和福建沿海年雾日 20～30 天，24°N 附近的闽浙沿海年雾日超过 50 天。如台山为 82 天，3—5 月雾频率达 8%～10%；浙江沿岸至长江口一带年雾日 50～60 天；舟山群岛附近的嵊泗为 66 天，4—5 月雾频率最高，可达 11%～15%。而台湾海峡东部、澎湖列岛一带年雾日只有 4～5 天，台湾以东洋面受暖流控制，基本无雾。

（4）南海　南海的雾出现在 12 月至翌年 5 月，2—3 月最多，8—11 月基本无雾。由冬到初夏，雾区逐渐自北部湾向东移至粤东沿海。北部湾为多雾区，琼州海峡及雷州半岛东部雾也较多，北部湾西北部和琼州海峡年雾日 20～30 天，2—3 月雾频率最高可达 4%～8%，4 月雾迅速减少。南海其余海面各月雾频率大多不足 1%，特别是海南岛榆林港南部海面，冬季受暖流影响，极少有雾出现。

从以上的分布简况可以得出，我国近海雾的分布有以下特征：南窄北宽；南少北多；南早北晚，从春至夏雾由南向北推进。

二、海面能见度

在海上，正常目力所能见到的最大水平距离，称为海面能见度，以 km 或 n mile 为单位表示。所谓"能见"，就是能将目标物的轮廓从天空背景上分辨出来。航海实践中，通常能见度不用等级，其航海能见度术语与海面能见度等级的关系见表1-11-3。

表1-11-3　海面能见度等级表

等级	能见距离		天气报告中能见度术语	可能出现的天气现象
	n mile	km		
0	<0.03	<0.05	能见度恶劣	浓雾
1	0.03～0.10	0.05～0.2		浓雾或雪暴
2	0.10～0.25	0.2～0.5		大雾或大雪
3	0.25～0.50	0.5～1	能见度不良	雾或中雪
4	0.50～1.00	1～2		轻雾或暴雨
5	1～2	2～4	能见度中等	小雪、大雨、轻雾
6	2～5	4～10		小雪、中雨、轻雾
7	5～11	10～20	能见度良好	小雨、毛毛雨
8	11～27	20～50	能见度很好	无降水
9	≥27	≥50	能见度极好	空气透明

第五节　海流、海浪、海冰

本节要点：海流概述、中国近海的海流分布；海浪的分类及其特点、中国近海风与浪分布概况；中国沿海冰况。

本节主要介绍海流、海浪、海冰等与船舶作业有密切关系的海洋方面的基本知识。

一、海流

海流是海水的普遍运动形式之一，它不仅对海洋水文气象要素的分布以及天气和气候均有显著影响，而且对船舶航行有直接影响（顺流增速、逆流减速、横流使航迹发生漂移）。此外，海流还能带动流冰，海雾的形成与冷暖海流的分布也有密切关系。

1. 海流概述

海流是指海洋中大规模的海水，以相对稳定的速度所作的定向流动。流向指海水流去的方向，与风向的表示方法相差180°，可用8方位或以度为单位表示；流速的单位一般用kn（节，海里/小时）或n mile/d（海里/日）表示。海流的一般形态为三维运动，但归纳起来不外乎两种。第一种是海面上的风力驱动而形成的；第二种是因为海水的温度、盐度变化而形成的。

2. 中国近海的海流分布

渤海、黄海和东海的海流系统，主要由黑潮暖流和沿岸流系两个流系组成（图1-11-4）。

（1）**黑潮暖流** 黑潮暖流及它的3个分支（对马暖流、台湾暖流、黄海暖流），给整个中国东部沿海带来了高温、高盐的大洋海水，称为外海流系。主要是黑潮暖流130°E以西这部分，构成了东中国海海流系的主干。

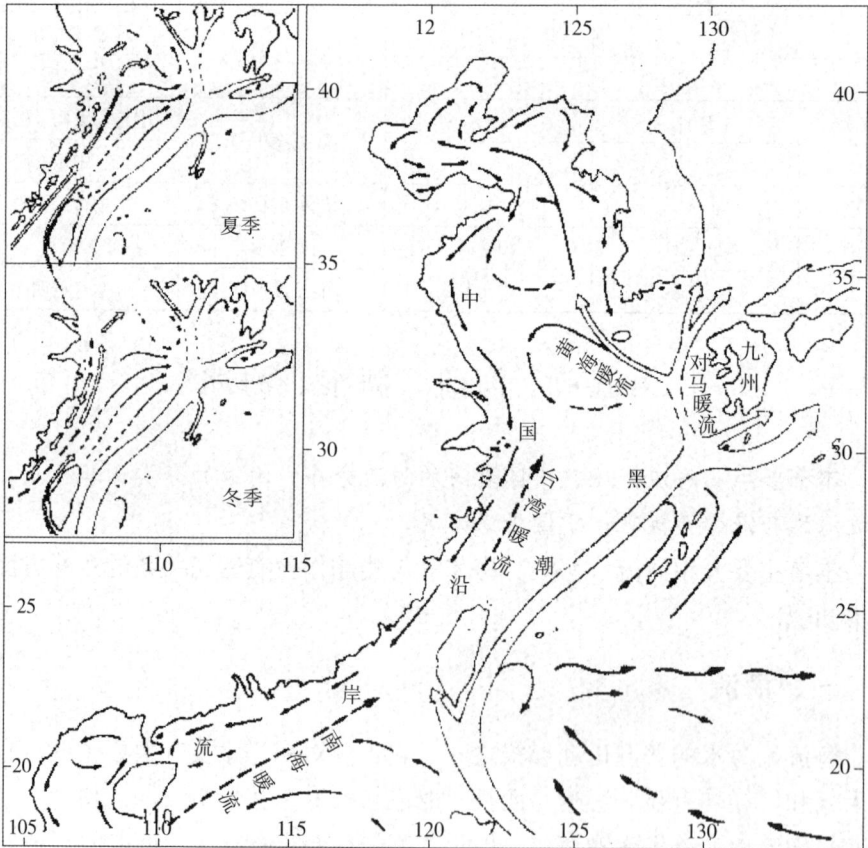

图1-11-4 渤海、黄海、东海主要流系

（2）**沿岸流系** 沿岸流系由我国许多江河入海构成。沿岸河流入海，大陆淡水在沿岸浅水区域与外海水混合后形成一股明显的沿岸流。沿岸流系通常具有低温、低盐的性质，并与外海进入的海流系统构成中国海的海洋环流。中国沿海的沿岸流自北向南，主要有辽南沿岸流、辽东沿岸流、渤海沿岸流、苏北沿岸流和闽浙沿岸流等。沿岸流系在冬季具有明显的寒流性质，

在强烈的偏北季风作用下，强度达最强，扩散范围也大。在东海的扩散范围可达 126°E 左右，闽浙沿岸流可经台湾海峡南下到南海；春季，沿岸流由强变弱，并向北收缩；夏季，沿岸流的冷性基本消失，强度最弱。

二、海浪

海洋波浪是制约船舶运动的首要因素。实际航速主要受制于浪高和浪向，因此，大风浪中航行，会造成舵效降低、航速下降。另外，当船舶摇摆周期与波浪周期相同时，会发生共振现象，有导致船舶倾覆的危险等。

1. 波浪要素

海浪是发生在海洋中的周期性的波动现象，又称波浪。波浪最主要的特征，就是水面的周期性起伏。

2. 波浪分类

海洋中具有周期不等的各种不同频率的波。按波浪成因和周期（或频率），划分为以下 5 种：

（1）海浪　习惯上将风浪、涌浪以及由它们形成的近岸浪统称为海浪。由风直接作用所引起的水面波动被称为风浪。涌浪指海面上由其他海区传来的以及当地风力迅速减小、平息或风向改变后海面上遗留下来的波动。涌浪的波面比较平坦、光滑，波峰线长，周期、波长都比较大，波向与风向常不一致。俗语所言"无风不起浪"是指风浪；而"无风三尺浪"则指涌浪。涌浪在传播过程中的显著特点是波高逐渐降低，波长、周期逐渐变大，从而波速变快。

当波浪传至浅水及近岸时，由于水深及地形、岸形的变化，无论其波高、波长、波速及传播方向等都会产生一系列的变化。如波向的折射，波高增大从而能量集中，波形卷倒、破碎和反射、绕射等，这种变形的浪称为近岸浪（图 1-11-5）。

图 1-11-5　近岸浪

（2）风暴潮　由于气象原因，如台风、风暴等引起的海面异常升高现象称为风暴潮，也称风暴海啸。风暴潮形成的主要原因是，海面大气压强不均匀和海面大风现象。据相关统计，气压每下降 1hPa，水位可上升 1cm。当风暴潮波峰与天文潮的高潮重合会使潮位异常升高，叠加在潮水之上的狂风巨浪冲击海堤江堤，酿成巨大灾难；而当风暴潮波谷与某地天文潮低潮相重合时，将会严重影响船舶航行。风暴潮甚至会使潮时推后或提前。我国风暴潮多发区有莱州湾、渤海湾、长江口至闽江口、汕头至珠江口、雷州湾和海南岛东北角一带，其中，莱州湾、汕头至珠江口是多发区。

（3）**海啸** 由于海底或海岸附近发生的地震或火山爆发所形成的波动，称为海啸。周期通常为 15～60min。日本是海啸发生最多的国家，我国沿海从北至南均有海啸发生，但我国尤其是大陆沿海，并不是海啸灾害严重的地区。

（4）**潮汐波** 由于天体引潮力作用所产生的波动叫潮汐波。

（5）**内波** 不同密度的水层界面处而产生的波动叫内波。

3. 海浪预警

海浪预警级别分为Ⅰ、Ⅱ、Ⅲ、Ⅳ四级警报，分别代表特别严重、严重、较重、一般，颜色依次为红色、橙色、黄色和蓝色。预计中国沿岸海域将出现大浪过程时，我国海洋气象部门会在发布海浪红色、橙色警报前24h，发布海区海浪的具体消息。

4. 中国近海风、浪分布概况

（1）**中国近海风的分布** 我国位于世界最大的大陆——亚欧大陆的东南部，濒临世界最大的海洋——太平洋，海陆分布对我国气候的影响强烈，使我国的气候具有明显的季风气候特点。每年9月至翌年4月间，干冷的冬季季风从西伯利亚和蒙古高原南下，向南方逐渐减弱，盛行西北-东北季风，风向较稳定，风力较强。每年4～9月，由于受热带海洋气团的影响，普遍高温多雨，盛行西南-东南季风，风力较弱，风向也不如冬季季风稳定。

（2）**中国近海浪的分布** 中国近海的海浪主要受季风制约。从总的情况看，冬季山东半岛成山头附近、朝鲜济州岛以南海域、日本琉球岛西侧的海域、台湾海峡及台湾以东的近海海面，均属大浪区。

①春季，由于气旋和反气旋活动频繁，风向不稳定，浪向也多变，盛行浪向不明显。就平均而言，南海多东北浪，平均波高 1.0～1.5m；黄海、渤海和东海浪向多变，相对多南浪、西南浪、东南浪和东浪，平均波高 0.8～1.8m，东海大浪频率可达 10%～20%。

②夏季，受东南季风和西南季风的影响，以偏南向浪为主。黄海、渤海和东海主要多东南浪和南浪，平均波高 1.0～1.4m；南海主要多西南浪和南

浪，平均波高 1.0～1.5m。夏季风浪较小，但是在有热带气旋活动时，可造成巨浪和强的涌浪。

③秋季，浪向多变，渤海主要多西北浪和北浪，平均波高 1.1～1.4m；黄海和东海多北浪和东北浪，黄海平均波高 1.0～1.5m；东海平均波高 1.3～2.2m；南海主要多东北浪和东浪，平均波高 1.2～2.0m。

④冬季，长江口以北海域盛行偏北季风；渤海和黄海多西北浪和北向浪，平均波高 1.0～1.5m，最大波高可达 7.0～7.5m，大浪频率 5%～15%；东海和南海盛行东北季风，以东北浪居多。东海主要多北浪和东北浪，平均波高 1.5～2.3m，最大波高可达 7.5～8.0m，大浪频率 20%～40%；南海主要多东北浪，平均波高 1.5～2.5m，最大波高可达 7.5～8.0m，大浪频率 15%～30%。台湾海峡东北浪占优势，频率高达 62%，最大波高可达 9.5m。在寒潮大风的影响下，全国沿岸各海区的浪高在此基础上将会进一步加大。

就海区角度而言，东海和南海水域辽阔，风向稳定，有利于风浪的充分成长，风浪较大；黄海和渤海海浪的成长受到区域的限制，风浪较小。

三、海冰

海冰能封锁航道和港口，破坏港口设施；流冰能切割、挟持或碰撞船只。因此，冬季在高纬度海域航行或在有海冰经常活动的海域航行时，必须考虑海冰对船舶航行安全的影响。海水的结冰，主要是纯水的冻结，会将盐分大部排出冰外，而影响海冰漂移的主要因素是风和流，冰的漂移运动是风和流引起的漂移运动的合运动。

1. 中国沿海冰况

我国渤海及黄海北部，冬季受强冷空气侵袭，有不同程度的结冰现象。11 月中下旬至翌年 3 月上旬为结冰期，其中，1—2 月冰情较严重。1—2 月冰情较严重期间，渤海和黄海北部沿岸固定冰一般在距岸 1km 范围内，浅水区固定冰的宽度可达 5～15km。冰的厚度，北部一般为 20～40cm，最大可达到 60cm；南部多在 10～30cm，最大约 40cm。除固定冰外，还有大量的浮冰，浮冰一般在距岸 20～40km 范围内。浮冰随风、流漂移，它们的大小不一，且有堆积现象。

2. 船体积冰

当气温较低、海上风较强时，波浪的飞沫在空中变成过冷水滴，一旦碰到船体便发生凝结，形成船体积冰。船体积冰又称重冰集结或甲板冰，能压断天线，阻隔通信，严重时可使船舶重心上升，甚至失去平衡而突然倾覆。

思考题

1. 简述大气成分及大气的垂直结构。
2. 简述海平面气压场的基本形式。
3. 简述地形对风的影响。
4. 简述云的分类及特征。
5. 降水定义及降水性质。
6. 简述雾的种类、特点及我国近海的海雾分布。
7. 流的定义及我国近海流的分布概况。
8. 简述波浪的分类及我国近海风、浪的分布概况。
9. 简述中国沿海冰况。

第十二章　天气系统及其天气特征

天气是某一区域时间内气象要素（温度、气压、湿度、风、云等）的综合表征，也是大气状态（冷暖、风雨、干湿、阴晴等）及其变化的总称。天气系统，是指具有一定温度、气压或风等气象要素空间结构特征的大气运动系统。如以气压分布为特征，分为高气压、低气压等；如以风的分布为特征，分为气旋、反气旋等；如以气温分布为特征，分为气团和锋等。各种天气系统都具有一定的空间尺度和时间尺度。

天气系统依据各自的生消条件和能量来源，总是处在不断新生、发展和消亡过程中，在不同发展阶段有其对应的天气特征分布。因此，一个地区的天气和天气变化，取决于控制该地区的天气系统及其发展演变过程，也是大气的动力过程和热力过程的综合结果。在天气预报中，通过对于各种天气系统的预报，可以大致预报未来一段时间内的天气变化。

第一节　气团和锋

本节要点：气团的分类与特征、影响我国的气团；锋的空间结构、分类及一般性质；气旋及锋面气旋概述。

地球上的天气现象和天气变化，是由大气的物理属性和运动过程所决定的。而大气的物理属性，是大气在运动过程中同地理环境不断作用形成的。在一定范围内，存在着水平方向上物理属性相对均匀的大块空气和物理属性很不均匀的狭窄空气带，前者称为气团，后者称为锋。

一、气团

1. 气团的简单概念

从地理局部区域角度考虑，在水平方向上仍然存在着物理属性比较均匀、垂直方向变化比较一致的一大块空气，这样的空气块称为气团。气团的水平范围一般可达几百到几千千米，垂直范围可达几千米到十几千米，常可发展到对流层顶，其内天气特点也大致相同。

2. 气团的形成

气团形成需要两个条件：一是范围广阔、地表性质比较均匀的下垫面；二是要有适当的大气环流条件。一般来说，冷气团移向暖区时容易变暖，而暖气团移向冷区时则不易变冷。日常天气预报所说的"冷空气""暖空气"，大多是已经离开源地而且有着不同程度变性的气团。

3. 气团的分类与特征

按照气团的不同物理属性或气团所在源地的地理位置差异，有热力分类法和地理分类法两种。

（1）**按气团的热力分类**　热力分类法，是根据气团温度与其所经过的下垫面之间的温度对比，而将气团分为冷气团和暖气团。凡是气团温度高于流经地区下垫面温度的气团，都称为暖气团；反之，气团温度低于流经区域下垫面温度的气团，称为冷气团。冷暖气团还可以根据相邻气团之间的温度对比来划分，温度较高的气团称为暖气团，温度较低的气团称为冷气团。

（2）**地理分类**　根据气团源地的地理位置和下垫面性质进行的分类，称为地理分类。根据地理分类原则，通常将气团分为冰洋气团、极地气团、热带气团和赤道气团四类。

4. 影响我国的气团

我国大部分地区地处西风带，气流活动频繁，因此，一般不是气团源地。活动在我国境内的气团，大多是从其他地区移来的变性气团，其中，最主要的是变性极地大陆气团和变性热带海洋气团。这两种气团的交汇，是我国盛夏南北方区域性降水的主要原因。春季，西伯利亚气团和热带海洋气团两者势力相当，互有进退，因此是锋系及气旋活动最盛的时期；秋季，变性的西伯利亚气团占主导地位，热带海洋气团退居东南海上，我国东部地区在单一的气团控制下，出现全年最宜人的天气。

二、锋

1. 锋的定义和空间结构

锋是两个性质不同的气团相遇时，两者之间形成的狭窄而又倾斜的过渡带。锋两侧的气象要素（温度、湿度、风等）有很大的差异，当锋通过时，天气将发生剧烈变化。锋具有一定的宽度并在空间内呈倾斜状态，其下方为冷气团，上方为暖气团（图1-12-1）。

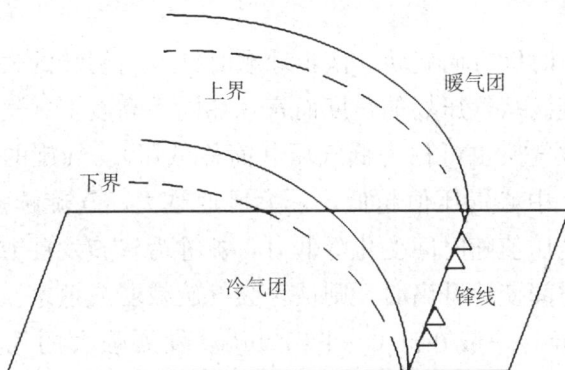

图 1-12-1　锋的模型

2. 锋的分类

根据锋两侧冷暖气团强度、移动方向和结构状况，一般把锋划分为冷锋、暖锋、准静止锋和锢囚锋 4 种类型。

3. 锋附近的气压场和风场

锋附近区域气压的分布不均匀，详见图 1-12-2。

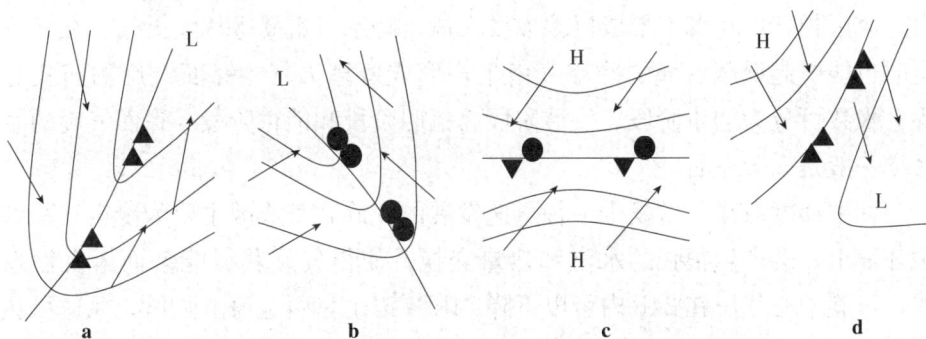

图 1-12-2　北半球地面锋线附近常见几种气压场与风场配置形

a. 冷锋　b. 暖锋　c. 静止锋　d. 冷锋

L. 低压　H. 高压　→. 风向　▲.冷锋　●.暖锋　▲和●.锢囚锋

锋附近的风场是同气压场相适应的。在锋线两侧的风场具有明显的气旋性切变，即我国沿海风向呈逆时针方向旋转（图 1-12-2）。

三、锋面气旋

锋面气旋是锋面与中高纬气旋结合在一起的天气系统，主要活动在中、高纬度，多见于温带地区。锋面气旋可导致强的降水、雷暴和大风天气，是影响中高纬大洋航行的重要的海上风暴系统。

1. 气旋概述

在北半球逆时针方向旋转、南半球顺时针方向旋转的大型水平空气涡旋，被称为气旋。从气压场的角度而言，在同一高度上，气旋中心的气压比周围的低，故气旋也可称为低气压（简称低压）。气旋的强度可用中心气压值来表示，中心气压值越低，最大风速越大，气旋越强；反之则弱。当气旋的中心气压值随时间变化降低时，被称为气旋发展或加深；当气旋中心气压值随时间变化升高时，则被称为气旋减弱或填塞。海面气旋中心气压随季节而异，一般在 970～1 010hPa，发展强大的气旋，可能低至 920hPa 以下。

根据气旋形成和活动的主要地理区域，可将气旋分为温带气旋和热带气旋两大类；按其热力结构的不同，可将气旋分为锋面气旋和无锋面气旋两大类。不同类型的气旋，在一定条件下可以互相转化。

2. 锋面气旋概述

锋面与地面气旋结合在一起的天气系统，被称为锋面气旋。这种天气系统多产生和活动于温带地区，因此，又被称为温带气旋。锋面气旋的范围大、风区长，可在海上形成巨浪以及大风、降水、雷暴等危险天气。在冬季有时也能引起低压后部的冷空气南下，形成寒潮天气。锋面气旋的演变过程，大致可分为初生阶段、发展阶段、锢囚阶段和消亡阶段。锋面气旋的生命期一般是 5 天左右。

在中纬度海洋上常发生一种急速发展的气旋，其成因主要为冷空气移到暖洋面上，会产生很强的水汽和热量交换，使得气旋获得能量而爆发性发展，气旋中心气压在 24h 内可以下降 24hPa 以上，引起海上强风，风速可达 20～30m/s，严重威胁渔船的海上作业安全。

第二节　冷　高　压

本节要点：冷高压的天气特征；我国冷空气活动概况及冷空气入侵我国的路径；寒潮的概念。

一、反气旋概述

在北半球顺时针方向旋转、南半球逆时针方向旋转的大型水平空气涡旋，称为反气旋，又称高气压（简称高压）。它们是同一个天气系统分别在流场和气压场上的名称，除低纬地区外，一般两者可以相互换用。

反气旋的强度一般用其中心气压值来表示，中心气压值越高，反气旋越强；反之，则越弱。另外，反气旋的强度也可以用其中的最大风速衡量，最大风速越大，表示反气旋越强。在强的反气旋中，地面瞬时最大风速可达 20～30m/s。反气旋中的强风一般出现在边缘地区。当反气旋的中心气压值随着时间变化升高时，称反气旋发展或加强；若中心气压值随时间变化降低，称反气旋减弱。反气旋的地面中心气压值一般为 1 020～1 040hPa。

二、冷高压

冷高压，也可称为冷性反气旋。在中、高纬度地区一年四季活动都很频繁，尤其在冬半年势力最强，是影响中、高纬度广大地区的重要天气系统之一。最强的冷高压地面阵风，最大风速可达 30m/s（蒲氏 11 级）。冷高压的范围一般比锋面气旋大得多，直径多为 1 500～2 000km。亚洲的冷高压是世界上最强的冷高压，对我国的天气和气候都有直接影响。

冷高压侵入时，它所造成的恶劣天气主要出现在冷高压前缘的冷锋附近。在这里等压线较密集，冷气流较强。主要天气特征是气温明显下降，偏北风较大，并常伴有雨雪。降温幅度和风力大小，则由冷空气强度、路径及季节的不同而有差异。冬半年，寒潮或强冷空气带来的天气最为强烈。在高纬度海区航行时，在冷高压前部除可能遭遇大风浪外，还因为气温剧降，容易引起船体积冰等危害。

三、影响我国的冷空气

冷空气在侵入我国以前，95％都要经过西伯利亚中部（70～90°E，43°～65°N）地区，并在那里积累加强，这个地区称为寒潮关键区。冷空气从关键区经蒙古到我国华北北部后，如果其主力继续东移入海，此路冷空气常使渤海、黄海和东海出现大风天气。

四、寒潮

寒潮是指大规模强冷空气（在气压场上为强冷高压）大举南下时，造成的剧烈降温和大风的天气过程。由于这种冷空气来势凶猛，如汹涌澎湃的潮水一样，气象工作者把这种冷空气叫做寒潮。

第三节　副热带高压

本节要点： 西北太平洋副热带高压天气特征、活动规律及其对中国沿海天气的影响。

一、副热带高压概述

在南、北半球副热带地区（$20°\sim35°$N 纬度地区），经常维持着沿纬圈分布的高压带，称为副热带高压带。由于海陆分布，纬圈方向上产生不均匀的加热作用，副热带高压带常断裂成若干个具有闭合中心的高压单体，称为副热带高压，简称副高。

副热带高压主要位于大洋上，常年存在，影响我国沿海的副高为北太平洋副热带高压（又被称为夏威夷高压）。副热带高压呈椭圆形，其长轴大致同纬圈平行，是大型、持久的暖性深厚行星尺度天气系统。

二、西北太平洋副热带高压

副热带高压的天气分布如图 1-12-3 所示。在高压内部一般辐散气流占优势，为下沉气流区，特别是脊线附近下沉气流盛行，多晴朗少云天气，风力微弱，天气炎热。副高的北侧与盛行西风带相邻，气旋和锋面活动频繁，上升运动强，再加上西部偏南气流带来丰沛的水汽，于是这些水汽在副高北

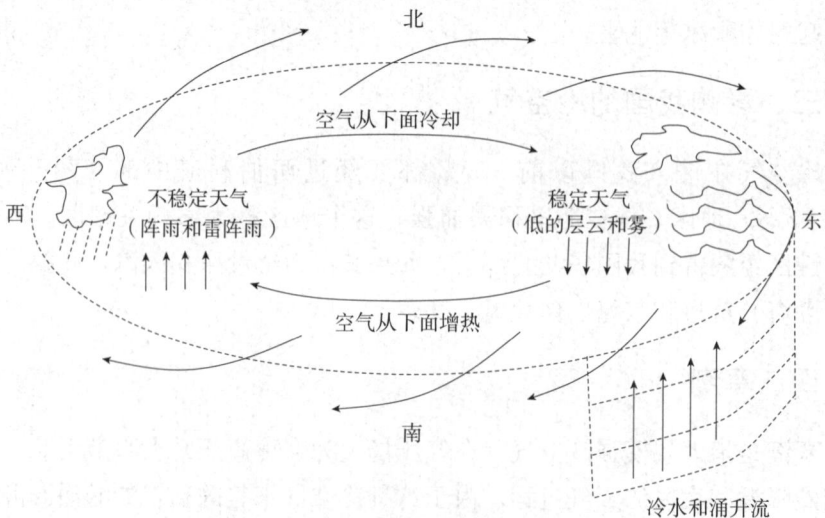

图 1-12-3　西北太平洋副热带高压天气分布特征

侧凝结，形成大范围的雨带，雨带通常位于副高脊线之北 5～8 个纬距处，走向大致和脊线平行。在副高西部是偏南暖气流，又是位于暖海流上空，低层大气层结不稳定，多雷阵雨和大风。

西北太平洋副高季节性位移，不仅与东亚不同纬度的季风进退有直接联系，而且影响我国东部雨带的活动。春末、夏初，当西太平洋副高脊显著加强时，若我国东部沿海地区有低压发展，构成"东高西低"的形势，副高西部的延伸地区常可出现偏南大风。此外，副高西伸脊边缘控制我国沿海时，常形成大范围的平流雾。而这样的天气将严重降低海面的能见度，给渔船作业造成相当大的危险。

第四节　热带气旋

本节要点：热带气旋的强度等级标准、预警、天气结构和模式；西北太平洋热带气旋的源地、发生季节、移动路径及速度；船舶测算和避离热带气旋。

热带气旋，是形成于热带海洋上的、具有暖心结构的、强烈的气旋性涡旋，是对流层中最强大的风暴。热带气旋是一种破坏力很大的灾害性天气系统，当热带气旋来临时，会带来狂风暴雨天气，海面产生巨浪和风暴潮，容易造成生命财产的巨大损失，严重威胁海上船舶安全。

一、热带气旋的强度等级标准

1. 热带气旋的强度等级标准

热带气旋的强度，用中心气压值或中心附近最大平均风速来表示。中心气压越低或中心附近最大平均风速越大，热带气旋就越强。不同的地区和气象组织，对热带气旋有不同的分级方法，而且不同等级的名称也各不相同。我国国家气象局采用的是世界气象组织分类方法，如表 1-12-1 所示。

表 1-12-1　中国国家气象局热带气旋分类等级标准

国家、地区 气象组织	热带气旋 等级名称	中心附近最大 平均风速（m/s）	中心附近最大 风力（级）
中国国家气象局（NMC）	热带低压 TD	10.8～17.1	6～7
	热带风暴 TS	17.2～24.4	8～9
	强热带风暴 STS	24.5～32.6	10～11

（续）

国家、地区 气象组织	热带气旋 等级名称	中心附近最大 平均风速（m/s）	中心附近最大 风力（级）
中国国家气象局（NMC）	台风 TY	32.7～41.4	12～13
	强台风 Severe TY	41.5～50.9	14～15
	超强台风 SuperTY	≥51.0	≥16

2. 热带气旋警报

热带气旋警报，是指受热带气旋影响的国家或地区，在热带气旋侵袭时以不同的形式，通过各种手段和方式向公众或用户发布的警告性信息。这些警告信息涉及警告范围内可能遭受的灾害，而不是单纯重复热带气旋的预测路径及强度，对于保障人命及财产安全非常重要。

根据《中央气象台气象灾害预警发布办法》，我国的热带气旋警报称为台风预警，按以下标准发布（表1-12-2）。

表 1-12-2 中央气象台台风预警发布标准

信号名称	信号标志	信号意义
蓝色预警信号		24h 内可能或者已经受热带气旋影响，沿海或者陆地平均风力达 6 级以上，或者阵风 8 级以上并可能持续
黄色预警信号		24h 内可能或者已经受热带气旋影响，沿海或者陆地平均风力达 8 级以上，或者阵风 10 级以上并可能持续
橙色预警信号		12h 内可能或者已经受热带气旋影响，沿海或者陆地平均风力达 10 级以上，或者阵风 12 级以上并可能持续
红色预警信号		6h 内可能或者已经受热带气旋影响，沿海或者陆地平均风力达 12 级以上，或阵风达 14 级以上并可能持续

二、西北太平洋热带气旋的源地

根据西北太平洋热带气旋多年来首次达到热带风暴位置的统计得知，西北太平洋上达到热带风暴标准的热带气旋出现的位置，主要集中在三个区域：一个是我国南海中部的东北海区；二是菲律宾以东、加罗林群岛西部岛国帕劳的北部洋面；三是关岛附近至西南方的加罗林群岛中部洋面。

三、热带气旋的天气结构和模式

发展成熟的热带气旋多呈圆形对称分布，圆形涡旋的直径一般为600～1 000km，个别可达2 000km以上。热带气旋垂直伸展一般到对流层上部，个别可达到平流层下部（15～20km），热带气旋的垂直尺度与水平尺度的比值约为1∶50。由此可知，热带气旋是1个扁圆形的气旋性涡旋。

1. 气压场特征

强烈发展的热带气旋海平面气压中心气压，一般可达到950hPa以下。在地面天气图上，热带气旋区域内等压线非常密集，从外围至中心气压急剧降低，中心附近呈漏斗状陡降和陡升，这是热带气旋的一个显著特征。

2. 风场特征及天气模式

热带气旋的地面流场，按风速大小，通常可分为外围区、涡旋区和眼区3个区域（图1-12-4）。

（1）**外围区**　自热带气旋边缘向里风速逐渐增大，风力一般在8级以下，呈阵性。

（2）**涡旋区**　风力在8级以上。风的径向分布特征是，越往中心风力越大。在近中心附近为围绕眼的最大风速区，平均宽10～100km不等，通常与围绕眼区的云墙区相重合，是热带气旋破坏力最猛烈、最集中的区域。

（3）**眼区**　平均半径5～30km，温度达到最高，形成暖中心，气压降到最低，风速向中心迅速减小到3～4级，有时近乎是静风，降水突然停止，晴天少云。但这里出现三角浪或金字塔式浪，海况十分恶劣。

四、西北太平洋热带气旋的移动路径及速度

1. 移动路径

经过多年对西北太平洋热带气旋移动路径的分析，发现该地区热带气旋

的主要路径如图 1-12-5 所示。由图 1-12-5 可见，西北太平洋热带气旋的路径主要有西行、西北行和转向 3 类。

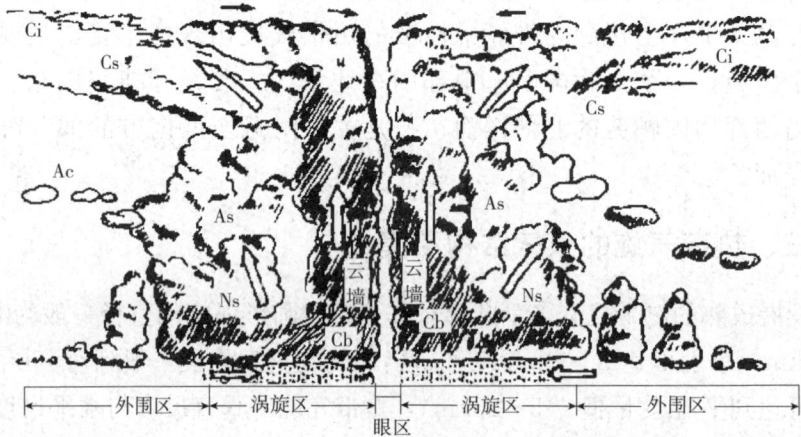

图 1-12-4　台风结构垂直剖面示意图

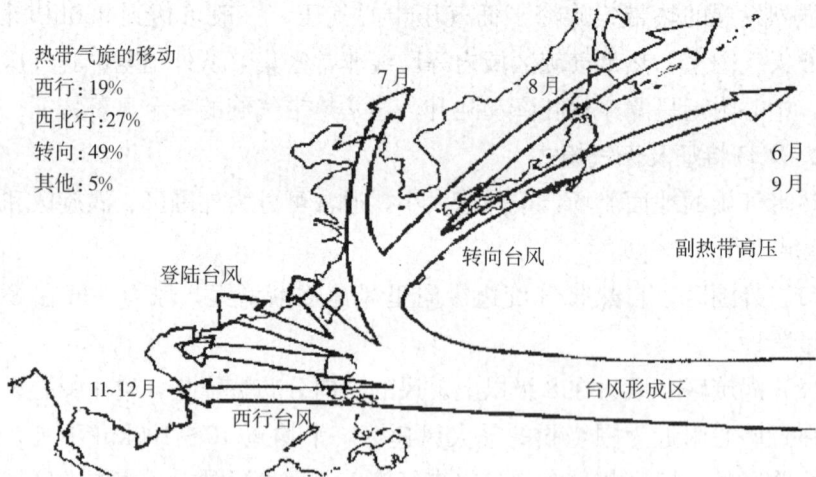

图 1-12-5　西北太平洋热带气旋移动主要路径图

2. 移动速度

热带气旋的移动速度，与其所处的发展阶段、移动路径和地理纬度有一定关系。一般说来，热带气旋在加强阶段的移速低于减弱阶段的移速；转向前的移速慢于转向后的移速，接近转向点时移速变慢，转向时的移速最慢，一旦转向，移速迅速加快；热带气旋在低纬时的移速慢于在高纬时的移速。平均而言，热带气旋在西行阶段移速 20～30km/h，转向后可增至 40km/h，最快可达 100km/h。

五、船舶测算和避离热带气旋

为了保证航行安全，使船舶免受热带气旋的袭击，要及时掌握航行海区有无热带气旋信息，所以，正确判断热带气旋动向是十分重要的。

1. 热带气旋来临前的征兆

热带气旋来临前海象、天象和物象等方面的征兆（反常现象），可以帮助我们判断航行海区附近有无热带气旋活动，或已知热带气旋活动的最新动向。但是热带气旋预兆应根据多种资料进行综合分析，切勿单凭其中某一条就简单下结论。

（1）云　当热带气旋外围接近时，天空出现辐射状卷云，并逐渐变厚、变密。随着热带气旋的移近，逐渐出现了卷层云、高层云和层积云，低空伴有的灰黑色的碎层云和碎积云随风急驶。

（2）风　当热带气旋接近时，当地的盛行风会发生改变。在信风区域内，若小范围内发现东风风速比平均值大 25% 以上时，就应当提高警惕，尤其是在流线有气旋性弯曲的地方。以我国为例，在南海沿岸西南风季节里，或是东海、黄海沿岸南风、东南风季节里，若观测到东风或东北风出现并逐渐加强，说明可能有热带气旋来临。

（3）气压　热带气旋到达前 2～3 天，气压总的趋势是下降的，但是还可以看出日变化。随着热带气旋的接近，气压明显下降。

（4）涌浪　如果无风来涌浪，说明远处可能有热带气旋存在，因为热带气旋产生的涌浪往往先于热带气旋 1～2 天到达。

2. 热带气旋中心方位判定法

（1）观察涌浪　在外海，有规律和不断增强的涌浪的来向，指示热带气旋中心（或其他风暴中心）所在的方位。

（2）根据风压定律和风力大小判断　当船舶受到热带气旋环流影响时，可根据船上测算的真风判断热带气旋中心方位。背真风而立，以测者正前方为 $0°$。在北半球，热带气旋中心在左前方 $45°～90°$ 的方位；在南半球，热带气旋中心在右前方 $45°～90°$ 的方位。当风力为 6 级以下，热带气旋中心在 $45°$ 左右方位；风力 8 级时，中心在 $67.5°$ 方位；风力大于 10 级，中心在 $90°$ 左右方位（图 1-12-6）。

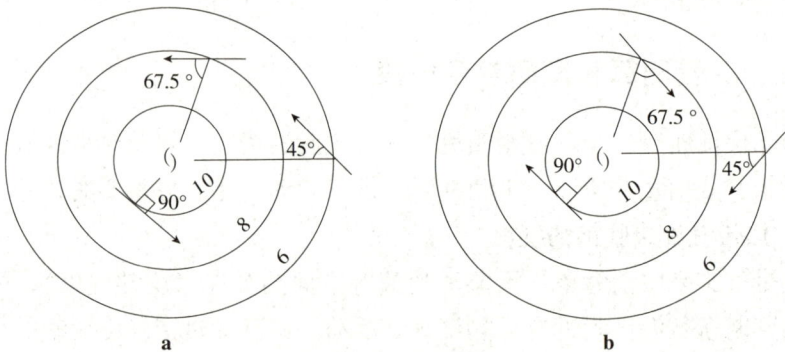

图 1-12-6　根据风向、风力判定热带气旋中心方位

a. 北半球　b. 南半球

3. 船舶所处热带气旋的部位及其判定法

（1）危险半圆　顺着热带气旋移动的方向往前看，把热带气旋分为两个半圆，移动方向右侧的半圆称为右半圆，左侧的半圆称为左半圆。在北半球，右半圆又被称为危险半圆，左半圆又被称为可航半圆；而在南半球，右半圆为可航半圆，左半圆为危险半圆。

在影响我国的热带气旋中，风绕中心逆时针方向吹，右半圆各处的风向与热带气旋整体的移动方向接近一致，风速与热带气旋移速两者矢量叠加，互相加强而使风力加大。特别是右半圆中心附近后部，由于风时和风程较长，波高最大。据统计，影响我国的热带气旋最大波高出现在右后象限距中心 20～50n mile 的地方；在左半圆，风向与热带气旋移向基本相反，矢量叠加的结果是，风力被抵消一部分，相对较小。

（2）船舶所处热带气旋部位的判定方法　在缺乏气象台发布的热带气旋中心位置和移动方向等情报的特殊情况下，可以利用本船现场观测的真风和气压，判断船舶所处的热带气旋部位（图 1-12-7）。

处于滞航状态下的船舶，每隔一段时间进行 1 次观测。如当真风向随时间顺时针方向变化时，表明船舶处在右半圆；当真风向逆时针方向变化时，表明船舶处在左半圆；若真风向基本不变，则表明船舶处在热带气旋的进路上。由于越接近热带气旋中心，风力越大，气压越低。因此，当风速随时间变化增大（或气压随时间变化降低）时，表明船舶处在前半圆；当风速随时间变化减小（或气压随时间变化上升）时，则表明船舶处在后半圆。

注意：当热带气旋转向时可能停滞不前，或原地打转，船舶测得的风和气压都不会有显著变化，上述方法是无效的。

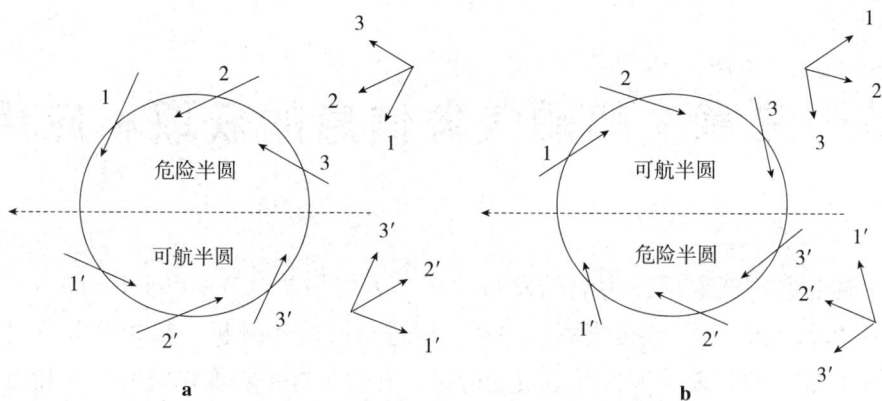

图 1-12-7 热带气旋左右半圆的风向变化规律
a. 北半球 b. 南半球

思考题

1. 简述气团的概念、分类及影响我国天气的气团。

2. 简述锋的分类及锋附近的气压场和风场。

3. 何谓气旋？何谓锋面气旋？

4. 何为反气旋？简述典型冷高压的天气模式。

5. 绘图说明西太平洋副热带高压的天气模式。

6. 简述西北太平洋副热带高压对中国沿海天气的影响。

7. 简述西北太平洋热带气旋的分类名称、等级。

8. 简述典型热带气旋的天气结构模式。

9. 说明西北太平洋热带气旋的主要移动路径。

10. 为什么北半球热带气旋的右半圆为危险半圆？右前象限为危险象限？

11. 船舶如何根据风向、风速和气压的变化判断船舶所处热带气旋部位？

第十三章　船舶气象信息的获取和应用

通过接收气象部门为船舶发布的海上天气报告（Weather Report）、警报（Warning）和气象传真图，并对它们进行阅读和分析，船舶可以及时而全面地掌握海上天气和海况的演变情况，有助于进一步保障航行安全和提高船舶营运效益。

第一节　船舶获取气象信息的途径

本节要点：气象传真图及其他气象信息的获取。

现代通信技术的飞速发展，使船舶获取气象信息的途径越来越多。目前，船舶可以通过船载气象传真机，实时接收航区附近国家气象传真台发布的各种气象传真图，以便获取航区的天气和海况资料。各气象传真广播台使用的呼号、频率、广播时间和节目内容等，可在每年印发的《无线电信号表》第三卷（Admiralty List of RadioSignals，Vol. Ⅲ）查到。另外，沿岸航行的船舶，可通过守听 VHF 和收看电视广播获取气象信息。

近年来，随着互联网的飞速发展，各种海洋气象资料通过互联网进行传播也得到了广泛的应用，互联网获取的气象资料具有快速、彩色、高画质和动态等许多优点。以下是东亚及太平洋地区几个主要气象网站的网址：

世界气象组织网址：http：//www. wmo. ch/index-en. html

中国气象局网址：http：//www. cma. gov. cn/

中国中央气象台网址：http：//www. nmc. gov. cn/publish/observations/index. htm

中国香港网址：http：//www. weather. org. hk/chinese/

中国台湾网址：http：//www. cwb. gov. tw/V4/

日本气象厅网址：http：//www. jma. go. jp/jma/indexe. html

日本国际气象海洋株式会社：http：//www. imocwx. com/

第二节　传真图的识读和应用

本节要点：气象传真图的种类；地面分析图的识读及应用。

一、气象传真图的种类

目前，世界各国发布的气象传真图种类繁多。其中，适合航海使用的主要有三大类：①传真天气图；②传真海况图；③传真卫星云图。船舶可根据需要，利用气象传真接收机（或互联网），有选择地接收各国气象部门发布的气象传真图。

二、地面传真天气图的识读和应用

地面传真天气图（简称地面图），是航海中最常用、最重要的基本天气图之一。地面图又分为地面分析图（AS）和地面预报图（FS）两种。

地面分析图的识读及应用：图 1-13-1 为日本东京 JMH 台发布的地面分析图。现结合此图，说明地面分析图的主要内容、常用符号和英文缩写的含义。

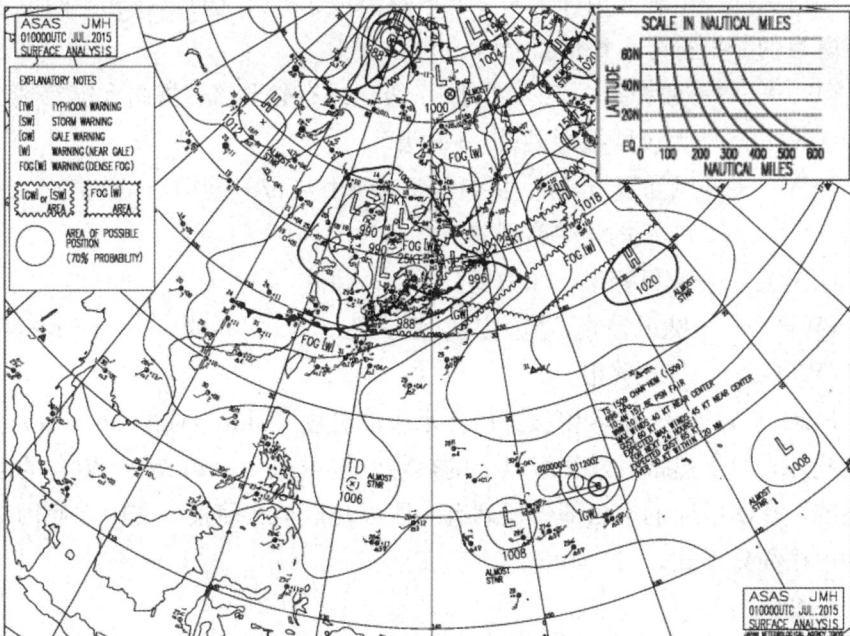

图 1-13-1　日本东京 JMH 地面分析图

（资料来源：日本国际气象海洋株式会社）

1. 图题

图中左上角和右下角的长方形框内的内容为图题。其中，第一行第一个 AS 为图类代号，意思是地面分析；第二个 AS 为图区代号，表示东亚和西北太平洋区域；JMH 为传真台呼号，表示东京一台。第二行表示图时为 2015 年 7 月 01 日 00 时 00 分（世界时），注意实况分析图的图时为图上资料的观测时间，而非收图时间。第三行是图类的英文全拼。

2. 气压系统

在地面图上除绘有海岸线和经纬度网格线（通常为 10°×10°）外，用黑实线绘制等压线，如 996、1 000、1 004 等，相邻等压线间隔为 4hPa。

对于热带气旋，按其强度等级用下列缩写符号表示：

TD——热带低压，风力<8 级（风速≤33kn）。

TS——热带风暴，风力 8～9 级（风速 34～47kn）。

STS——强热带风暴，风力 10～11 级（风速 48～63kn）。

T——台风，风力≥12 级（风速≥64kn）。

3. 警报

当海上已经出现或预计未来 24h 内将出现恶劣天气时，在相应的位置上注有醒目的警报符号。警报符号有：

（W）——一般警报，表示风力≤7 级，或有必要警告提防大雾等情况。

（GW）——大风警报，风力 8～9 级。

（SW）——风暴警报，风力≥10 级（或由热带气旋引起的风力为 10～11 级的强热带风暴）。

（TW）——台风警报，风力≥12 级。

（WH）——飓风警报，风力≥12 级。

（WO）——其他警报。

FOG（W）——浓雾警报，海面水平能见度<1km（或 0.5n mile）。

此外，对于热带风暴等级以上的热带气旋或风力≥10 级（SW）的强低压系统，在图下面的空白部分还列有一段或几段英文简报，文中常使用缩略语和习用简化形式。

4. 锋

图 1-13-1 中日本附近有冷锋、暖锋、静止锋各 1 条。1 条静止锋从东海沿着纬线方向横穿我国中西部地区。

5. 风向、风速图例

国外传真图上常用节（kn）表示风速；国内传真图上常用 m/s 表示风速。在天气图中，矢羽的方向应指向低压一侧（表 1-13-1）。

表 1-13-1　风向、风速图例

国　　际		国　　内	
图例	风向、风速（kn）	图例	风向、风速（m/s）
	东风、3～7		东风、2
	东北风、8～12		东北风、3～4
	东南风、13～17		东南风、5～6
	西南风、48～52		西南风、19～20
	西北风、53～57		西北风、21～22
	北风、58～62		北风、23～24

思考题

1. 船舶可以通过哪些途径获取气象信息？

2. 解释气象传真图中常用警报符号的具体含义。

3. 举例解释地面传真图中说明热带气旋和温带气旋的英文短文。

4. 船舶如何分析和应用地面传真图？

第二篇

船　艺

船艺是驾驶和操纵船舶的技艺，良好的船艺是指在海上航行、停泊或作业过程中，使用成熟的驾驶及操纵技术，使船舶顺利、安全地完成任务或达到目的。由于海上航行或作业的外部环境很复杂，所以，要求船舶驾驶人员不但要熟练掌握船艺知识，还要积累海上驾驶船舶的经验。船艺知识主要包括船舶基本原理、船舶操纵、船舶配积载、特殊条件下的航行技术以及海事预防等。

第十四章 渔船基础知识

作为渔业船员，应熟悉并掌握一定的渔船基础知识。本章主要介绍渔船的类型和船体基本结构、渔船的主要尺度和渔船的航海性能。

第一节 渔船的类型和基本结构

本节要点：渔船类型的不同分类方法；渔船船体的构成；船体结构的类型；渔船船体主要结构。

一、渔船的类型

渔船是渔业船舶的总称，是指从事渔业生产以及属于渔业系统为渔业生产服务的船舶。它包括渔业捕捞船、养殖船、水产品运销船、冷藏加工船、补给船、渔业指导和科研调查船、渔港内的工程船、拖船、驳船和交通船、渔政船等。

渔船的类型一般有以下几种分类：

（1）**按渔船的作业方式** 分为拖网渔船、围网渔船、流网渔船、钓渔船、捕鲸船及猎捕海兽渔船等。

（2）**按渔船的动力** 分为机动渔船、非机动渔船和机帆渔船等。

（3）**按航行的区域** 分为国际航行作业渔船、非国际航行作业渔船（沿岸渔船、近海渔船）和内河渔船。

（4）**按建造材料** 分为钢质渔船、木质渔船、玻璃钢渔船、水泥渔船及铝合金渔船等。

另外，还有一些为渔业生产服务的辅助性船舶，称为渔业辅助船。它包括冷冻船、鱼品加工船、运输船、补给船和渔业指导船等。

二、渔船基本结构

（一）船体的构成与结构类型

1. 船体的构成

船舶是浮在水上的复杂结构物，通常分为主船体和上层建筑两部分。

（1）主船体　由上甲板（最高一层贯通艏艉的甲板）、船底和舷侧形成的水密空心结构，用水平与垂直的隔板分成许多舱室。

（2）上层建筑　在甲板以上的结构，其左右两侧壁与舷侧外板连接的叫上层建筑，不连接的称甲板室。在首部的上层建筑称艏楼，尾部的上层建筑称艉楼，而在中部的上层建筑称桥楼。

2. 船体结构的类型

（1）横骨架式　在主船体中横骨架比纵骨架布置的密。其结构简单，建造容易。中小型渔船多采用这种骨架型式。

（2）纵骨架式　在主船体中纵骨架比横骨架布置的密。这种类型大大提高了船体抵抗总纵弯曲的能力，减轻了船体重量。

（3）纵横混合骨架式　在主船体某些部位的结构采用纵骨架式，另一些部位的结构采用横骨架式，形成纵横混合骨架式船体。较大型渔船多采用这种结构类型。

（二）船体主要结构

钢质渔船、木质渔船及玻璃钢渔船的主要船体结构相似，有外板结构、船底结构、舷侧结构、甲板结构、舱壁结构、艏艉结构和上层建筑结构等。

1. 外板结构

外板是船体结构的基本组成部分之一，它由许多钢板焊接而成，构成了船舶的水密外壳，保证了船体的浮性。同时，外板又是承受总纵弯曲、水压力、波浪冲击力、冰块挤压以及偶然的碰撞力等各种外力的主要构件之一（图 2-14-1）。

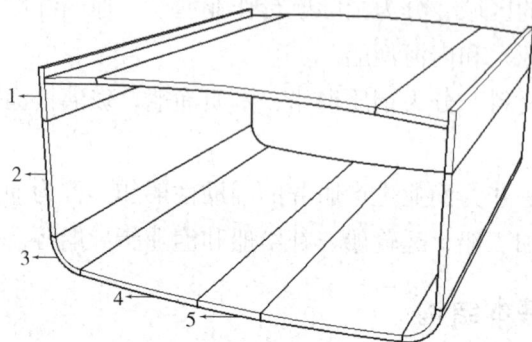

图 2-14-1　外板结构

1. 舷顶列板　2. 舷侧板　3. 舭列板　4. 船底板　5. 平板龙骨

2. 船底结构

根据船舶的大小和用途不同，船舶底部有单层底和双层底两种型式。单层底和双层底都有横骨架式和纵骨架式两种型式。小型渔船一般无双层底结构，位于船体中心线上的龙骨，是保证船舶纵向强度的主要结构（图 2-14-2）。

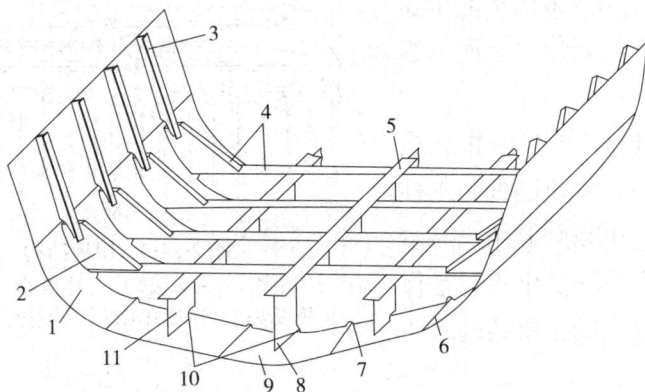

图 2-14-2　横骨架式单层底结构

1. 舭列板　2. 舭肘板　3. 肋骨　4. 折边　5. 面板　6. 焊缝
7. 流水孔　8. 中内龙骨　9. 平板龙骨　10. 焊缝切口　11. 旁内龙骨

3. 舷侧结构

舷侧结构的主要作用是，保证船体的水密性、船体的总纵强度和局部强度。作用在舷侧结构上的外力，有舷外水压力、舱内货物的横向压力、液体载荷压力、总纵弯曲的应力以及波浪冲击、碰撞、冰块挤压等力。肋骨是小型渔船的主要舷侧结构（图 2-14-3）。

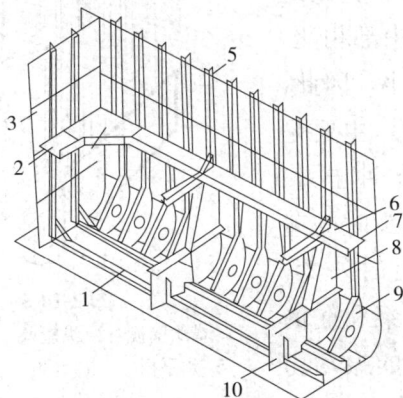

图 2-14-3　舷侧结构

1. 船底纵骨　2. 水平桁　3. 舱壁板　4. 连接肘板　5. 肋骨
6. 舷侧纵桁　7. 外板　8. 强肋骨　9. 舭肘板　10. 肋板

4. 甲板结构

船舶主船体部分设有一层或几层全通甲板。小型渔船一般仅有一层甲板或无甲板；而大型船舶往往设置二层或多层贯通全船的连续甲板，将船体自上而下进行分隔。

渔船甲板，由甲板板、横梁、甲板纵桁、舱口围板和支柱等构件组成。甲板是船舶总纵弯曲时应力最大的一层甲板，是保证船体总纵强度的主要结构之一（图2-14-4）。

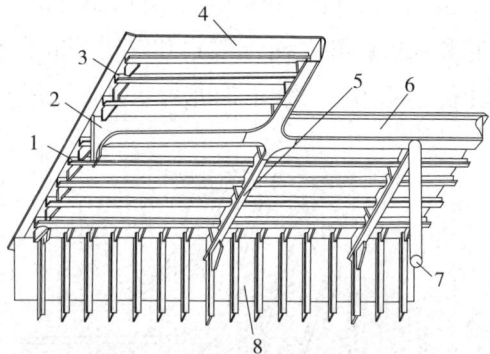

图2-14-4　甲板结构
1. 横梁　2. 舱口端梁　3. 半横梁　4. 甲板
5. 甲板纵桁　6. 舱口围板　7. 支柱　8 横舱壁

5. 舱壁结构

船上有许多横向和纵向布置的舱壁，把船体内部空间分隔成若干舱室，供居住、工作和装载货物、备品及燃油等用。设置水密舱壁，有利于提高抗沉性能。另外，舱壁还可以防止火焰蔓延和有害气体的扩散（图2-14-5）。

6. 艏艉部结构

艏部通常是指从船首到艏垂线向船尾15％船长处的区域；艉部通常是指艉尖舱舱壁以后的区域。艏艉部与船中部相比，所受到的总纵弯矩较小，因此，作用在艏部上的外力，主要是水压力、航行时波浪的冲击力、水面漂浮物和靠离码头时的碰撞力；作用在艉部上的外力，主要是水压力、螺旋桨和舵的重力、螺旋桨工作时的振动力和被螺旋桨扰动的水的冲击力。

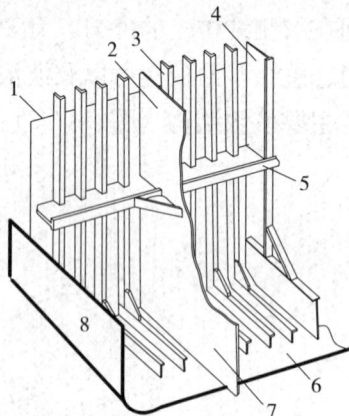

图2-14-5　舱壁结构
1. 横舱壁板　2. 纵舱壁　3. 垂直扶强材　4. 竖桁
5. 水平桁　6. 船底板　7. 纵舱壁　8. 舷侧列板

对于小型渔船，艏柱和艉柱是主要构件。

（1）艏柱　船体最前端的构件，渔船一般采用前倾式艏柱。船舶前进时艏柱首当其冲，因此，艏柱有足够的强度和刚性（图2-14-6、图2-14-7）。

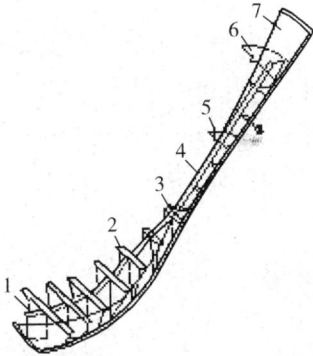

图2-14-6 钢板焊接艏柱结构

1. 中内龙骨 2. 实肋板 3. 舷侧纵桁
4. 加强筋 5. 上甲板 6. 艏楼甲板
7. 艏柱板 8. 肘板

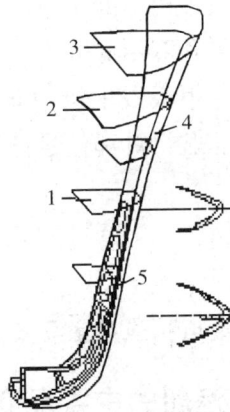

图2-14-7 混合式艏柱

1. 下甲板 2. 上甲板 3. 艏楼甲板
4. 钢板艏柱 5. 铸钢柱

（2）艉柱 船体艉部结构的重要构件，设置在艉端下部，主要用来支持及保护舵和螺旋桨，并提高艉部结构的强度。我国中小型钢质渔船多采用锻造或铸造艉柱（图2-14-8、图2-14-9）。

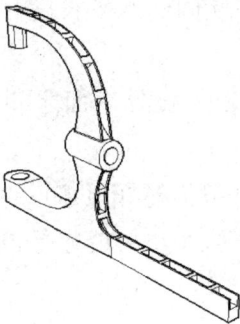

图2-14-8 铸造艉柱

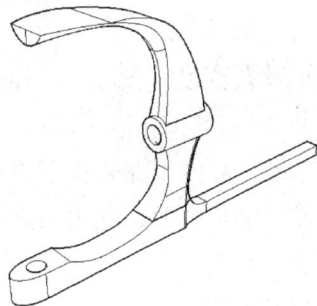

图2-14-9 锻造艉柱

7. 船体其他结构

渔船经常在风浪中航行作业，摇摆剧烈，所以在舭部设置舭龙骨，用以增加阻尼，减缓摇摆；渔船和一些工作船，因为要经常停靠码头和以舷侧与其他船相靠，为了保护舷侧外板，需要设置护舷材结构；此外，船体还有舷墙结构、轴隧结构、主机机座结构及上层建筑结构等。

（三）渔船主要舱室结构

有甲板的小型渔船，主要舱室结构有：

（1）主甲板下的舱室　艏舱、艉舱、艏尖舱、艉尖舱、机舱、鱼舱、水舱、地轴弄和双层底等。

（2）主甲板以上的建筑及结构物　驾驶室、舷墙、厨房、烟囱、通风斗、吊杆、航行灯和信号灯等。

第二节　渔船主要尺度和吨位

本节要点：渔船主要尺度；渔船的吨位及分类。

一、渔船的主要尺度

渔船主要尺度，包括长度、宽度、深度（或高度）、吃水等几方面的尺度。按不同的用途和量取办法的不同，分为总尺度、登记尺度和船型尺度 3 种，都以米为单位（图 2-14-10）。

1. 总尺度

总尺度是船舶的最大尺度，是操纵船舶（靠、离码头，进、出船坞和船闸等）时考虑本船周围有无足够活动余地的重要依据之一。

（1）总长（L_{OA}）　自船首最前端至船尾最后端间的水平长度（包括船体结构的突出部分）。

（2）最大宽度（B_{max}）　船舶最大宽度处两舷外板外表面之间的水平距离。

（3）最大高度　龙骨板下缘到船舶最高点（一般为桅杆顶部）的垂直距离。最大高度减去船舶吃水为水线上最大高度，其大小决定船舶是否能通过桥梁或架空电缆。

2. 登记尺度

主要用于登记船舶、丈量与计算船舶吨位、表示船舶建造规模的大小，故称登记尺度。

（1）登记长度　在主甲板（干舷甲板）的上表面，从艏柱前缘量到艉柱后缘的水平长度。无艉柱时，量到舵杆中心线。

（2）登记宽度　在船舶最大宽度处，两舷外板内表面之间的水平距离。

（3）登记深度　在登记长度的中点处，从平板龙骨上表面量至上甲板下

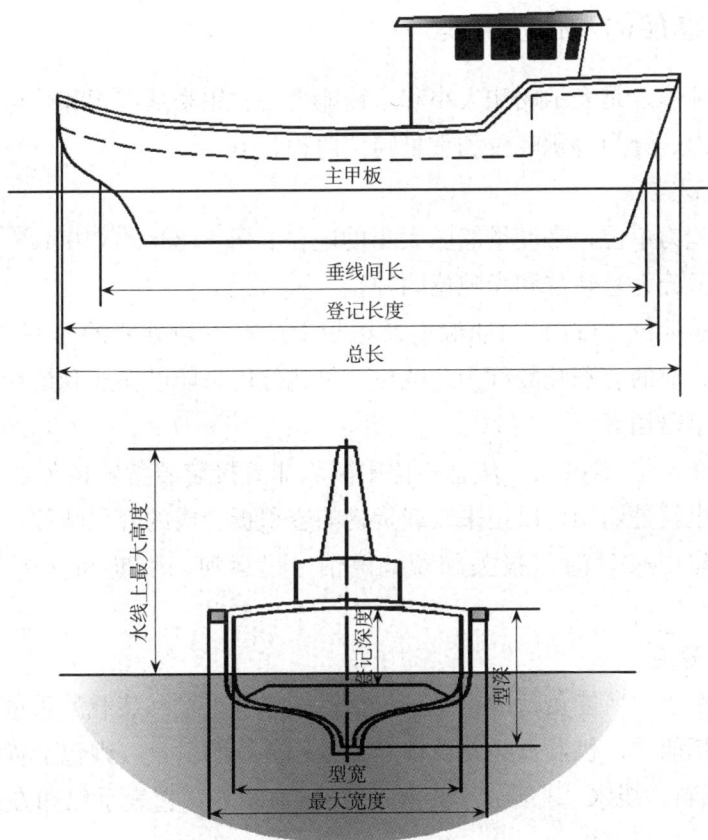

图 2-14-10　船舶主要尺度

表面的垂直距离。有双层底时，则量到内底板上表面；如有木铺板，则量到木铺板上表面。

3. 型尺度

船舶设计和建造时，用来计算船舶稳性、干舷高度、吃水差、水阻力等的尺度（也称理论尺度或计算尺度）。

（1）**型长（垂线间长 L_{BP}）**　沿夏季满载水线从艏柱前缘量至艉柱后缘的水平长度，故又称两柱间长。若无艉柱，则量至舵杆中心线。

（2）**型宽（B）**　在船体最宽处，由一舷的肋骨外缘量至另一舷的肋骨外缘的水平距离。

（3）**型深（D）**　在型长中点处，由平板龙骨上缘量至干舷甲板下缘，即横梁上缘的垂直距离。对于甲板转角为圆弧形的船舶，则应由平板龙骨上缘量至甲板型线与船舷型线的交点。

二、渔船的吨位及分类

渔船吨位，是表示船舶大小和运输能力的。用来从容积和载重两方面核算运输能力，分为容积吨位和重量吨位两种。

1. 容积吨

以容积为单位，来度量船舶大小的吨位。每 $2.83m^3$（$100ft^{3①}$）为 1 容积吨，它又分为总吨位和净吨位两种。

（1）总吨位（GT）　船舱内及甲板上所有围蔽处所的容积（或体积）的总和折合成的容积吨数称为总吨位。总吨位用来船舶注册和统计、计算净吨位和海事赔偿等。

（2）净吨位（NT）　从总吨位中减除非直接装载货物的处所后所剩余的吨位，也就是船舶可以用来装载货物的容积折合成的容积吨数，即为净吨位。净吨位用来对港口报关纳税、停泊、过运河、引航和拖带等费用的计算。

2. 重量吨

船舶在水中所能负荷的重量，包括船舶本身重量和装载的重量。本身的重量，包括船体、机器及必要设备等重量；装载的重量，则包括货物（如渔获物）、燃料、淡水、补给品及所有必要的物品等，它表示船舶在载重方面的能力。

重量吨分为排水量和载重量两种：

（1）排水量　船舶自由浮于静水中所排开同体积水的重量。

①空船排水量：等于空船重量。是指船舶在刚出厂时装备齐全，没有装载货物、燃料和淡水、供应品、船员及行李等时的重量（图 2-14-11）。

图 2-14-11　空船状态

②满载排水量：按规定的安全干舷装满货物、燃油和淡水等时的排水

---

① ft（英尺）为非法定计量单位，$1ft^3＝2.83×10^{-2}m^3$。

量，称为满载排水量。通常，是指船舶在海水中达到夏季载重线时的排水量（图 2-14-12）。

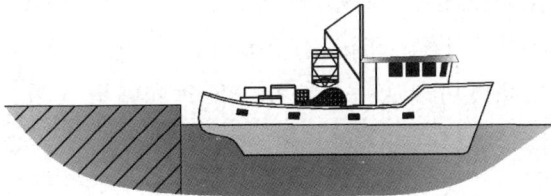

图 2-14-12　满载状态

③装载排水量：只运载一部分货物时的排水量，叫装载排水量，也叫实际排水量。

（2）载重量　船舶实际载运货物的重量叫载重量，分为总载重量和净载重量。

①总载重量（DW）：船舶在某一吃水情况下，所能装载的货物、燃料、淡水、供应品及其他储备品的总重量。其值等于满载排水量减去空船排水量。

$$总载重量＝满载排水量－空船排水量$$

②净载重量（NDW）：船舶具体航次所能装载货物的最大重量。其值等于总载重量减去燃料、淡水及其他储备重量（备品备件、渔具、食品、船员及行李等）。

$$净载重量＝总载重量－燃料、淡水及其他储备重量$$

第三节　渔船的航海性能

本节要点：渔船的浮性和抗沉性、渔船稳性、渔船的摇荡性及快速性。

渔船的航海性能，是指渔船在各种情况下保证正常航行和捕捞作业安全所必须具备的性能，包括浮性、抗沉性、稳性、摇摆性、快速性和操纵性六个方面。操纵性能将在第十五章讲述。

一、浮性和抗沉性

（一）浮性

浮性是船舶最基本的航海性能。是指船舶在一定载重条件下，能保持一定浮态的性能。它有两层含义：一是指船舶能浮在水面上而不沉没；二是指船舶还要保持合适的漂浮状态。

1. 重力和重心

重力的作用点叫做重心（G），整个物体所受的重力，可看成通过这一点垂直向下。重心取决于整个船舶的重量分布，它的位置可以通过倾斜试验或计算得到。重心高度可以从一个参考点 K 垂向量取（图 2-14-13），KG 称为重心高度。

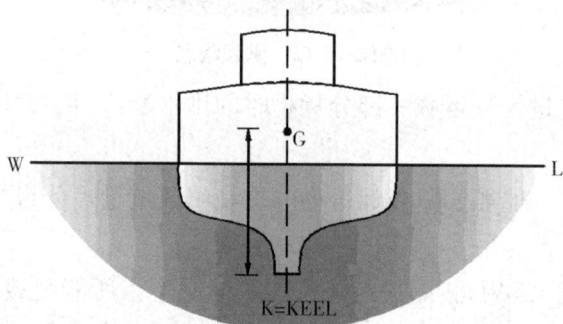

图 2-14-13　船舶重心

2. 浮力和浮心

如果一个球被压入水中，它会很快浮起来，这个使其上浮的力叫做浮力。当船舶处于自由漂浮状态时，它的浮力与排水量相等。

浮心（B）是浮力竖直向上的作用点，它位于船体水下部分的几何中心处（图 2-14-14），球心不是浮心，浮心是球体沉入水下部分的几何中心 B。

船体的外形确定后，就能够计算出各种排水量、横倾和纵倾状态下的浮心位置。

3. 船舶平衡条件

作用在船体上的重力和浮力要大小相等、方向相反并作用在同一条垂线上。当船舶在静水中处于正浮并且平衡状态时，浮心和重心将会在平板龙骨（K）之上，且在同一条铅垂线上（图 2-14-15）。

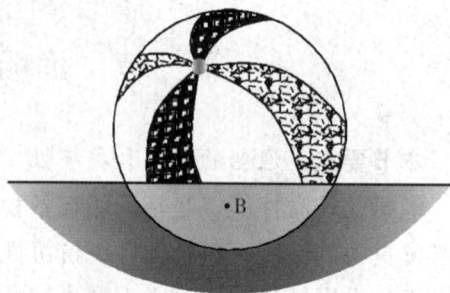

图 2-14-14　皮球的浮心

4. 储备浮力与干舷

为保证船舶在部分破损漏水或其他原因引起超载后仍能浮在水面上，在

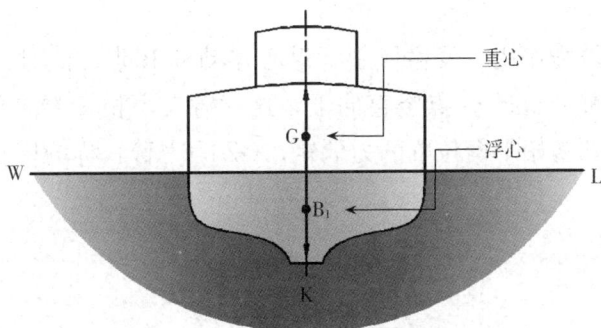

图 2-14-15　船舶处于平衡正浮状态

设计时就要求有部分船体浮出水面，这部分船体所具有的浮力称为储备浮力。干舷是指在船中部由满载吃水线量到主甲板上缘的垂直距离。储备浮力的大小是由干舷决定的，干舷越高，储备浮力越大，浮性就越好（图 2-14-16）。

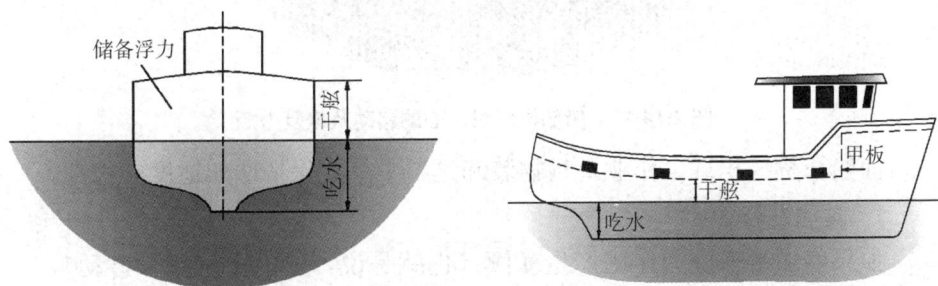

图 2-14-16　船舶干舷

（二）抗沉性

当船舶的个别舱室进水后，船舶仍能漂浮在水面并保持足够的浮性、稳性和其他航海性能而不至沉没和倾覆的能力，称为船舶抗沉性。

为了保证船舶具有良好的抗沉性，除了要求有一定的储备浮力外，还规定船舶应设置一定数量的水密舱壁或双层底。当某舱进水而失去浮力时，水密舱壁可防止水进入相邻舱室，使浮力不至丧失过多而导致船舶沉没，这也为堵漏施救创造条件。

二、稳性

在渔船的总体安全性能中，稳性是最重要的因素之一，如何强调都不过分。稳性是指船舶在外力作用下发生倾斜，当外力消除后能自行恢复到原来平衡状态的能力，这种能力可以用船舶倾斜状态下产生的恢复力矩大小来度量。

当船舶在外力作用下发生倾斜，浮心移动到 B′ 点。此时，浮力通过 B′ 点竖直向上，重力通过 G 点竖直向下，这一对大小相等方向相反的力，构成了使船舶回到初始平衡位置的力偶矩。GZ 为力臂，称为恢复力臂（图 2-14-17）。

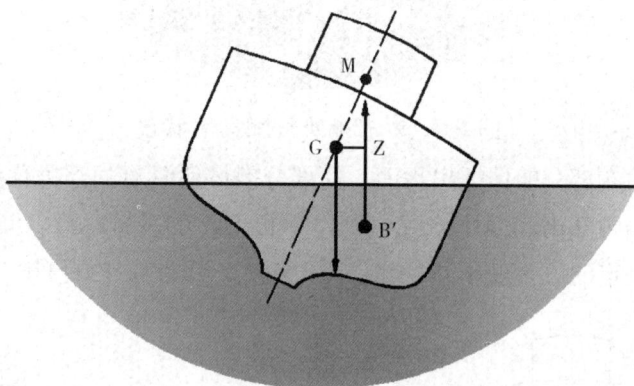

图 2-14-17　船舶横倾时浮心的移动及恢复力矩

渔船在货物积载、作业及货物装卸过程中，要保持船舶适度的稳性。

1. 横稳性与稳心

如果船舶由于外力作用产生横倾（也就是说，船内重量并未移动），一个楔形的浮力体积就会在一侧从水里浮出；而在船舶的另一侧，就会有一个相似的楔形浮力体积浸入水中（图 2-14-18）。

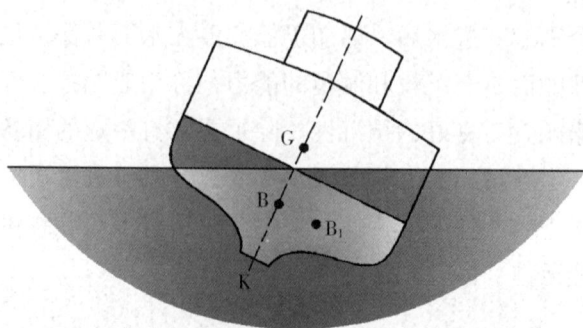

图 2-14-18　横倾时排水体积形状的变化

此时，水下部分的几何中心，即浮心，将会从 B 点移动到 B_1 点。从船舶发生一系列小角度横倾时的浮心位置画垂线会产生一个交点，叫作稳心（M），稳心可以看成是船舶发生小角度横倾时的转轴中心点。稳心的高度从参考点 K 处量起，因此，也称为 KM（图 2-14-19）。

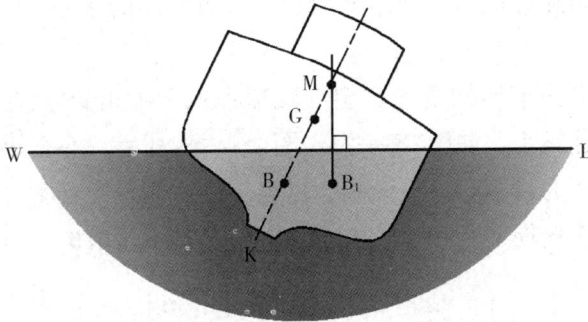

图 2-14-19　横稳心及横稳心距基线高

2. 船舶的平衡状态

（1）稳定平衡　船舶发生倾斜后，如果具有恢复到正浮状态的趋势，这时称船舶处于稳定平衡状态。这只有在船舶的重心（G）位于稳心（M）下方时才能出现。船舶在任何装载状态下，都应处于稳定平衡状态。

此外，船舶还有其他两种平衡状态：一是不稳定平衡，此时船舶的重心（G）位于稳心（M）上方；二是中性平衡，此时船舶的重心（G）与稳心（M）重合。这两种状态下船舶都没有恢复到初始平衡状态的能力，所以是不允许的。

（2）稳性高度　G 和 M 之间的距离称为初稳性高度（GM），也称作稳性高或稳距。正浮状态是稳定的船舶称为有正的稳性高，即稳心 M 在重心 G 之上，通常称为有正的 GM 值或正的初稳性（图 2-14-20）。GM 值越大，船舶恢复到正浮状态的能力就越强。

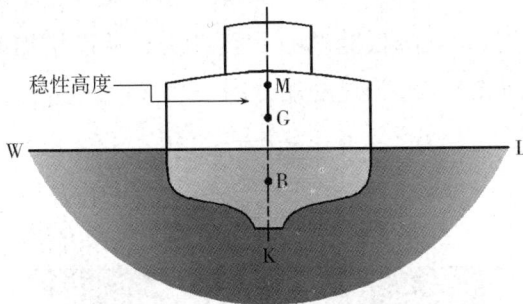

图 2-14-20　初稳性高度 GM

渔船对稳性的要求较高，我国及国际上有关渔船的稳性规范中要求，在任何装载状态下，GM 值不得低于 0.35m；而实际上渔船的 GM 值，应在

0.5～1.0m 范围。

（3）**易倾船和过稳船**　当船上增加重量时，船的重心（G）总是移向重量增加的方向。

在甲板水平面上增加重量，会导致船舶的重心升高，造成稳性高度下降，从而使稳性减小，如图 2-14-21、图 2-14-22 所示。有很小或者没有稳性高度的船舶，称为易倾船。易倾船会更容易发生倾斜，且不会很快恢复到正浮状态。船的横摇周期会相对较长。这种情况是不可取的，可以通过降低船舶的重心来纠正。

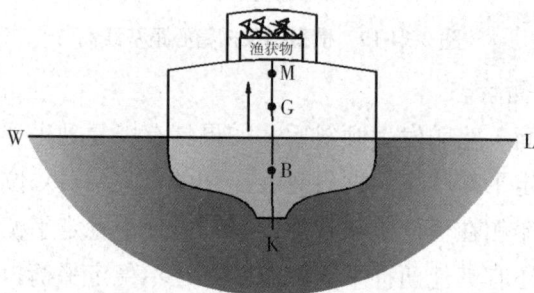

图 2-14-21　GM 值过小的易倾船

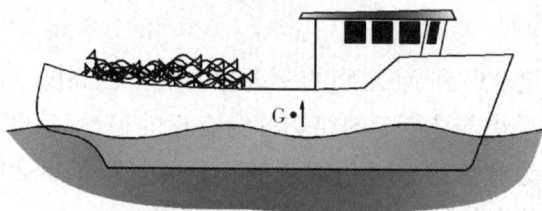

图 2-14-22　鱼货装载重心过高

向低处增加重量，会降低船舶的重心（G），从而增加船舶的稳性高度。有很大稳性高度的船舶，称为过稳船（图 2-14-23）。

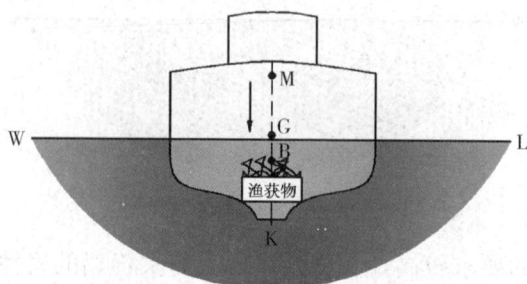

图 2-14-23　GM 值过大的过稳船

重物应尽可能放在船舶的底部。渔获物一般不应该放在甲板上，因为这样做会使船舶的重心（G）升高和稳性高度减小，将增加船舶倾覆的可能性。

重心过低、稳性过大的过稳船，往往不容易发生倾斜。当在外力作用下发生倾斜时，由于产生的恢复力矩较大，船舶会很快向平衡位置回摇。所以，船舶的横摇周期非常短，摇得很厉害。

3. 悬挂重量和自由液面对稳性的影响

（1）悬挂重量对稳性的影响

悬挂重量的重心，可以看作是在悬挂点处。吊升出水后的渔网对船舶重心（G）的影响，如同将网具放在吊杆顶部的悬挂点处（虚重心），相当于船舶重心升高（图 2-14-24）。

悬挂重量如果不在中线面上，还对船舶施加一个横倾力矩，在恶劣的环境中会造成船舶倾覆。

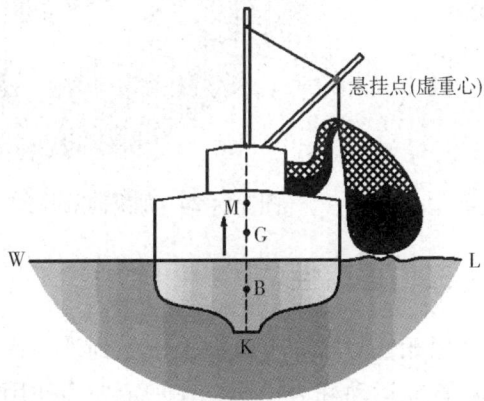

图 2-14-24　悬挂重量的重心(虚重心)在悬挂点上

（2）自由液面的影响　液舱未装满的船舶发生倾斜时，液体将设法与水线保持平行的状态。液体的重心，即体积中心，将随液体移动，这将对船舶的稳性产生相当大的影响。这种影响类似于在甲板上增加重量，即增加了船舶的重心高度，降低了稳性高度，从而影响船舶的稳性（图 2-14-25）。

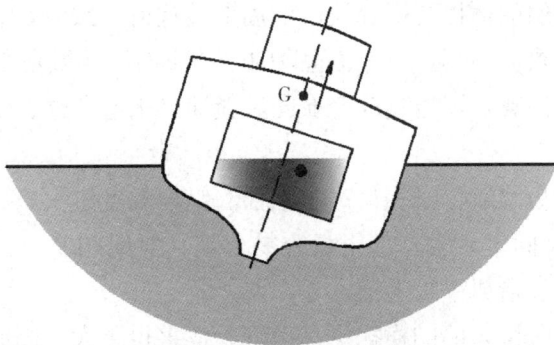

图 2-14-25　液舱未满液货会移动

未装满的液舱，对船舶的稳性高度有很大的不利影响。用水密纵向舱壁将液舱分成均等的两部分，将减少对船舶稳性高度的影响，相比未分舱的情况减少了 75% 的影响（图 2-14-26）。

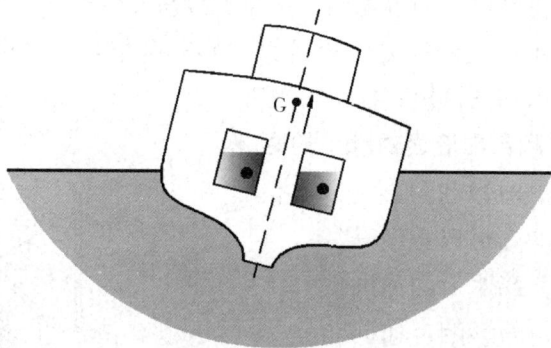

图 2-14-26　加纵向隔壁会降低液货移动的影响

三、摇荡性

船舶在静水面上或波浪中受到外力作用（如风、浪等）产生的横摇、纵摇、首摇运动称为摇摆，在一定外力作用下摇摆的强弱程度即为摇摆性。同时，船舶还有沿直线运动的垂荡、纵荡和横荡。船舶的实际运动是上述摇、荡运动的复合运动，即摇荡。对船舶安全影响大的是横摇和纵摇，这里只讨论横摇和纵摇。

1. 横摇

船舶在风、浪或其他外力的作用下，最容易出现横摇。尤其是在横浪航行时，横摇比较剧烈。船舶的横摇与稳性大小有关。稳性大，摇摆幅度小，但摇摆周期短，显得摇摆剧烈；稳性小，摇摆幅度大，但摇摆周期长，显得摇摆平缓。当船舶的横摇周期和波浪的周期接近或一致时，会出现越摇越剧烈的"谐摇"现象。"谐摇"是很危险的，严重时可导致船舶倾覆，在航行或作业时要格外注意，可通过改变航向和航速，来避免这种情况出现。

2. 纵摇

船舶顶浪或顺浪航行时容易产生纵摇。纵摇幅度过大，容易使螺旋桨出水造成"飞车"；同时，船首部甲板容易上浪，对船舶安全不利。若纵摇过于平缓，有时也会造成甲板上浪。

相对于纵摇来说，船舶横摇更易出现，危害也更大。因此，渔船常采用减摇装置来减小船舶横摇，常见的方式是在船舶舭部设置舭龙骨。

四、快速性

船舶快速性，是指在给定主机功率条件下等速直航的速度性能，也称速航性。在相同功率下，航行速度快，则说明快速性好。显然，减小船舶阻力就能增加快速性。船舶要定期上坞，清除水线下船壳表面的海藻和寄生物，保持船壳光滑，减小摩擦阻力；在装载时，保持适当尾倾以增加螺旋桨的沉深，提高螺旋桨的推进效率，同时，还能减少兴波阻力。

思考题

1. 渔船的种类及分类方式都有哪些？

2. 渔船的主尺度有哪些？各有什么用途？

3. 容积吨和重量吨各有哪些？

4. 渔船的基本结构有哪些？

5. 什么是总载重量？什么是净载重量？它们之间的关系是什么？

6. 简述浮性、储备浮力和干舷的概念。

7. 浮心的概念是什么？

8. 什么是船舶稳性？稳性大小用什么来度量？

9. 什么是重心高度？它对稳性有何影响？

10. 自由液面对稳性有何影响？

11. 悬挂重量对稳性有何影响？

第十五章　渔船操纵基本原理

渔船操纵，是指在风、流、浅水等自然条件的影响下，渔船驾驶人员通过正确地运用车、舵、锚、缆的作用，以求快速准确地保持或改变渔船动态的过程。驾驶员必须掌握渔船操纵性能、熟悉各种外界因素对渔船操纵性能的影响，才能正确操纵船舶、准确控制船舶的运动。

第一节　车的作用

本节要点：螺旋桨横向力、螺旋桨工作时的吸入流和排出流、伴流、右旋单车船的车舵综合效应。

车是指船上的螺旋桨，也叫推进器。它由若干翼形桨叶、桨毂、整流帽等组成，多为青铜或钢铁制成，装在船尾，舵的前面。螺旋桨在主机带动下产生推力，控制船舶的前后运动。

单车船，即采用单螺旋桨的船舶，通常车叶是右旋式的，是指从船尾看去，船舶在进车时，螺旋桨的旋转方向是顺时针转动的。我国渔船一般均采用右旋单车推进方式。

渔船的螺旋桨旋转时，不仅产生前后方向的推力和拉力，使船舶前进和后退，同时，还伴随着产生左右方向的横向推力，导致渔船艏艉发生偏转。即使在无风、流的情况下航行，也会偏离航向。这种偏转现象对渔船操纵的影响很大，它是螺旋桨转动时产生的螺旋桨横向力、排出流、吸入流以及船舶运动时产生的伴流等横向推力综合作用的结果。

一、螺旋桨横向力

螺旋桨开始转动时，水对桨叶会产生一种反作用力，这种反作用力在水越深时就越大。进车时，上方叶片受到的水的反作用力，小于下方叶片受到的水的反作用力，结果使船尾受横向力的作用向右偏、船首向左偏转；反之，如果倒车，船首向右偏转（图 2-15-1）。

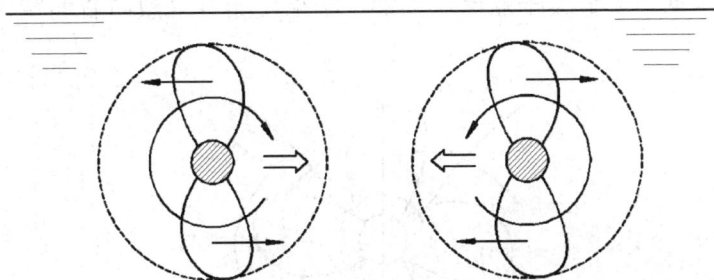

图 2-15-1　螺旋桨横向力

空船行驶时，由于上方叶片部分露出水面或接近水面，则螺旋桨横向力明显增大。因此，空船在正常航行时，船首有偏左倾向。

二、吸入流和排出流

螺旋桨旋转时，流向螺旋桨盘面的水流，称为吸入流；同时，流出螺旋桨盘面的水流，称为排出流。

1. 吸入流的作用

进车时，吸入流沿船舶尾型线由船底向斜上汇集于螺旋桨的盘面内，右侧桨叶产生的推力大于左侧桨叶，结果推船首向左。但此力甚小，可以不予考虑。

倒车时，吸入流先作用于舵。当正舵时，舵面两侧流压均等，不产生偏转效应；当有一舵角时，吸入流冲击在舵的背面，使船首向转舵的相反一侧偏转。退速越大，偏转越明显。

2. 排出流的作用

由于螺旋桨桨叶形状的关系，排出流形成两股螺旋状的水流。正舵进车时，舵叶左上部与右下部分别受到排出流的有力冲击。因为右下部排出流水动力大于左侧，造成船首向右偏转（图 2-15-2），所以尽管操正舵，却由于排出流的作用，相当于向右操了某一舵角。空船状态下和舵叶上部露出水面时，这种偏转趋势将更加明显。

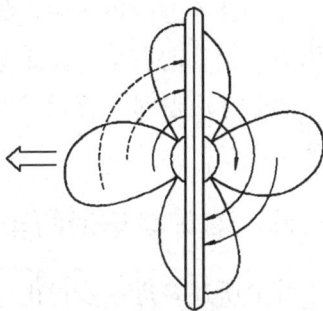

图 2-15-2　进车排出流横向力

倒车时，排出流由船尾向前方推去，分别斜打在船尾的右上方和左下方。由于船尾形状上肥下瘦，船尾右舷尾外板上所受的水动力明显大于船尾左下部，结果使船首强烈向右偏转（图 2-15-3）。

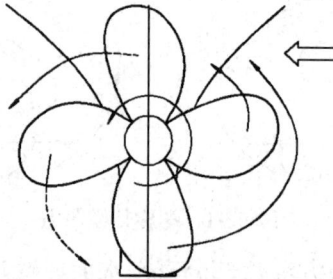

图 2-15-3　倒车时排出流横向力

三、伴流

由于水属于黏性流体，渔船在前进时总要带着一层水流伴随着船体一起向前运动，这部分水流就是伴流，也叫追迹流。因为船体艉部的上部比较肥大，所以伴流在上层较大（图 2-15-4）。

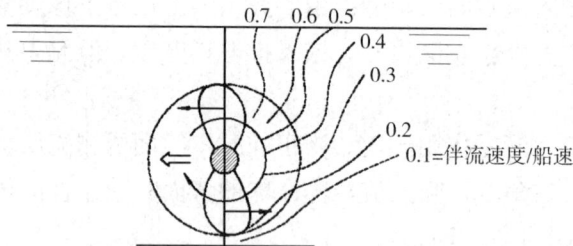

图 2-15-4　伴流横向力

船舶在前进中进车时，伴流增加了上方桨叶的旋转阻力，加大了水的反作用力，船首向右偏，使正车时螺旋桨横向力的影响减小。

船舶在后退时，伴流主要分布在船首，所以对船尾的车和舵几乎没有影响。

四、右旋单车船的车舵综合效应

综上所述，进一步讨论船体在螺旋桨横向力、排出流和吸入流、伴流等综合作用下的运动情况。假定风、流影响不计。

1. 船舶从静止中开倒车，尚未后退时

（1）正舵　吸入流无影响，螺旋桨横向力与排出流的作用都推船尾向左、船首向右偏转。

（2）右舵 吸入流产生的原舵力推船尾向右，但力量极微；螺旋桨横向力和排出流推船尾向左，力量较大，结果船尾向左、船首向右偏转。

（3）左舵 吸入流产生的原舵力，螺旋桨横向力和排出流的作用都推船尾向左、船首向右偏转。

2. 船舶从航进中开倒车

当船舶停车后向前淌航过程中开倒车时，船舶艏艉偏转情况如下：

（1）正舵 开始因船舶惯性仍在前进，但无原舵力，螺旋桨横向力和排出流的作用都推船尾向左、船首向右；当船舶前进惯性消失后，船开始后退，船首仍向右偏转。

（2）右舵 船舶仍在前进时，向后的相对水流产生的原舵力和螺旋桨横向力、排出流的作用都推船尾向左，吸入流产生的原舵力推船尾向右。但力量极小，对船舶偏转方向没有太大影响，结果导致船尾向左、船首向右偏转。随着前进惯性的减弱，这种趋势也将逐渐减弱。当船舶开始后退后，产生了向前的相对水流，随着后退速度的增大而增大，它与吸入流共同产生的原舵力的作用，逐渐克服螺旋桨横向力和排出流的作用，最后前者大于后者的作用，结果产生"反舵效"，船尾向右、船首向左偏转。

（3）左舵 当船舶仍在前进时，吸入流产生的原舵力和螺旋桨横向力、排出流的作用都推船尾向左；而向后的相对水流产生的原舵力推船尾向右，前者大于后者，结果推船尾向左、船首向右偏转。船舶开始后退后，产生向前的相对水流作用于舵叶上的力与其他各力的作用方向相同，都推船尾向左、船首向右很快地偏转。

3. 船舶从后退中开进车

（1）正舵 船舶因惯性仍在后退，吸入流无影响，螺旋桨横向力大于排出流横向力，推船尾向右、船首向左偏转。

（2）不论左舵、右舵 当船仍有退速时，船首向转舵反方向偏转；当有前进速度后，船首向转舵舷偏转。

通过以上分析，对右旋单车船在无风流影响下的车舵综合效应，可找出以下普遍规律。

①静止中开倒车：不论用什么舵，船首右转。

②前进中开倒车：不论用什么舵，船首右转；只有当船有相当的后退速度时，右舵时船首左转。

第二节　舵及其作用

本节要点：舵效及影响舵效的因素；旋回圈及其要素；船舶旋回运动的三个阶段；影响船舶旋回性能的因素。

舵设备是渔船的主要操纵设备，利用水流对舵叶的作用力，使船舶保持或改变航向。

一、舵效及影响舵效的因素

1. 舵效

所谓舵效，通常是指当转动舵产生一定舵角后，船舶旋回运动的能力。这种旋回运动的能力大小，表示舵效的好坏程度。转动一定舵角后，船舶若能在较短的时间和较短的直线距离内转过一个较大的角度，这时的舵效就好；反之，舵效就差。

2. 影响舵效的因素

舵效的好坏，除了与舵的结构、形状、船型、舵和车叶的相对位置有关系外，还和下列因素有关：

①在最大舵角范围内，与舵角大小成正比　实践证明，舵角在 $33°\sim40°$ 的舵效最好。一般满舵舵角定在 $35°$。

②与作用在舵叶上的水流速度的平方成正比　因此，快车比慢车的舵效好，顶流比顺流的舵效好。

③与船舶载重有关　载重大，转舵后船首偏转慢；载重小，船首偏转快。因此，载重越大，舵效就越差。

④与船舶纵横倾有关　艏倾时舵效较差，适度艉倾时舵效较好。横倾时，转向低舷一侧水阻力较大，舵效较差；反之，舵效较好。

⑤与风、流、浅水等外界因素有关　向上风旋回时的舵效，不如向下风旋回时好；浅水航行，由于水阻力增大，舵效就不及深水中好。

⑥与舵机性能有关　电动液压舵机性能较好，舵来得快、回得也快；电动舵机来得快、回得慢，且不易把定。

二、旋回圈及其要素

船舶以一定的速度（一般用全速）航行时，转动一定舵角（一般为满舵）后，船舶重心所移动的轨迹，叫做旋回圈，又称回转圈（图 2-15-5）。

旋回圈要素有：

（1）**偏距或反移量 L_k**　转舵后，船舶重心向转舵相反一侧横移的距离，一般为船宽的一半。

（2）**前距或进距 A_a**　开始转舵到航向转过任一角度时重心所移动的纵向距离。一般所说的前距，是指航向转过 90°时的前距，其距离最大，约为旋回初径的 0.6～1.2 倍。

（3）**横距或正移量 T_r**　开始转舵时到航向转到 90°时，船舶重心之间的横向距离，为旋回初径的一半。

图 2-15-5　旋回圈

（4）**旋回初径 D_T**　自开始转舵到航向转过 180°时，重心位置之间的横向距离，约为 3～6 倍船长。

（5）**旋回终径 D_o**　船舶作稳定旋回时的直径，为旋回初径 D_T的 0.9～1.2 倍。

（6）**旋回时间**　船舶旋回 180°或 360°所需的时间。

（7）**偏角 β**　船舶旋回时，船的艏艉线和船舶运动轨迹在重心处的切线所成的夹角。

船舶旋回时，艏偏里的幅度小，而艉偏外的幅度大；在旋回时要务必考虑到留有艉偏外所需的安全距离。

三、船舶旋回运动的三个阶段

船舶的旋回运动分成三个阶段，这三个阶段是互相密切联系的，前一阶段运动中同时也孕育着产生后一阶段运动的因素。

第一阶段，也称变动阶段。指船舶在转舵后的短时间内，由于船舶本身的惯性作用，船首并没有立即发生转动，而是几乎保持直线向前运动 1～2 倍船长后，船舶开始向转舵的反方向横移和向内倾斜。

第二阶段，也称过渡阶段。指由于水的阻力逐渐增大，船的横移逐渐减少，船舶开始向转舵侧旋回，船速进一步下降，旋回轨迹变为弧线，并出现离心力，使船舶由内横倾变成向外横倾。横倾的角度与船的稳心高度和旋回

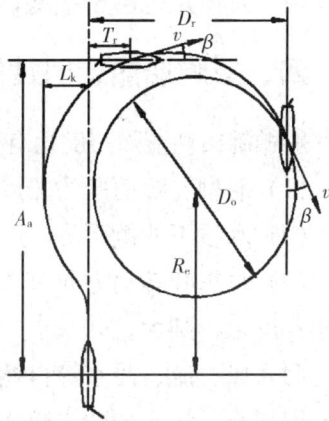

速度有关，最大可达 10°多。

第三阶段，也称稳定阶段。在这一阶段中，旋转速度和船速不再改变，各作用力及力矩也趋于平衡，船舶开始做稳定地近似圆周运动。

四、影响船舶旋回性能的因素

船舶旋回性能除与舵角有关系外（舵角大，旋回圈小），还与下列因素有关：

（1）船型　短而肥的船旋回圈小；长而瘦的船旋回圈大。

（2）水线下的侧面形状　水线下面积较大的船，旋回圈大；反之，则小。

（3）与车叶转动方向有关　船舶旋回方向与车叶转动方向相反时，旋回圈小；反之，则大。

（4）风、流、浅水等自然因素的影响　顺风、顺流旋回圈大；逆风、逆流旋回圈小。浅水中的水阻力大，舵效差，旋回圈增大。

（5）与纵倾有关　艉倾增大，旋回圈增大。如果艉倾增加 1％船长，旋回初径将增加 10％左右；反之，则旋回圈变小。

第三节　船速和冲程

本节要点：船速分类；冲程的含义及影响冲程的因素。

一、船速分类

（1）额定船速　主机可供海上长期使用的最大功率，称额定功率。额定功率下的转速，称额定转速。在可以忽略水深影响的深水域中，在额定功率与额定转速条件下，船舶所能达到的静水中航速，即为额定船速。

（2）海上船速　主机按海上常用输出功率和海上常用转速运转时，在平静深水域中取得的船速，即为海上船速。

（3）港内船速　港内船舶密集、水深较浅，而且弯道也较多、用舵频繁，为便于船舶操纵、避让和保证船舶航行安全，港内船速一般为海上常用转速的 70％～80％。

二、冲程

1. 冲程的含义

船舶的冲程，是指船舶在给定的速度中用停车或倒车，直至船舶完全停止前进。这段时间内船舶前冲的距离，又称惯性。一般可分为停车冲程和倒车冲程。冲程的大小，是衡量船舶停船性能优劣的重要指标。

船舶驾驶员掌握本船的冲程，是防止船舶发生碰撞，正确进行船舶操纵的重要环节。在靠泊操纵、狭水道航行以及雾航中，都要求船舶驾驶员能根据本船在不同速度下的冲程，来决定当时应采取的车速和决定停车或倒车的时机。

2. 影响冲程的各种因素

①船舶载重越大，其冲程越大。

②在载重不变时，航速越大，它的冲程越大。

③顺流时冲程大，顶流时冲程小。

④空船或上层建筑面积大的船，顺风时冲程大，顶风时冲程小。

⑤船体水线以下不光滑（如锈蚀、修船时加的覆板或水中寄生物等），因摩擦力增加，使冲程减少；反之，新船或经过坞修的船，冲程增大。

⑥浅水中，船底摩擦阻力增大，使冲程减少。

⑦主机的倒车功率大，螺旋桨的倒车拉力大，冲程小。

⑧主机换向时间越短，冲程越小。

影响冲程大小的因素很多，而且其中每个因素本身也是变化的，驾驶人员应该在实际操纵中注意观察，积累资料，分析原因，从而更好地掌握船舶的冲程性能。

第四节　外界因素对船舶操纵的影响

本节要点：风对船舶操纵的影响；流对船舶操纵的影响。

一、风对船舶操纵的影响

风直接作用于船舶的水上部分，它不仅使船舶向下风漂移，同时，使船舶产生偏转。特别是在港内操纵时，由于船舶速度比较慢，风的影响更加显著。船舶漂移和偏转的规律，与船舶重心 G、风压中心 A 及水动力中心 W 三者的位置变化关系有关。下面分别以船舶静止、前进和后退三种情况，来分析船舶受风影响下的偏转规律。

1. 船舶在静止中受风

（1）风从正横前吹来　风压中心 A 在船舶重心 G 之前，水动力中心 W

在 G 之后，因此，船舶在向下风侧漂移的同时，船首也向下风偏转。直至风从正横附近吹来，A、W 与 G 几乎重合，船首停止偏转，船舶基本上处于横风状态向下风漂移（图 2-15-6，a）。

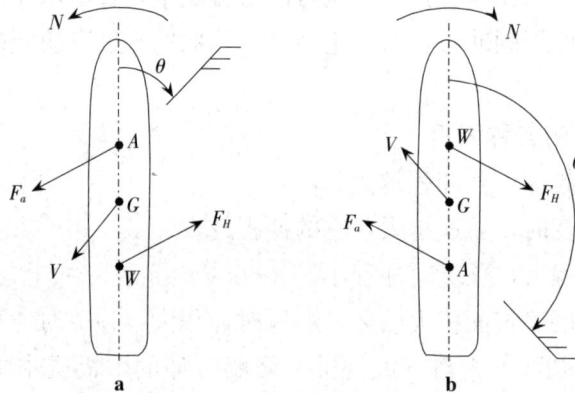

图 2-15-6　船舶在静止中受风
a. 正横前受风　b. 正横后受风

图中　θ——风舷角（船首向与来风向的夹角）；

　　　N——风压力和水动力转船合力矩；

　　　F_a——船体受到的风压力；

　　　F_H——船体受到的水动力；

　　　V——船舶运动方向。

（2）风从正横后吹来　与上述情况相反，船尾向下风、船首向上风偏转，直至风从正横附近吹来，船舶停止偏转，保持正横受风向下漂移（图 2-15-6，b）。

2. 船舶在前进中受风

（1）风从正横前吹来　A 与 W 均在 G 之前，风压与水动力所产生的偏转力矩方向相反。如果前者大于后者，则船首向下风偏，称顺风偏；反之，则船首向上风偏，称逆风偏（图 2-15-7，a）。

图 2-15-7 中　N_a——风压力转船力矩；

　　　　　　　N_H——水动力转船力矩。

空船、慢速、尾倾、船首受风面积大的船，多产生顺风偏；反之，重载、快速、艉部受风面积大的船，一般产生逆风偏。

（2）风从正横后吹来　A 在 G 之后，R 在 G 之前。风压力矩和水动力矩方向一致，结果使船尾向下风、船首向上风偏转（图 2-15-7，b）。

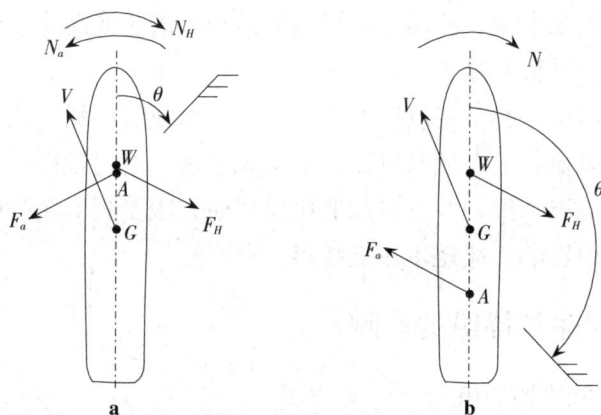

图 2-15-7 船舶在前进中受风

a. 风从正横前吹来 b. 风从正横后吹来

3. 船舶在后退中受风

（1）风从正横前吹来 A 和 W 分别在 G 的前后，同时，两力矩的方向都使船首转向下风、船尾向上风偏转（图 2-15-8，a）。

（2）风从正横后吹来 A 和 W 都在 G 后。船在后退时，W 更接近于尾部，船舶受水动力比受风的压力大得多。这时船舶的偏转，主要是在水动力偏转力矩作用下、船首向下风、船尾向上风偏转，即艉找风。若风从左舷正横后吹来，在螺旋桨横向力和排出流横向力作用下，船尾向上风偏转更为显著（图 2-15-8，b）。

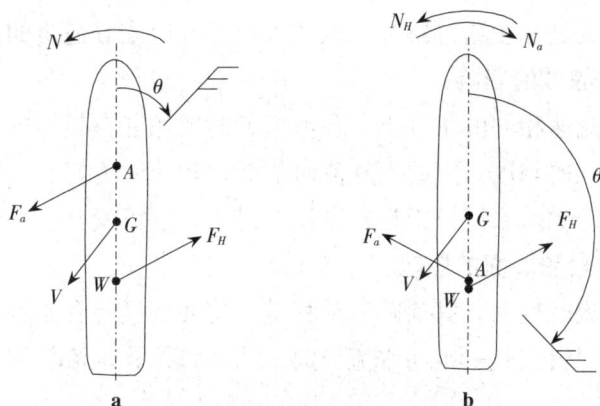

图 2-15-8 船舶在后退中受风

a. 正横前受风 b. 正横后受风

综上所述，船舶受风影响下产生的偏转规律，可归纳为：

①船舶静止中或航速接近零时，船身将趋向于与风向垂直。

②船舶前进中，正横前来风，空载、慢速、艉倾、船首受风面积大的船

会顺风偏；满载或半载、艉倾、船尾受风面积大的船或高速船会逆风偏；正横后来风时，逆风偏更显著。

③船舶后退中，在一定风速下当船有一定退速时，船尾找风，正横前来风比正横后来风显著，左舷来风比右舷来风显著。退速较低时，船的偏转基本上与静止时情况一样，并且右舷船尾受风时，因受到倒车的螺旋桨横向力和排出流横向力影响，船尾不一定找风。

二、流对船舶操纵的影响

1. 水流对航速的影响

船舶顺流航行与顶流航行时相比，对地速度将多出两倍流速：即船舶顺流航行时，实际航速为船舶在静水中的速度加上流速；顶流航行时，实际航速为船舶在静水中的速度减去流速。

2. 水流对冲程的影响

顺流航行，冲程增大；顶流航行，冲程减小。顺流中航行，船舶停车后的减速过程非常缓慢，最后如不借助倒车或抛锚的控制，仍不能阻止船以水流相同的速度向前移动。

3. 流压对船舶漂移的影响

当船舶艏艉线与流向有一定交角时，流压使船舶向流向和船首尾向的合成方向漂移。交角越大，流压越大，漂移速度越快。实际操纵中，应警惕流压的影响。尤其是船舶通过狭窄水域的入口处，应配好适当的流压角。

4. 水流对舵效的影响

在车速和流速相同的条件下，顶流航行时船舶能在较短的距离上比顺流航行时转过更大的角度。因此，顶流时舵效比顺流时为好。一般船舶靠离码头和大、中型船舶进入港口都选择顶流时进入，以策安全。

5. 水流对船舶旋回的影响

船舶在顺流时旋回，其前距、反移量、旋回初径等要素均比在静水中旋回时大，其旋回轨迹是一条向水流方向伸展的弧线；顶流旋回时，情况正好相反。

6. 弯曲水道的水流对船舶操纵的影响

弯曲水道，凹岸的一边水深流急，凸岸的一边水浅流缓，不论涨落流，水流都向凹岸推压。

船舶在顶流过弯曲水道时，宜保持在航道中央，采用慢车、小舵角、顺凹岸保持连续内转，切忌把定，防止船首向外偏转。

顺流过弯道，如果转舵太早，水压推艉内舷而使船首向弯嘴一侧偏转，造成船首有触浅的危险；如果转舵太迟，船太近弯的一侧可能触及岸边。因此，船舶顺流过弯，同样宜采用慢车、小舵角，保持在航道中央顺凹岸连续内转（图 2-15-9）。

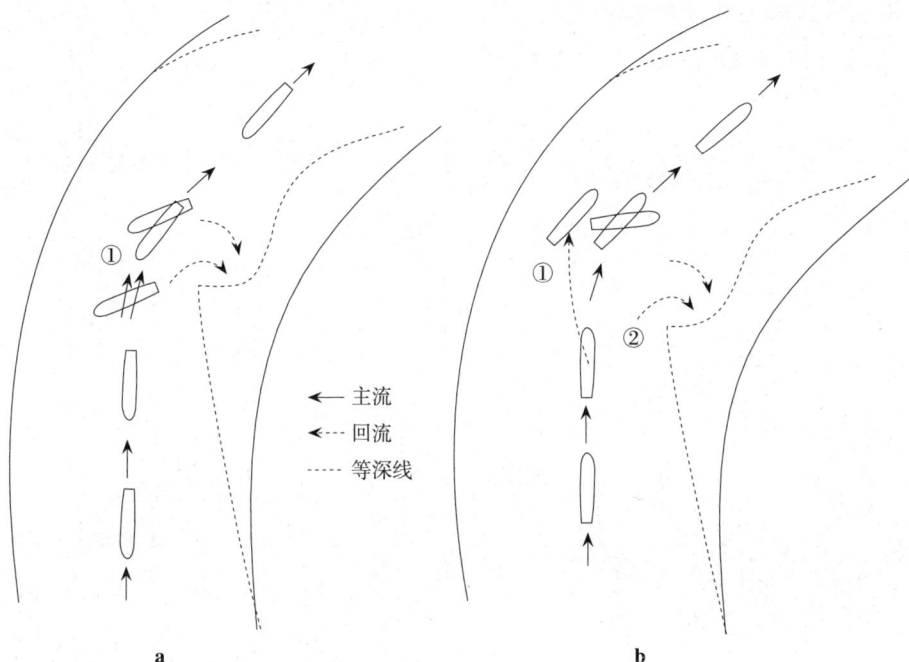

→　主流

←--　回流

----　等深线

a　　　　　　　　　　　b

图 2-15-9　船舶过弯道

a. 顶流过弯　b. 顺流过弯

此外，波浪及受限水域对船舶操纵也有很大影响，在第四章中将详细讨论这个问题。

思考题

1. 舵有哪几种？各有什么特点？

2. 影响舵效的因素有哪些？

3. 什么叫旋回圈？什么叫偏距、前距、横距、旋回初径？

4. 影响旋回性能的因素有哪些？

5. 船舶在前进和后退时，吸入流和排出流对操船各有什么影响？

6. 右旋单车船在前进中开倒车，其车舵效应怎样？

7. 船速有几种？分别是什么？

8. 什么叫冲程？影响冲程的因素有哪些？

9. 简述冲程测定的方法。

10. 简述船速测定的方法。

11. 船舶在静止中、前进中和后退中，风分别从正横前和正横后吹来，在操船时有哪些影响？

12. 流对船舶操纵有什么影响？

第十六章　渔船操纵

船舶操纵是船艺课的重点内容之一。渔船（特别是小型渔船）重复操纵远比货船频繁，这就要求渔船驾驶员必须熟练地掌握各种操纵的基本方法，保证船舶的航行安全。

第一节　掉头操纵

本节要点：渔船掉头操纵要点、进退掉头法、弯曲水道中的掉头。

渔船掉头，是船舶操纵中的经常工作。在宽阔的海面上，只要利用舵力就可一次性地顺利完成。但在港内、狭水道等狭窄水域掉头，由于环境比较复杂，往往难以利用全回转一次完成，还必须配合使用车、舵、锚等，克服或利用风流的影响，才能完成掉头操纵。

一、操纵要点

1. 利用自身的倒车效应掉头

对于右旋单车船向右掉头较为容易，由于在掉头过程中使用倒车，船首向右偏转，有利于掉头。

2. 争取较大的偏转力矩

偏转力矩越大，则船首偏转越大，船舶旋回圈就小，冲距短，掉头所需的水域就小。短时间快车、大舵角，可使船舶产生较大的偏转力矩。

3. 利用风流掉头

风的作用可使船舶发生偏转。后退时，艉找风；前进时，正横前来风船首向下风偏转，正横后来风，船首向上风偏转。顶流掉头可增加舵效，便于掉头。

4. 利用锚掉头

用锚可以刹减船速、控制船舶的旋转半径。当水域情况采用别的方法不容易进行掉头操纵时，可抛锚，用锚限制船舶的活动范围。

船舶在进行掉头操纵时，一定要注意选择适当的掉头时机。在潮流港掉头，务必使船舶抵达掉头地点时，潮流已趋缓和，切忌在急涨或急落流中掉头。此外，还要注意保持操作的连续性，若中途停顿，很可能导致掉头操纵的失败。

二、掉头操纵

1. 进退掉头法

进退掉头法，是船舶掉头操纵中常采用的方法。如图 2-16-1，位置❶时用进车右满舵到位置❷，此时立即倒车改左满舵，船退到位置❸即改进车，操右满舵。

2. 弯曲水道掉头

弯曲水道中，凹岸的一边水深流急，凸岸的一边水浅流缓，不论涨落流，水流都向凹岸推压。船舶在弯曲而又狭窄的水域掉头时，可以利用上述特点，顶流掉头时，应把船首放在急流一边，船尾靠近缓流一边，使船迅速冲向顺流，将头掉完；顺流掉头时，则应把船首放在缓流一边，船尾放在急流一边，利用船首尾两端所受水流压力不等加速船舶偏转，达到迅速完成掉头操纵的目的。

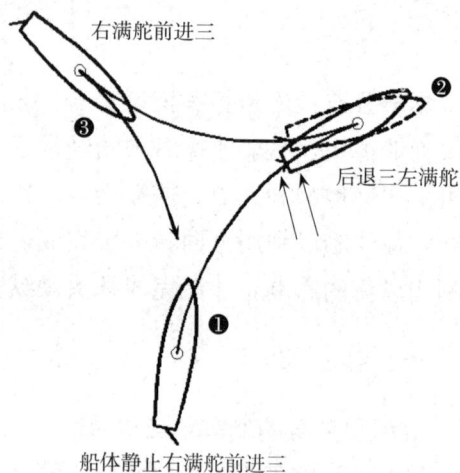

图 2-16-1　进退掉头法

第二节　锚泊操纵

本节要点：锚的种类；锚地的选择；抛锚；偏荡与走锚；值锚更；起锚。

利用锚和锚链对海底的抓力，来制止风、流等外界因素对船舶的推移，使船舶停留在某一位置上，这就是锚泊。渔船在进港避风、候潮、进口检疫、锚地卸鱼或装载货物、等待泊位等情况下都要进行锚泊。锚泊操纵的整个环节，包括锚地选择、锚泊方法和值锚更等。

一、锚的种类

锚的种类很多，目前，我国北方中小型渔船常采用的锚有：

（1）海军锚　又称老式锚，是有杆锚的一种。锚头和锚杆连成一体，在锚杆上端穿1条横杆。其优点是：抓力大，结构简单，易保养；缺点：锚爪易与锚链绞缠。

（2）两爪锚　又称对爪锚，是有杆锚的一种。横杆装在锚底部。优点：结构简单，操作方便，价格低廉；但仍具有锚爪易缠锚链的缺点。

（3）多爪锚　常见有三爪、四爪、五爪等，一般用于打捞丢失在海底的缆绳、网具或其他物品。

二、锚地的选择

锚地的好坏，直接影响到抛锚质量的好坏，也影响到船舶的安全。一般选择锚地主要考虑到下列因素：

（1）避风条件　锚地应能使船舶免受强风的袭击，并尽可能靠上风位置。例如，根据天气预报将要刮东北风，那么，在选择锚地时就要考虑到在东北方向要有能挡风的陆地或障碍物。

（2）水深与底质　一般选择2倍吃水的水深；若在大风浪时，应选择3～5倍吃水水深抛锚比较适宜。深水抛锚应多放锚缆（链），否则会影响锚的抓力。底质最好选择泥底或泥沙底，沙底或硬泥底锚不易吃力，抛锚效果较差，石底不宜抛锚。

（3）水流　锚地的流速宜较缓，并且流向要相对稳定。

（4）回转余地　锚地应有足够的回转余地。船舶抛锚后，随风、流方向的变化，使船舶围绕锚位回转，也可能会有走锚的船。这样锚地水域的回转余地一定要有足够大，在这个回转余地里，不应有障碍物或其他船舶。

（5）明显目标　在锚地附近尽可能选择导航叠标和显著物标，便于测定船（或锚）位，提早发现走锚。

三、抛锚

1. 抛锚前的准备工作

①当渔船接近锚位时，通知轮机长、船副或负责锚泊的船员，做好准备抛锚工作。

②有锚机的渔船，提前检查锚机是否能够正常工作。

③检查锚、锚缆上有否缠绕杂物，如有尽快清理干净。

④准备好锚球或锚灯。

2. 抛锚操纵

在天气良好、水域宽阔、锚泊时间不长的情况下，都可抛单锚。抛单锚操纵，是锚泊操纵中常用的方法。一般有两种抛法：

（1）**后退中抛锚法** 船舶顶流或顶风以慢速驶向锚地，适时停车或倒车，船舶抵达锚位、惯性消失并开始有后退速度时将锚抛下。在渔船继续后退中，徐徐松出锚缆并注意锚缆方向，不要使锚缆过紧，直至所需长度。如果船舶接近锚位时不是顶风流，若环境许可，可掉头顶风流再后退抛锚。

（2）**前进中抛锚法** 若条件不允许顶风流时，也可顺风流前进抛锚。具体操纵方法为：船舶以最慢速度接近锚位，至适当距离停车，到锚位时抛锚并松锚缆，船以微速前进使锚抓底吃力，然后以大舵角转向顶风流，或抛锚后停车，船在流的作用下使锚抓底吃力并在流的作用下转向，使船顶风流。

以上两种抛锚方法均要求船速不能太快，以免挣断锚缆。若船舶偏风流时，应抛向受风流舷或风力和流力较大的一舷，以免锚缆压在船下或缠在螺旋桨上，在起锚动车时损坏锚缆和螺旋桨叶。此外，一般在水不太深时，可先放出一部分锚缆，待锚吃力后，再放出预定长度。当水深超过 15m 时，抛锚前应先将锚放到水深一半左右时刹住一下，然后再抛，以免一次抛出去，出缆速度太快而不能很好地控制。

如果当时气象情况和锚地条件不太好，为保证渔船能够安全锚泊，可以考虑抛出串连锚（图 2-16-2）。

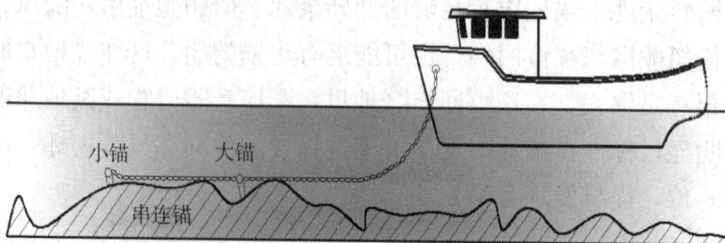

图 2-16-2 抛串连锚

四、偏荡与走锚

（1）**偏荡** 单锚锚泊中，遇有大风浪或风流不一致时，船首大幅度地忽左忽右摆动的现象，即为偏荡。偏荡严重时，可引起走锚或断缆。

防止偏荡最有效的方法是抛"立锚"，即观察船首在左右偏荡至中间位置时，抛下另一主锚，用短缆使锚保持拖底状态。若仍有偏荡发生，可起锚改抛八字锚。

（2）走锚　船舶受强风流等外力推压，以致拖着锚和缆发生移位的现象，称走锚。引起走锚的原因很多，主要有船舶偏荡、锚缆太短、底质不好、风浪太大和锚重不够等。

走锚在锚泊中威胁极大，是船舶出现海损事故的一个主要原因。因此，船舶锚泊时，要注意观察，及时发现走锚，采取必要的措施。

一般判断是否走锚，有下列几种方法：

①观察正横方向的叠标方位有否变化，若有，则说明船在走锚。

②锚缆时松时紧并有间隙性地跳动。

③把测深锤沉到海底，若测深绳沿舷侧向前移动，说明船走锚。

发现以上几种情况，即说明船在走锚。当发现船在走锚后，应立即松放锚缆，必要时抛另一锚。若仍制止不了走锚，应备车起锚重抛。情况危急来不及起锚时，应弃锚出海抗风。但应系上锚标，以备日后寻找。

五、值锚更

抛锚后，为了防备天气的突然变化，防止走锚、断缆以及由此造成海损事故的发生，同时，为了使号灯、号型正常发光悬挂，船上应安排值锚更，发现情况立即采取必要的安全措施。

六、起锚

起锚前，驾驶员应先观察好锚缆伸出的方向，或船上有关人员应站在船首负责指挥。若锚缆方向和船首尾方向不一致，或锚缆吃力过紧，驾驶员应操舵顺锚缆方向开微速进车，以减少锚缆的受力。若锚抓底过牢，可适当操舵使船左右摆动，将锚先松动后，再起。锚离底后，要注意用车、舵控制船舶的漂移。

第三节　靠离码头操纵

本节要点：靠码头的操纵要领；靠泊前的准备工作；靠码头操纵方法；

离码头操作要领；离码头的操纵方法。

靠离码头是船舶操纵中比较常用的一种基本技能，要求驾驶人员必须沉着冷静、心细胆大，运用良好的船舶操纵艺术，随时把船置于最有利的位置以获得最大的机动余地，将靠离码头工作安全、稳妥地完成。

一、靠码头

在靠码头的全过程当中必须牢记：采用慢速，及时停车；保持船在舵力的控制下，采取正确的角度向码头靠近，等抵达码头近旁，略用必要的倒车，让船平稳地靠拢码头，再递上系缆。这一系列的动作，是顺利完成靠码头的基本原则。

1. 靠码头的操纵要领

（1）**控制船速**　船舶在接近码头时，如速度太快，惯性较大，而且在使用倒车时，船位不易控制，容易酿成碰撞码头的事故。但如速度太慢，舵效不好，操纵不灵活，所以，渔船要根据本船停车淌航的距离及风、流的影响，在到达泊位前选择本船合适的速度。如发现船速太快应提早减速，必要时预先使用倒车。普遍作法是：只要能保证舵效，速度宜尽量慢些。

（2）**选好靠拢角度**　所谓靠拢角度，是指船舶艏艉向与码头线之间的交角，它取决于港内风、流的情况，原则上要求使船与风（或流）的交角越小越好。一般选择靠拢角度为 15°～20°。根据风、流情况可适当加减，当顶流或吹拢风时，靠拢角度要小些；在吹开风时，靠拢角度要大些。

（3）**选好横距**　横距是指船首抵达泊位后方时至码头线的垂直距离。任何方式的靠泊，在船舶进入泊位前总存在一个合理选择横距的问题。一般情况下，横距应大于 3 倍船宽，但泊位后方无他船停靠且风流影响较小时，至少应保持 3 倍船宽。

2. 靠泊前的准备工作

（1）**靠码头的系缆配置**　小型渔船一般带 4 根系缆，即首缆、首倒缆、尾缆和尾倒缆（图 2-16-3）。首缆和尾倒缆，主要用来承受来自船首方向的风、流等外力的推压，防止船位向后移动和外张；尾缆和首倒缆，主要用于承受来自船尾方向的风、流等外力的影响，制止船位向前移动及外张。

（2）**准备工作**　包括以下几项准备工作。

①了解港口与码头有关的情况，如航道宽窄，来往船舶多少，码头的长、宽、方向等，并熟悉港章及港口信号。

②了解港内的风、流情况。

③根据以上两种情况，制订出完整的靠泊计划。

④根据靠泊计划向有关人员布置好各项工作，做到人人心中有数。

图 2-16-3 船舶系缆

3. 靠码头操纵方法

渔船一般为右旋单车船。现以右旋单车船为例，分几种情况说明靠码头的一些基本操纵方法。

（1）无风、流时靠泊 船舶在无风、流时靠泊，完全依靠车、舵的作用来完成。如果前后没有他船或障碍物，可以用较小的靠拢角度，一般约15°左右；如前后有他船或障碍物，靠拢角度可适当增大，一般约20°左右。

①右舷靠泊：船舶进港后用慢速以小角度向泊位接近，如舵效极差，可短暂用车改善。船接近泊位下端发现余速较快时，应及时停车、后退一淌航（位❶）。到达泊位中点时可扳外舷舵（位❷），然后倒车，使船逐步平行于码头（位❸），先带首缆、首倒缆，再带尾缆、尾倒缆（图2-16-4）。

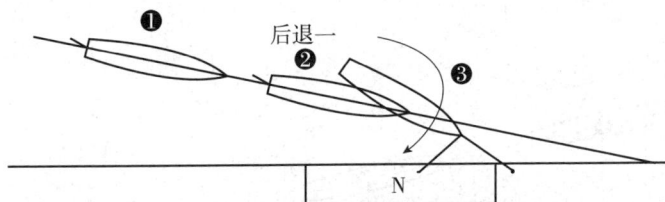

图 2-16-4 无风流靠泊

②左舷靠泊：基本操纵方法与右舷靠泊一样，但因为倒车时船尾要向码头偏转，所以靠拢角度要大些，以免船尾碰撞码头。

（2）有风、流时靠泊 在有风、流的港内，顶流靠码头已成为最安全而实用的方法。船舶顶流，舵效好，易控制泊位。所以船舶如顺流进港，宜在泊位前选择适当距离掉头，再顶流向泊位靠拢，一般不顺流靠码头。

①顶流靠泊：顶流靠泊时，为减少流压对船舶的影响，一般采用较小的靠拢角度。左、右舷靠泊的操纵方法基本相似，现以左舷靠泊为例。具体方法：如图2-16-5所示，船舶以较小靠拢角度向泊位接近（位❶），速度应比无风流时略大；当接近泊位时，略扳外舷舵，防止船在流作用下碰撞码头（位❷）。到达泊位后（位❸）迅速带上首缆、首倒缆，船尾在流的作用下向

码头靠拢（位❹），带上尾缆、尾倒缆。

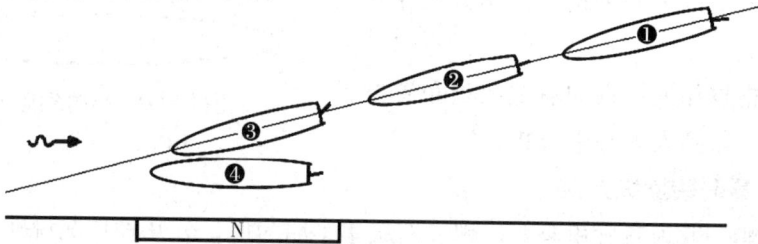

图 2-16-5　顶流左舷靠泊

②顶流吹拢风靠泊：船舶在吹拢风靠码头时，受横风影响较大，船身向下风漂移的距离就大，稍有不慎就会造成碰撞码头的危险。在靠泊时，要尽量使船平行地靠上码头，借水对船的阻力减小靠拢速度。具体做法是：船在上风位置逐渐向码头接近，距泊位 2～3 倍船宽的位置上将船停住，保持船首略偏向上风，在风压作用下船向下风偏转，逐渐平行地向泊位靠近，最终靠上码头。

如果风力太大，也可借助抛锚靠泊。靠泊时抛上风锚，用松紧锚缆的方法使船缓慢向码头靠拢，并尽快带紧首缆和首倒缆，再带尾倒缆和尾缆（图 2-16-6）。

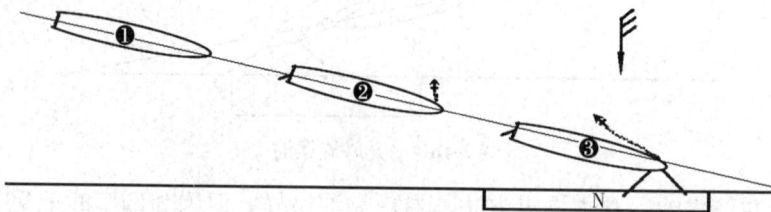

图 2-16-6　拖锚靠泊

在吹拢风中靠泊，为防止与码头或其他船舶碰撞，应多准备些碰垫。

③顶流吹开风靠泊：这时船舶因受风压向下风漂移，不容易靠拢泊位。所以一般采用较大的靠拢角度（约 30°左右），同时用适当车速来抵制风力。操纵方法：如图 2-16-7，根据当时风力用适当速度接近码头（位❶），扳里舷舵使船首偏里一点，斜向接近码头（位❷），到达泊位时（位❸）根据需要抛锚缆入水，到达位置❹时尽快带上首缆和首倒缆，使用倒车甩尾向泊位靠拢，再带尾缆、尾倒缆（位❺）。如果风力过大，船尾靠不拢，应用进车、扳外舷舵，强迫船尾靠拢码头。

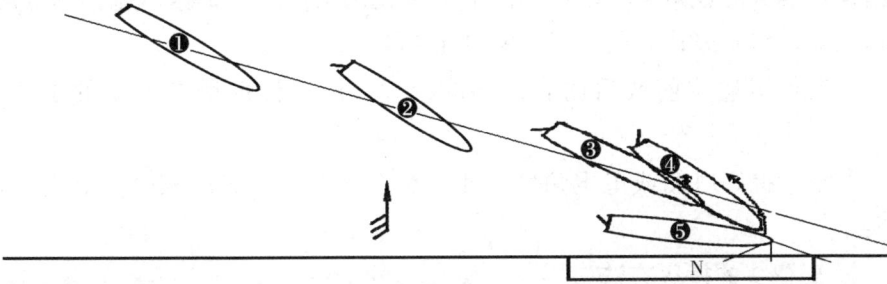

图 2-16-7　顶流吹开风靠泊

④顶流靠嵌档码头：靠泊位前后均有他船停泊的码头。这时靠泊操纵较难，稍有失误就可能和停泊船碰撞。因此，靠泊过程中，务必要把靠拢角度、船速、车舵等配合得当。

如图 2-16-8，船舶顶流慢速驶向泊位，到适当距离停车淌航（位❶），用右舵保持船身与停泊船平行（位❷）。继续淌航，保持适当余速进入泊位档子（位❸、位❹）。当到达泊位中点外档时（位❺），微速右舵，船首向里偏时马上回舵，保持与码头平行。这样反复用舵（位❻），直到船首先靠拢码头带上首缆、首倒缆，船尾在流的作用下靠拢码头（位❼），带上尾缆、尾倒缆。

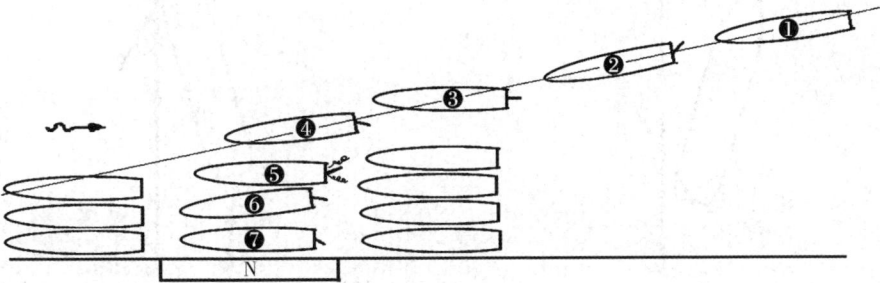

图 2-16-8　顶流靠嵌档码头

以上简单介绍的几种靠泊操纵方法，在实际操作中，千万不能生搬硬套，一定要根据风流的实际情况，具体分析，并灵活运用。

二、离码头

离码头的方法虽多，但不外乎船首先离和船尾先离两种方法。离码头是使船逐渐离开码头，危险性较小，故比靠码头操作要简单得多。

1. 离码头操作要领

①离码头操纵通常以船尾先离为好，有利于车和舵的使用，并可避免车

和舵碰撞码头的危险。小型渔船的艏或艉先离均可以，根据风流作用方向，顶风（流）艏先离；顺风（流）采用艉先离。

②要保留泊位前或后面有足够的余地，以保证船舶在安全的水域内回旋。

③要掌握好甩艏或甩艉角度，使船舶在进车或倒车时安全顺利地驶离码头。

2. 离码头的操纵方法

（1）船首先离码头　留艉倒缆，倒车并打内舷舵，船将向外偏移。当偏离适当角度时（一般30°左右），收艉倒缆，进车摆舵驶离码头（图2-16-9）。顶风（流）时，可利用风（流）力，不用倒车，船首自然偏离码头。

（2）船尾先离码头　留艏倒缆，收回其余各缆，进车打内舷舵，首倒缆吃力后，船尾将向外偏移，船首顶靠码头。当船尾离开一定角度后（15°～20°），收回首倒缆，倒车摆舵退离码头（图2-16-10）。若顺风（流）并且影响较大时，可直接利用风、流压力使船尾离开。

图2-16-9　船首先离码头　　　　　　　图2-16-10　船尾先离码头

思考题

1. 简述船舶掉头操纵的要点。

2. 掉头操纵有几种方法？分别简述之。

3. 锚有几种？各有什么优点？

4. 选择锚地时主要考虑哪些因素？

5. 抛单锚有几种抛法？抛锚时应注意哪些问题？

6. 什么是偏荡？如何防止偏荡？

7. 判断是否走锚的方法有几种？

8. 靠码头的基本要领是什么？

9. 靠码头前应做哪些工作？

10. 简述顶流右舷靠泊的操纵过程。

11. 简述顶流、吹开风靠泊的操纵过程。

12. 简述顶流、靠嵌档码头的操纵过程。

13. 简述离码头的操纵要领。

14. 小型渔船系缆主要有几根？各有什么用途？

第十七章　特殊条件下的渔船操纵

特殊条件，一般是指浅水域、狭水道、大风浪、冰区和能见度不良等。它们具有不同的特点，这些特点决定了在这些条件下渔船操纵的特殊规律。所以，要求渔船驾驶人员在熟悉渔船操纵性能的同时，还必须掌握在各种特殊条件下的操纵规律，确保船舶安全。

第一节　受限制水域中的渔船操纵

本节要点：浅水中船体下沉和纵倾变化；运动阻力增加和船速下降；浅水对操纵性和旋回性的影响；浅水中航行的富余水深；狭水道的特点及其与操纵的关系；狭水道水动力变化及其对操纵的影响；进入狭水道前的准备工作；狭水道中渔船的安全操纵。

所谓受限制水域，是指相对于所操纵的船舶尺度来说，水深较浅的水域（通常称浅水域）和可航宽度较窄的水道（通常称狭水道）。船舶在受限制水域中航行时，由于受到各种水动力变化的影响，会出现与深水或宽敞水域航行不同的浅水效应以及岸壁效应等。本节将讨论这些效应及其对渔船操纵的影响。

一、浅水对渔船操纵的影响

船舶进入浅水（指船底富余水深小于船舶吃水的1/3）区域时，将出现很多比较明显的现象。如船首波浪很少破碎而使水花声变小、船尾的追迹浪变得特别明显、螺旋桨桨叶会翻出混浊的泥浆水；船舶的浮态和操纵性能与深水航行时相比会出现许多不同，典型的有船体下沉、船速下降和舵效变差等。

（一）船体下沉和纵倾的变化

1. 船体周围水压分布和流速的变化

船舶在航行中，船体周围的水压力沿船长分布的变化与船型的关系最直接。船型肥大（方形系数大）、航速高时这种变化更加明显，同时也使兴波增大。两侧压力变化波及的范围很大，在船首和船尾的两侧形成两个高压区，而在船中附近的两侧形成低压区。结果在船首和船尾两侧形成两个高水位区，而在船中附近的两侧就形成了低水位区。

　　船舶航行在浅水区时，由于海底的效应明显，相当于船底水下空间在垂向上变狭小，本来在深水中空间流动的水（图 2-17-1）只能在水平面上流动，流动的空间变小了，船底水流的速度就得变快，并且水越浅船底水流流速越快（图 2-17-2）。

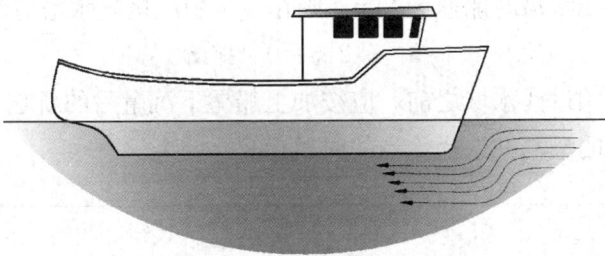

图 2-17-1　深水域船底水流流动状态

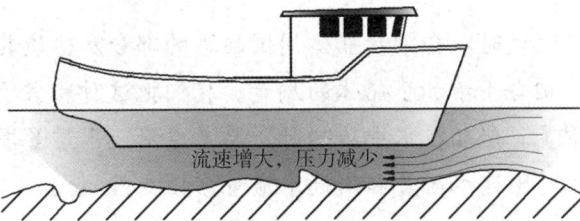

流速增大，压力减少

图 2-17-2　浅水域船底水流流速加快

2. 浅水中船体的下沉和纵倾

　　实际上，即使在深水中航行的船，由于船体周围水压力的变化，也会造成船舶两侧水位下降，其结果将导致船舶整体下沉。这种下沉的程度，随着船型肥大以及航速提高而加大。对于船体较长的大吨位船舶在中、低速航行时，船首的下沉量要比船尾下沉量大，由此会产生纵倾的变化。

　　对于快速船，当航速增加时，船首下沉量首先达到极大值后便不再下沉，随着船尾下沉的增加而逐渐恢复到原来的纵倾状态。当速度继续增加时，会出现尾倾，直到尾倾达到最大值，慢速船一般不会出现这种状况。

　　在浅水区航行的船舶，不但兴波明显，而且随着船底下方水流速度的增加和水压力的减小，使船体下沉和纵倾比在深水航行时更加明显，对船舶操纵的影响也更大，下沉到一定程度时会发生船底拖底（海底）事故。所以，船舶进入浅水区航行时，在保证船底有足够富余水深前提下，还要谨慎操纵船舶并降低航速通过浅水区，防止发生拖底或搁浅事故。

由于船舶种类、尺度大小、线型肥瘦的千差万别，用实船测定方法准确地得到不同水深下的浅水船体下沉数值，实际上很难做到。一般情况下，船舶航行时都要保持适当的尾倾，因此为了顺利通过浅水域，只考虑尾吃水的增加值即可，可采用以下经验公式，估算船底下沉量（船尾吃水的增值）：

船尾吃水增值（m）＝5.2％×船速（kn）

例如，过浅水域时船速为 8kn，则在浅水中船尾吃水增值为：

$$8×5.2\%＝0.416m$$

显然，船舶过浅水域之前，应按加上船尾下沉量后的新吃水，来计算过浅水域时所需的潮高并选择恰当的时机。

小贴士

附连水质量及附连水质量惯性矩

船舶在水中运动时，会带动船体周围临近的部分水体使其产生运动。从能量的角度看，相当于增加了船体的质量。我们把这种相当于增加的质量部分称为附连水质量。船舶在水中旋回时，要考虑附连水质量惯性矩。水深越小，船体越肥大，附连水质量和附连水质量惯性矩就越大。

（二）运动阻力增加和船速下降

1. 横向阻力增加

船舶在浅水区航行时，由于附连水质量和附连水质量惯性矩的存在，使船舶在浅水中受到的横向阻力增加，旋回时需要的转船力矩加大，这对船舶在浅水区航行或靠泊操纵时造成的影响是不能忽视的。水深越浅，横向阻力及转头阻力矩增加的越明显，当水深与吃水比小于 2 或离岸较近时会变得更大。

2. 船速下降

与在深水航行时相比，船舶航行于浅水中，船体周围水的压力变化更加显著，会同时出现船体下沉、纵倾增大、兴波增强、向后流速加快等现象，从而使船体阻力增加；螺旋桨盘面附近伴流增加，同时，涡流增强使螺旋桨推进效率减低。这两方面因素造成船速明显下降。

（三）浅水对操纵性和旋回性的影响

1. 航向稳定性提高

船舶进入浅水区域时，由于船体下沉、转动的阻力力矩增大，使得航向稳定性能比在深水时有所提高。

2. 浅水对冲程的影响

浅水航行时由于船体下沉、纵倾增加、兴波增大，造成船舶所受水阻力增大，同时，螺旋桨推进效率降低，最终使船速下降。因此，船舶在浅水中的冲程变小。尤其当船刚停车，余速还比较大时，浅水阻力增加的比较多，对降低船速、减少冲程起主要作用；当停车后余速不大时，上述各种因素的影响同时减弱，虽然此时水阻力仍比在深水航行时大，但已经不是很明显，减速效应明显小了，此时浅水对减少冲程的作用不大。

3. 旋回性能下降

船舶航行进入浅水域后，水对船舶的阻力增大，导致航速下降，同时，船体回转阻力力矩增大，旋回性能是下降的。当水深与吃水之比小于2时，由于定常旋回角速度的下降，定常旋回直径增大。尤其当水深很小时，甚至会出现舵效失常，使船舶无法达到预期的操纵效果。

（四）浅水中航行的富余水深

1. 富余水深

在浅水域航行时，经常会出现舵效不灵的情况，使船舶出现无力操控的状态，甚至只有在外力帮助下才能安全操纵。同时，由于船体的进一步下沉会危及船体、推进器以及舵的安全，影响主机的正常工作。所以，应使实际水深除了超过船舶吃水之外，还要保证有足够的富余量，这个富余量通常称为富余水深。

2. 富余水深的构成及决定因素

（1）富余水深的构成　为了不使船底触及海底，要考虑到以下影响富余水深的因素：

①海图水深的测量误差。

②海底地形及其变化，如高低不平或出现障碍物。

③当地潮高误差和大气压变化引起的水位变化，舷外水密度改变造成的吃水变化。

④航行中的船体下沉，除正常下沉之外，还要考虑船舶上下起伏的位移

以及摇摆形成的吃水增量。

⑤为避免海底的泥沙从主机冷却水入口被吸入，要保证有足够的富余水深。

（2）富余水深的决定因素

①船舶自身状态，主要指船速、吃水和纵倾等。

②环境条件，主要指海况、气象、水道宽度、岸形和通航密度。

二、狭水道中渔船操纵

狭水道一般是指船舶不能安全自由航行和操纵的可航水域，也就是水域的宽度、深度或宽度深度都受限制的水道。具体包括港口水域、江河水道、狭窄海峡、岛礁区、雷区、冰区和其他由于某些原因禁航水域的受限航道。

很多国家在一些通航密度较大的水域都实行"分道通航制"，设置了船舶航行的范围和航线，并做了很多规定。船舶在各自的分道上航行都受到一定的限制，所以实行分道通航制的水域也应为狭水道。

（一）狭水道的特点及其与操纵的关系

①航道狭窄、弯曲、障碍物多，要求能根据实际情况应用适当的导航方法，确保船舶航行在计划航线上。

②航道水浅、浅滩多，在通过前必须准确计算潮时、潮高，注意浅水对船舶操纵的影响。

③风、流的影响较大。狭水道一般流速较大，流向也比较复杂（如回流、往复流等）。在水道中航行因船速受限（特别是港内水道），风、流的作用就更加明显。

④有利于导航，定位的物标多。海峡、岛礁区可供定位的自然物标多，港口航道都设有浮标、岸标，应尽量利用这些有利条件。

⑤航行中物标方位变化快，一般没有充分时间边对照海图边操纵船舶。特别是夜间航行，要求操船者熟记主要物标，以便导航。

⑥航道弯曲多，影响视界；航道狭窄避让他船的余地小；船舶密度大，会遇各类船舶多。要求操船者严格遵守避碰规则和各港港章，谨慎驾驶。

（二）狭水道水动力变化对操纵的影响

在水深受限、同时水道宽度也受到限制的时候，船体受水流作用会更加明显。来自岸壁及他船的作用，会引起本船所受水动力的变化，从而对操纵带来影响。

1. 岸壁效应

船舶在宽度受限的浅水中航行时，由于兴波作用引起的波浪会在浅水中产生反作用力，当船舶偏到水道一侧时，船体受到的推向近岸一侧的横向力称为岸吸力。船舶受岸吸力作用向岸边"吸拢"的现象叫岸吸。与此同时，船舶还受到向中央航道方向转动力矩的作用，这种现象叫岸推，这个转动力矩称为岸推力矩，岸吸与岸推总体称为岸壁效应（图2-17-3）。

航行的实践经验表明，船舶在狭水道和水深受限的水域航行时，存在的岸吸和岸推这种岸壁效应的强弱与下列因素有关：

①船舶离岸越近，岸壁效应越明显。

②水道宽度越小，岸壁效应越明显。

③船舶航速越快，岸壁效应越明显。

④水深越浅，岸壁效应越明显。

⑤船型越肥胖，岸壁效应越明显。

图 2-17-3　岸吸力与岸推力矩

2. 浪损

船舶在受限水域航行时，船首和船尾的兴波要比在深水航行时大，兴波的波高与船速和船舶尺度的大小有直接关系。这种兴波直接冲击岸边，对岸边的设施、靠泊船舶以及作业中的工程船有很大影响。这些船会因为由此产生的船首摇摆和起伏运动，造成断缆或船舷擦伤。所以在港内、内河航道的港章和有关航行条例中，均有限速的规定，航行的船舶都应严格遵守；在港内航行时，要注意控制航速，遇到特定的慢速信号或遇前方有小船和码头附近有小舢板时，还需进一步降速，防止浪损出现，以免造成严重后果。

3. 船间效应

两艘船互相接近又近乎平行，或一艘船平行接近停泊船时，两艘船都会使对方受到类似于岸壁效应的水动力作用，一般会有以下几种情况：

（1）**波荡**　两船平行接近且其中一船处在另一船的艏艉散波的区域时，一船散波的波峰会对另一船形成波推和波阻作用，船舶会左右摆动。同时，还会产生纵荡和垂荡等现象，称为波荡。这种现象与兴波激烈程度和追越船的尺度及吃水大小有关。若兴波激烈，追越接近的船舶尺度和吃水都很小时，被引起的波荡就很显著（图 2-17-4）。

（2）**偏转** 船舶与他船接近时，若船首和船尾分别处于他船的高水位和低水位区域，船首或船尾在他船的散波的推移作用下，不仅产生波荡，还会使船首或船尾发生偏转。被接近的他船航速越快，兴波越激烈，接近它的船被引起的偏转就更明显；两船越接近，这种偏转也越明显；两艘船的尺度相差越大，尺度小的船受到的影响越明显。

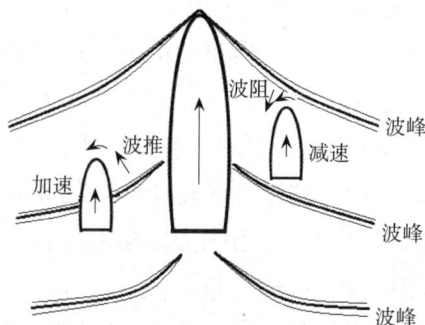

图 2-17-4　波　荡

（3）**吸引与排斥** 发生在两船之间的吸引与排斥是一种相互作用，这种作用由一船两舷所受到的压力差的方向决定，这种现象有时会与偏转同时出现。这种现象在两船对驶或接近对驶时相持时间较短；如果在两船追越中出现这种现象，由于相持时间较长，很容易出现碰撞事故。

两船接近航行时，要注意如下几个问题：

①当间距小于两船船长之和时，两船就会产生吸引和排斥的作用；间距越小，作用越明显，若速度较快，可能产生碰撞。

②两船航向相同并航比航向相反对驶时相持的时间长，相互影响较大。

③航速越高，影响越大；航速之差越小，影响也越大。

④两船尺度相差越大，其中，小船受到的影响越大。

（4）**船吸现象** 两船平行对驶或追越并航，若间距较小，两船间流速增大，两船周围水压力都会发生变化，两船间的水压力比外舷压力小，这样形成的压力差使两船偏离各自航线或出现转头，同时会相互靠拢，这种现象称为船吸（图 2-17-5）。

船吸现象造成的船舶碰撞，有下面几种情况：

①追越：若小船追越大船，当小船的船首接近大船的船尾时。两船的散波互相排斥，使船分开并同时发生偏转；当两船船尾平行接近时，小船船尾被向外推，船首向内偏转而出现碰撞大船中部的危险（图 2-17-6）。

当追越船与被追越船的中部平行接近时，由于间距小，中间流速快而使水压力减小，致使两船互相靠拢而发生碰撞，尤其当两船的尺度接近，这种碰撞的危险更大；当小船的船尾与被追越的船首平行接近时，小船船尾被向

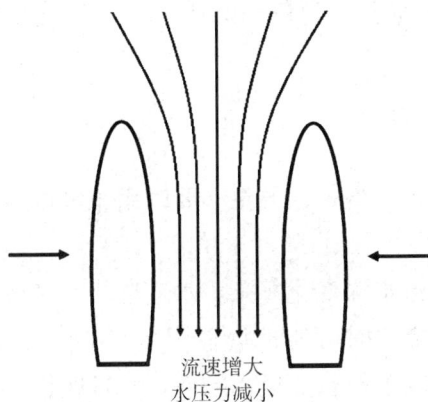

流速增大
水压力减小

图 2-17-5　尺度接近的两船尺度平行接近时

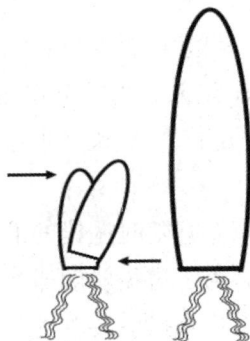

**图 2-17-6　小船船尾与大船船尾
接近平行时**

外推，船首转向被追越船，这时碰撞危险最大（图 2-17-7）。

　　根据上述分析，追越时由于相持时间较长，为了避免船吸导致碰撞，两船横向要保持一定安全距离，被追越船要尽量减速让出航道，以使追越船尽快通过。

　　②对遇：对遇时尽管两船相对速度大，但会遇时间较短，所以碰撞的危险相对较小；但当两船间距较小时，特别是其中一船的艏、艉分别处在他船一舷高、低压区时，也会出现明显的转头现象，可能导致船首或船尾与他船相撞。

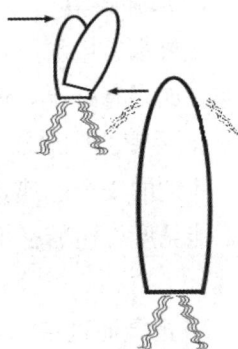

**图 2-17-7　小船船尾与大
船船首接近时**

　　③近距离驶过系泊船：以很近的距离驶过系泊船时，也存在船间的相互作用。对于航行的船，系泊船的作用相当于岸壁效应；系泊船则主要受航行船的兴波作用。

（三）进入狭水道前的准备工作

1. 全面分析和研究狭水道的情况

　　驾驶员应查阅有关航路指南和该航道的航行经验介绍，结合当时的潮汐、气象等资料，综合分析水道航行条件。

　　①水道的水文地理情况，包括明显的山峰、岛屿、岸线、大的弯曲地段；有碍航行的浅滩、暗礁和障碍物等在航道中的位置；水道中流向、流速及其变化的情况。

　　②航道的宽度、水深及其在船舶避让时，允许偏离航线的最大范围。

③熟悉各助航标志如岸标、浮标的位置、颜色和灯质以及相互之间的距离。

④熟悉可供安全锚泊的地段及位置。

2. 进入特别狭窄水道时的安全措施

①进入特别狭窄水道之前要做好主机准备，以便在必要时用车采取避让措施。

②做好随时抛锚的准备，狭水道水流水深变化复杂，水道弯曲且来往船只多，为了避免船舶碰撞和触礁搁浅，需要时可随时抛锚。

③检查操舵装置的状态，因为在狭水道航行要经常转舵，一旦舵机出现故障，就可能造成碰撞和触礁搁浅。

④船长在进入狭水道航行之前，必须到驾驶台指挥。

（四）狭水道中渔船的安全操纵

1. 加强瞭望

在狭水道中航行，特别是在夜间进入狭水道时，必须安排可靠人员负责瞭望。如果有必要，还应使用雷达协助瞭望。

2. 用安全航速航行

所谓的安全航速，并没有确切大小，是根据本船的操纵性能、航道、潮流，能见度、通航密度以及操纵人员的操纵技术等因素决定的，要以安全为限度。

3. 把握通过狭水道的时机

通过狭水道的时机，要根据在狭水道航行的经验、本船性能、能见度及航道与风流的状况来选择。

①一般来说，对于缺乏狭水道航行经验的操纵者，应该选择白天潮流弱的时候通过航行困难的水道，不过这样船舶就得候潮。

②有潮流情况下通过较长水道时，如果在逆流的初期起航，随时间推移潮流将逐渐增大，航行会变得困难；同时，水道另一端有许多候潮的船舶在顺流初期正陆续起航，因此会造成航道拥挤航行困难。所以，合适时机应是逆流的末期起航，这样通航的船舶少，水道中央附近的水流平稳，航行更安全。

③在强逆流的情况下，如果是弯曲水道，即使是熟练的船长，如果航速低于5kn，或者流速超过船速的一半以上，应当候潮，不可冒险进入狭水道。

④在能见度不良时，如果顺流进入狭水道，当航行遇到困难要返航，会由于潮流推压，掉头的范围过大而造成搁浅；如果逆流进入狭水道，有时想后退会非常困难。所以在雨夜或有雾等视线不良时，进入狭水道前要考虑能见度的情况。为了安全，最好是暂时抛锚等待能见度好时再起航。

⑤应充分利用航线附近容易辨认、独特、显著的物标进行导航或转向。

4. 使船舶沿计划航线航行

在航行规章没有特殊规定的地方，如安全可行，一般船舶应保持在航道的右侧航行。而计划航线是根据航路指南、潮汐表和潮流图等资料，选定适合本船安全航行的航线，一般没有特殊情况应使船舶保持在这个航线上航行。假如船舶进入特定的狭水道（如我国的长江水道），船舶要遵守有关的航行条例或港章的具体规定。

第二节 大风浪中渔船操纵

本节要点：大风浪中航行的准备工作；大风浪中渔船操纵。

一、大风浪中航行的准备工作

首先要注意收听天气预报，密切注意天气的变化，这样可以预计台风或寒潮的来临，以便事先做好必要的准备工作。

1. 保持船体水密

船上所有开口处，如水密门、舷窗、舱口、通风筒、锚链筒、测水管和空气筒等，在大风浪来临之前应加盖加固，以保证水密。

2. 保证排水畅通

船上所有排水设施、管路、阀门等应处于良好的技术状态，做到随时能顺利排水；甲板上的排水孔应保持畅通。

3. 固定可移动的物体

船舱内外所有活动的物体，如天线、吊杆、备用锚、救生器材、甲板货物、舱内货物、钢丝绳索和网具等，都应该进行帮扎固定，以防被风浪打损、卷走或因船舶摇摆而移动撞击船体，更应防止因移动倾至船舷一侧影响稳性。

4. 检查应急部署

①加强水舱、污水沟的探测，了解舱内水位是否增加，必要时水舱和油

舱应注满或排空，以减少自由液面对稳性的影响。

②检查应急舵、天线、电机等，使其处于良好的备用状态。

③检查堵漏、防火等应急部署及有关器材和设备。

5. 压载增加吃水

空船出海或轻载状态时遇到大风浪，应把压载水全部注满，必要时淡水舱也注满海水；尽量调整艏艉吃水，使车、舵尽可能沉深大些，保证船舶有较好的操纵性能。

二、大风浪中渔船操纵

船舶采用不同的航向和航速在大风浪中航行时，受风浪的影响有明显不同。因此，为了减小船舶摇摆和波浪对船舶的抨击，在大风浪中航行要根据海面的具体情况并结合船舶稳性及操纵性能，灵活控制船舶的航向和航速，要尽量避免横浪航行。

1. 顶浪航行

船首顶浪航行时，要注意浪对船首有较大的抨击力，同时会产生纵摇，船中部会出现较大的弯矩，前甲板会有大量上浪。

顶浪航行时，应综合考虑风浪情况和船舶的结构及操纵性，采用偏顶浪航行，必要时把船速降低。渔船在遇到7～8级大风浪时，不应该采用正顶浪航行，而是船首对波浪稍偏开一个小角度，即斜浪航行。为了防止被风浪打横，偏角不能过大，一般为20°左右，并且左右轮流偏顶浪航行，以保证船舶能在预定的航线上航行，同时，让船首两舷轮流受力，比较安全。

2. 顺浪航行

大风浪中顺浪航行时，主要是避免出现两种情况：一种情况是波浪冲击船尾；另一种情况是船舶出现打横现象，当船速和波浪速度相同或接近时，特别是当船舶在波浪的前坡或波谷时，船最容易出现打横现象。船舶一旦出现打横现象，就会横向受浪，船舶会造成大幅度的横倾，甚至倾覆沉没。所以，这种情况比波浪抨击船尾更加危险。

由于渔船大多属于小型船舶，有时由于风的作用使船速接近波浪速度，这时又无法掉头顶浪航行，可以在船尾放下海锚以减小船速，避免发生危险。可能的话，顺浪航行应当始终保持船速略高于波浪速度，这样有利于保持足够的舵效，同时，使船舶不至于被打横，船尾也不至于大量海水涌上甲板，也不会因波浪前推过于厉害而使船首潜入浪中。

顺浪航行时，如果接近海岸或浅滩，由于风浪的作用会更加危险，应特别注意并采取对策，以免被风浪将船推上浅滩。

3. 横浪航行

对于渔船和一些小型船舶，一般来说，应该尽量避免横浪航行。因此，当顶浪或顺浪航行时，一旦遇到大角度操舵也不能保持航向的情况，就应及时加快车速，以增加舵效，尽量避免造成船舶横向受风浪的危险。

由于某种原因不得不横浪航行时，如为了防止船体受到波浪猛烈冲击造成更大威胁，而不得不减速，导致船身被打横，或者在大风浪中掉头，当船身横向受浪时无法继续转向等情况下，这时主要应注意避免横摇周期和波浪周期一致或接近的时候出现谐摇现象。谐摇会使船舶横摇越来越厉害，以至于船舶面临倾覆危险。在这种情况下，唯一的办法就是调整航向和航速。

4. 顺浪时尾斜浪

对于顺浪和尾斜浪带来的危险，全体船员都应引起警觉。当船舶的航向和航速与波浪的方向和速度接近时，稳性会大幅度削弱。如果发生过度的横倾或首摇（船首向改变），应当减小航速同时（或者）改变航向。

5. 大风浪中掉头

船舶有时由于某种原因需要在大风浪中掉头，由顶浪航行变为顺浪航行，或者是由顺浪航行变为顶浪航行或者滞航。大风浪中船舶掉头的整个过程是很危险的，特别要注意掉头过程中船舶横向受风浪时的安全问题。所以，在掉头之前就要很好地了解船舶的稳性和操纵性能，检查舱内及甲板上可移动的货物等是否帮扎牢固，水舱、油舱是否注满。同时，要仔细观察海面上的风浪的变化规律，掌握时机以确保整个掉头过程或部分过程是在风浪比较小的时间段或海域进行。大风浪中掉头要求前距要小，因此掉头前应及早减速或停车，其次要求掉头要尽可能地快，必要时可使用暂短的快车和满舵。这样船舶横向受浪的时间短，同时由于舵效好，可以顺利转头。

顺浪航行掉头，虽然要尽可能减少前冲距离，但不能开倒车使船舶后退，否则波浪冲击船尾变得严重，可能使舵和推进器受到严重损坏。

第三节　船舶避台风操纵

本节要点：台风的基本特点；渔船避台风操纵；系泊防台；锚泊抗台。

一、台风的基本特点

台风是在热带产生的一种强气旋，是典型的风暴天气。其特点是中心气压很低，在北半球周围空气绕中心反时针旋转。台风的规律性强，破坏力大，台风中心的风力往往在 12 级以上，出现不规则的巨大三角浪，使船舶剧烈颠簸，难以保持航向，给船舶安全航行带来很大威胁。

二、避台风操纵

避台风的核心问题是，尽可能远离台风中心。沿海航行船舶遇到台风袭来，应及早驶入避风锚地。航行在大洋上的船舶遇到台风来临，只要条件许可，应远离台风中心 200n mile 以外，至少应改变航向加速避开台风中心，以确保安全。

（一）北半球驶离法

台风区可分为左半圆和右半圆。船舶在右半圆航行遇到的风力很强，而且还可能被吹到台风眼区，所以右半圆是台风最危险的区域，称为危险半圆；船舶在左半圆航行时，相对风浪比右半圆小，船舶被压入台风中心的危险较小，所以左半圆也称可航半圆。

1. 在台风右半圆

北半球在台风的右半圆，可观测到风向向顺时针方向改变。操纵船舶时，采用与台风路径相垂直的方向全速驶离，即以右舷舷 15°～20°顶风全速避离，其相对航迹如图 2-17-8 中 A 船的虚线所示。

如果风浪已经十分猛烈或者由于前方有陆地等的阻碍，不能全速驶离时，可以采取右舷顶风滞航，使船舶处于几乎不进不退的状态。它的相对航迹如图 2-17-8 中的 A_1、A_2……的虚线所示，随着台风中心的前移而避离台风区。

以上可简单归纳为"三右"原则，即船舶在右半圆为危险半圆，风向顺时针右转，采取右舷顶风驶离。

2. 在台风左半圆

北半球在台风的左半圆，可观测到风向逐渐向左、反时针方向改变。操纵船舶时，应使艉右舷受风全速驶离台风中心。其相对航迹如图 2-17-8 中 B 船的虚线所示，直到风力由大变小、气压由低变高，则台风中心已过。如果前方没有充分的避离余地，则可改使右舷受风，顶风滞航，其航迹如图 2-

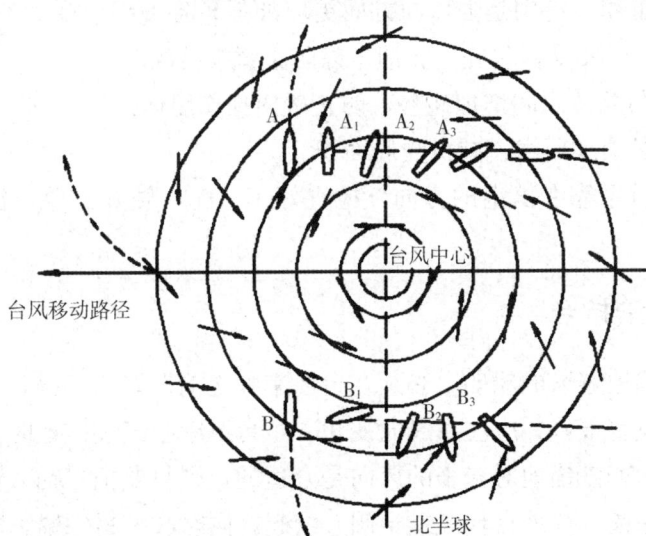

图 2-17-8 船舶避台风操纵

17-8 中 B_1、B_2……虚线所示。

3. 在台风进路上

船舶在台风进路上，风向不变，气压下降，台风中心即将来临。此时，在北半球应使船尾右舷受风顺航，迅速驶进左半圆，进而驶离台风中心。

若以上方法都不能采用时，无论在哪个半圆都应使船右舷受风，尽可能滞留原地，随台风中心的前移避离台风区。

（二）南半球驶离法

在南半球驶离台风的方法与北半球正相反，应遵守"三左"原则。也就是说，台风左半圆是危险半圆，风向逆时针左转，应以船首左舷 $15°\sim20°$ 顶风全速驶离。台风右半圆是可航半圆，风向顺时针变化，应以船尾左舷受风驶离。在台风进路上应以左舷船尾受风顺航，驶入右半圆。

三、系泊防台

对于我国小型渔业船舶来说，作业区域离岸较近，在台风袭来之前，应及早驶入避风港避风。在港内系泊避风时，要注意以下问题：

①靠在码头上遇台风来临，如果港内防风浪条件良好，可以留在泊位上抗台；反之，应离泊出港抗台。

②在码头上抗台时：

a. 增加带缆，特别是强风向方面更应加强，各缆绳应受力均匀、合理，缆绳的摩擦部位要妥善包扎、涂油，以防止磨损拉断。

b. 码头与船体之间增加碰垫，防止碰撞损伤船体。

c. 空船必须加压载，减少受风面积。

d. 将船首系靠在出港的方向，检查好车、舵，做好必要时能离开码头的准备。

四、锚泊抗台

在避风锚地避风的船舶，必须在台风来临之前抛好八字锚，不断收听气象预报、台风警报，并应注意风向变化。当台风中心经过锚地时，应首先考虑风向变化。若该锚地对未来的风向是合适的，则只要把右锚（锚地在台风右半圆）或左锚（锚地在台风左半圆）绞起，同时收短另一锚，准备开车顶风，待台风过去后，立即按新风向重新抛锚。若该锚地不适合于未来风向，应更换锚地或起锚出港，顶风漂航。

第四节　能见度不良时的船舶操纵

本节要点：进入雾区前的措施；雾中渔船安全航速；雾中转向。

能见度不良，是指船舶在雾、霾、下雪、暴风雨、沙暴或其他限制视距的情况下（以下简称雾），不能及早发现和辨识来往船舶及其动向，给船舶互相避让造成很大困难，甚至会造成严重的碰撞事故；另一方面，由于视线受到限制，不能及时发现导航标志，特别是在近岸航行时，无法利用物标定位和导航，容易引起船舶偏航、搁浅、触礁等海损事故。

一、进入雾区前的措施

①发现足够使能见度显著减少的雾的征兆时，应立即报告船长，并通知机舱和报务员，做好应急准备。

②抓紧时间从能见的陆标连续观测定位，求出雾来临之前最后的实测船位，并记上时间和计程仪的海里数。如发现附近有他船，应该注意其位置、种类及动向。

③船舶如果使用自动舵，应该改用人工舵，以保证随时可以采取应急措施。

④选派适当的瞭望人员。

⑤准备好汽笛、雷达等无线电导航仪器。

⑥白天也可点起规定的号灯，有助他船及时发现我船。

⑦在船舶密集的狭水道中，应做好随时能抛锚的准备。

二、雾中渔船操纵

1. 航速

在雾中航行的时候，如果航速过大，会增加搁浅和碰撞的危险性；航速过小，则由于航行的时间长，受风流影响大，增大推算船位的误差，也会增加搁浅的危险性。因此，决定雾中航速是极为重要的。下面介绍的是关于防止与他船碰撞的安全航速。

关于安全航速，有下面三种说法：

（1）**船舶航速论**　以本船最高航速为标准，按一定比例减少的航速。

（2）**舵效论**　在能见度极为恶劣的情况下，能维持舵效的最慢速度。

（3）**能见度内停止论**　在雾中看见他船后全速后退时，能在当时能见度一半距离内，把船停住的航速。

为了安全起见，最好用半速后退就能把船停住的航速。当他船和本船处在同一状况的前提下，一般采用"能见度内停止论"，但在能见度显著减小的情况下，不宜采用。在浓雾密布能见度及恶劣的时候，航行在复杂的航道或船舶密度大又近岸航行的船舶，应尽量离开主航道，到合适的地方抛锚，等能见度改善后再起航。

2. 雾中转向

在雾中，只有确定他船的位置时，才能按"海上避碰规则"进行转向。如果只听到雾号，就臆测他船的方位、距离和动向而采取转向，若发生碰撞事故，要承担盲目转向的责任。

雾中转向到达转向点必须进行多次探测，查看水深底质，对船位有一定把握后方可转向。如果是无线电定位或雷达定位也应该进行探测核对。在没有确信已到达转向点前，不要轻易转向。

思考题

1. 受限制水域指的是什么？

2. 浅水中船体下沉和纵倾有何危害？

3. 浅水对操纵性能和旋回性能有何影响？

4. 岸壁对船舶运动的影响是什么？什么是岸壁效应？

5. 船吸现象指的是什么？

6. 大风浪中航行的准备工作有哪些？

7. 顶浪航行时应如何操船？

8. 顺浪航行时应如何操船？

9. 横浪航行时哪种情况最危险？应如何避免？

10. 进入雾区前的措施有哪些？

11. 雾中航行关于安全航速的三种说法是什么？

第十八章　渔船配积载

渔船主要是用于渔业生产和为渔业服务的，但也有货运任务，如运送渔货，临时运送其他货物等。渔船的配积载，与船舶的稳性、吃水差及船体强度密切相关，这就需要渔业船员掌握一定的货物配积载的方法，同时，还要熟悉货物保管等方面的知识。

第一节　渔船配积载基础知识

本节要点：净载重量和总载重量的概念及确定方法；渔获物的装舱运输及保管。

一、渔船载重量的确定

船舶最大货运量，就是船舶的装载能力或载货能力。它受到重量和容积两个方面限制，在重量上不能超载，在容积上要受到舱容的限制。渔船的载货种类比较单一固定，其舱容是按装载渔获物设计的，载重能力和容积能力是相匹配的，通常不会出现载重不足而容积超限的情况。所以，确定装载量时主要是考虑载重量方面的限制。

渔船纯装货物的重量为净载重量（NDW）。为了确定渔船在航次中载货重量的能力，每个航次均需计算净载重量的大小，计算公式为：

$$NDW = DW - \sum G - C$$

式中　　$\sum G$ ——航次储备；

　　　　C ——船舶常数。

1. 总载重量 DW 的确定

总载重量是船舶达到最大允许吃水时能装载的所有重量（包括燃料、淡水、渔具供应品、渔获物和船员的重量）。渔船在装载燃料、淡水、渔具供应品、渔获物和船员时的船体重量，称为该装载状态下的排水量。

渔船具体航次所允许使用的最大总载重量，主要受到三个方面的限制，即作业或航经的航道、港口水深的限制，载重线海图对渔船吃水的限制，渔船本身的航海性能的限制。

（1）航线水深限制下的总载重量　当渔船作业水域及航经的港口及水道水深受限时，应在考虑航线上浅水位置、水深等因素影响后，合理确定所允许使用的最大总载重量。

（2）载重线海图限制下的总载重量　根据本航次渔船经过的海区以及所处的季节期，从"载重线海图"中确定本船应使用的载重线，由吃水可查得相应的总载重量。

（3）渔船性能限制下的总载重量　渔船总载重量的确定，应保证渔船航行及作业安全，即确保具有可靠的抗沉性、稳性及船舶强度等，尤其是较旧渔船，更应考虑船舶的结构和技术状态。

渔船在得到航线水深、载重线海图及渔船性能限制下的不同总载重量后，在航行及作业过程中，总载重量要取上述三者当中的最小值。

2. 航次储备量 $\sum G$ 的确定

航次储备量 $\sum G$ 有一部分是固定的，与航行天数关系不大，主要包括船员、行李、粮食蔬菜及日常用品的重量，网具、冷藏用的冰等其他船用备品、备件的重量。

渔船的储备量还有一部分是可变的，主要包括燃料和淡水。其大小应按航次时间、补给方案和储备天数确定。

渔船配备足量的航次储备是适航的必要条件之一，一般情况下，装载消耗的航次储备品按正常消耗应有 20% 的富余量。

3. 船舶常数的确定

船舶常数，是指船舶经过一定时间营运后的空船重量和渔船刚出厂时的空船重量（在船舶资料中可查得）的差值。这种差值有时也是很可观的，如渔船上未及时卸下的废旧物料、船舶改装造成的空船重量变化等。船舶常数可在空船状态下通过观测吃水，再查船舶资料来确定。应定期进行，尤其是有重大改装之后必须进行，以做到心中有数。

渔船在装载方面尽量不要满载，更不能超载，以保持船舶足够的浮性和抗沉性。装载的货物要尽量计算准确的总重量，同时，要与检验证书上的净载重量相比较，所装载的货物总重量不得大于船舶净载重量。

二、渔获物运输

渔船装运冷藏货物是经常的，作业渔船和运输船都要装运渔获物和鱼贝等产品，而且有时是较长时间的装运。因此，对冷藏货物要加深了解，做好充分的准备工作，采取适当措施，防止货损、伤人事故的发生。

根据目前渔船的生产特点，有冰鲜鱼、冷冻鱼及鱼粉三种形式。

1. 冰鲜鱼积载

冰鲜鱼利用碎冰与渔获物散装或箱装积载。

（1）散装

①将渔获物按类别与规格分档，鱼层和冰层尽量薄。

②在鱼舱的舱底和舱壁四周由于导热快，要以冰块或厚冰加封，底部加衬垫，并用垫料或冰块堵塞舱壁空敞部位，以降低溶化速度。

③将耐腐败、多涎的鱼类或低档鱼装在底层；高档鱼装在中上层。蟹类、墨鱼与有刺、有毒的鱼类要分开装舱。

④舱内采用闸板分隔以阻拦渔获的移动，或用鱼箱打墙分隔，组成纵横小舱。

⑤为了减少鱼体压碎变质，散装鱼不能装得过高，在各个舱口下面不能装散装鱼，以便于卸鱼。散装渔获物装满后，面层要用厚冰与草席进行封藏保温。

（2）箱装　装箱时先按鱼类的品种与规格，整齐地排列在箱内，鱼类的头尾不要露出箱外。下舱的鱼箱要像建筑砌砖一样，层与层之间必须纵横交叉压缝叠放。

2. 冷冻鱼积载

冷冻是把渔获物的温度降到 0℃ 以下，使其冻结。但是，冻结速度较慢，鱼体细胞膜的内层会形成较大的冰晶，使细胞膜破裂，造成鱼体失去或减少原有的鲜味和营养价值。

速冻是在 −30～−35℃ 甚至更低的低温下，用很短的时间使鱼体冻结，不至于造成细胞膜的破裂，然后进行箱装包装，送到冷藏舱。

冷冻鱼在积载前，冷藏舱要充分预冷，使冷气浸透舱内所有设备和衬垫材料，并使舱内各部位的温度均匀一致。

3. 鱼粉积载

鱼粉是变质鱼或鱼的加工废弃物磨成粉末后再经风干而成。由于鱼粉内含有油脂和水分，在高温下会发生自燃，因此，鱼粉要装在有金属铂内衬的木箱或金属容器内，并保持气密，按危险货物处理。同时，鱼粉含有一定的水分，因此装货前应严格检查鱼粉的含水量并测定温度。对于含水量超过12％、温度超过49℃的鱼粉，应拒绝装船。在条件许可的情况下，航行途中可根据舱内温度进行翻舱散热。

运输过程中要注意外部温度的变化，当天气较热时，要经常查看货舱及货物。卸货前，应通风一段时间，确保舱内空气新鲜后，再派人下舱卸货。这样能防止下舱人员因吸入有毒气体或缺氧，而出现人身伤亡事故。

第二节　满足渔船强度和吃水差要求的积载

本节要点：满足船体强度要求的积载；满足吃水差要求的积载。

一、满足船体强度要求的积载

渔船在积载时要保证船体强度不受损伤。由于一般渔船的尺度不大，舱口开口也不大，所以，横向强度和扭转强度不是主要的。装货时，主要是同时考虑船舶的总纵强度和局部强度。对于总纵强度，重点是防止船舶出现过大中拱或中垂。尤其是在波浪的波长和船长接近时，要格外注意。

若将载荷集中分布在船首、船尾两处，当波峰处于船中部时，就会出现船舶艏艉重力大于浮力，船中部浮力大于重力，造成严重的中拱现象，甲板受拉，船底板受压（图 2-18-1）。

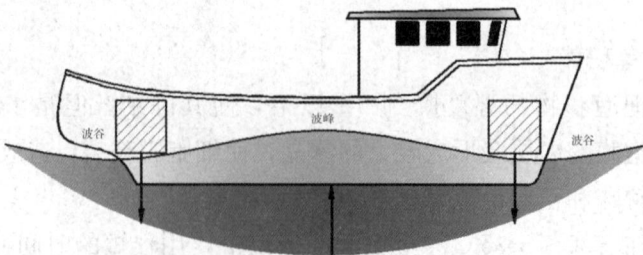

图 2-18-1　严重的中拱弯曲

若将载荷集中装载于船中部，当波谷处于船中部时，就会出现船舶艏艉重力小于浮力，船中部浮力小于重力，造成严重的中垂现象，甲板受压，船底板受拉（图 2-18-2）。

所以，这时应把货物在纵向上较均匀积载，以防止上述情况发生。具体

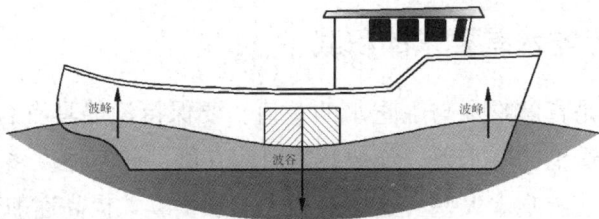

图 2-18-2　严重的中垂弯曲

操作上，若渔船有多个鱼舱，应将渔获物按仓容比例沿纵向上分配，即舱容大的舱室要多装，舱容小的舱室要少装。尤其是没有满载时，尽量不要可一个舱装满，而其他舱室空舱（图 2-18-3）。

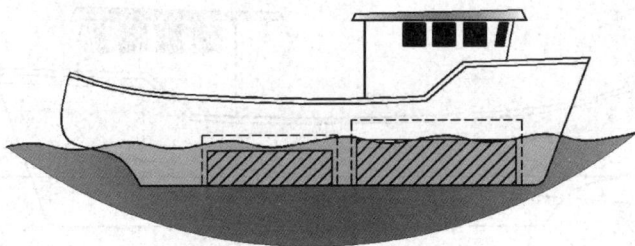

图 2-18-3　合理的纵向积载

局部强度主要是指甲板上装货的情况，如果货物本身很重，又集中的积载于甲板某一部位，这会造成甲板局部强度的损伤（图 2-18-4）。

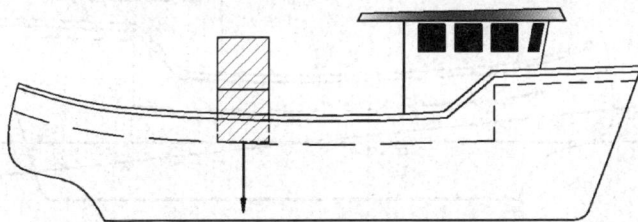

图 2-18-4　局部强度受损的积载

要尽量将货物均匀分布在舱内或甲板上，使船体甲板或某一局部不至于受重力过于集中，影响船体的局部强度（图 2-18-5）。

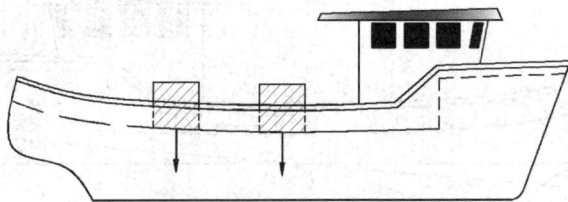

图 2-18-5　减小局部强度受损的积载

二、满足吃水差要求的积载

吃水差，是指艏吃水与艉吃水的差值。要保持渔船具有合理纵倾状态，就要保持渔船适度的吃水差。渔船装货时应在艉部舱室适度多装些，以保持适度吃水差，使艉吃水大些。这样有利于船舶操纵，提高速航性。

漂心（F）是水线面的几何中心，在船中附近，可在静水力曲线图（或参数表）中查得。少量货物（不超过排水量的10%）的装卸和移动，与纵倾的变化关系有下面几种情况：

1. 少量货物装在漂心前，会使船舶增加艏倾（图 2-18-6）

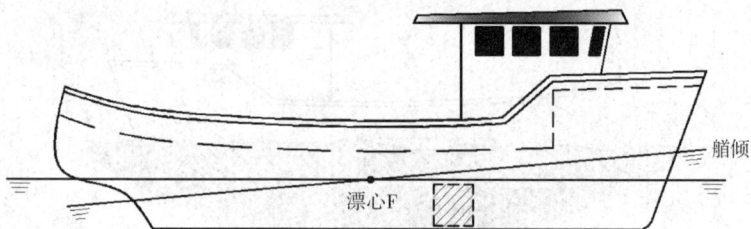

图 2-18-6　增大艏倾的装载

2. 少量货物装在漂心后，会使船舶增加艉倾（图 2-18-7）

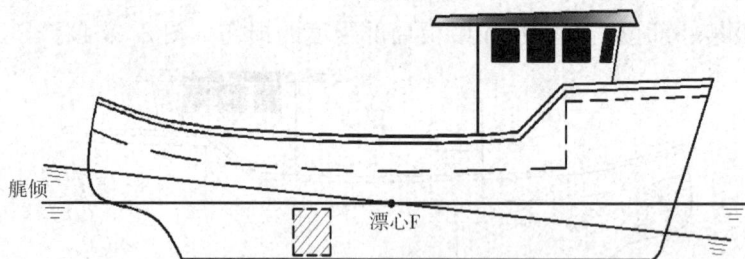

图 2-18-7　增大艉倾的装载

上述两种情况对于少量卸掉货物，正好相反。

3. 货物向船首方向移动，会增加艏倾（图 2-18-8）

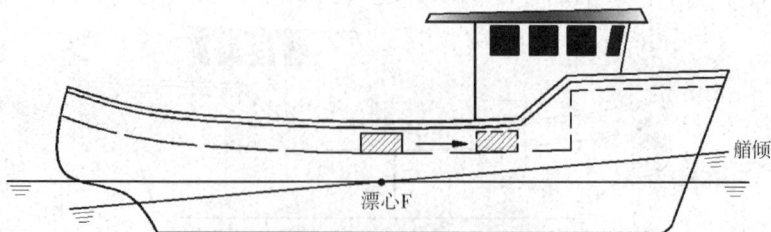

图 2-18-8　增大艏倾的货物移动

4. 货物向船尾方向移动，会增加艉倾（图 2-18-9）

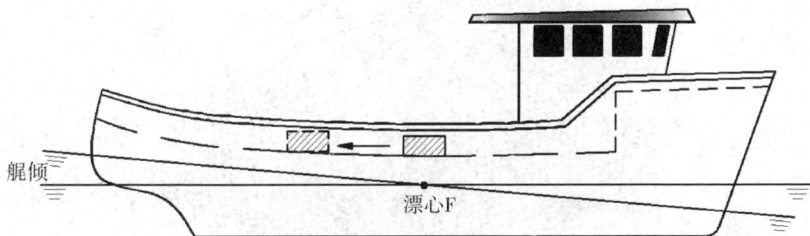

图 2-18-9 增大艉倾的货物移动

第三节 保证渔船的稳性

本节要点：重载荷的安全操作；保证稳性的渔获物积载方法；渔具对船舶稳性的影响；减小自由液面的影响；渔船改装对稳性影响；如何判定渔船是否具有足够的稳性；稳性不足时的应急。

渔船稳性事关全船的安全，绝不可马虎大意。下面介绍一些与积载有关及其他可以用来确保渔船稳性的措施。

1. 重载荷的安全操作

所有的渔具和其他重的物品都应该合理地存放，放置在船舶的低处并防止移动；如果放得太高（如放在驾驶室的顶层），将会显著降低船舶的稳性。

为小型渔船提供足够稳性的压载，必须是永久性的固体，并且牢牢地固定在船上。未经主管机关批准，永久的固定压载不能移除或重新定位。

2. 渔获物的积载

渔获物的装舱应该讲究方式和次序，防止船舶出现过度横倾和纵倾，并且不应导致船舶一侧干舷的不足。为了防止散装渔获物的移动，鱼舱中应在合理位置设置轻便的隔板进行分割（图 2-18-10）。装载的舱位应尽量低一些，以降低船舶重心。

3. 渔具对船舶稳性的影响

应当特别注意的是，当来自渔具的拉力对船舶稳性有不利影响的时候（如滑轮吊杆拖拉渔网或者是拖网钩住了海底障碍物），要使来自渔具的拉力尽可能地作用在船体较低的点上。

4. 减小自由液面的影响

应确保甲板上积水能够快速排出，关闭甲板排水孔是非常危险的。如果

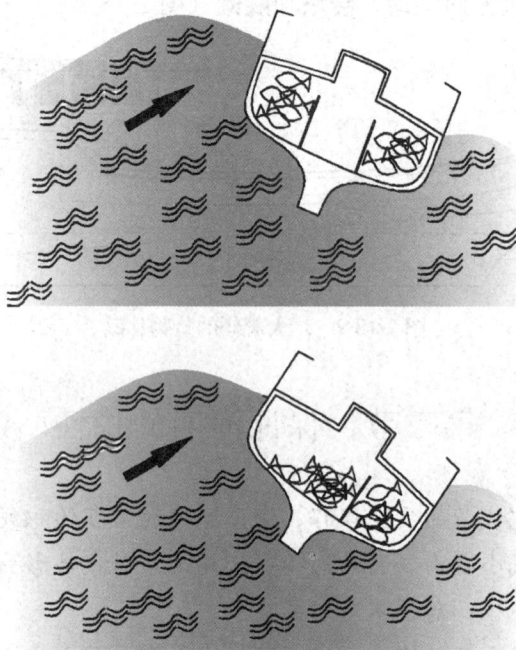

图 2-18-10　用隔板进行纵向分隔

关闭装置是固定的话，那么开启装置应随时方便得到。在船舶驶入易于结冰的区域前，应确保甲板排水孔打开。如果安装了甲板排水孔盖，应该保证其处于打开状态或者是去除，尽量减少液体舱柜出现自由液面。

5. 渔船改装

当船舶进行改装时它的稳性将会受到影响，在动工之前应该获得主管机关的批准。渔船改装一般包括以下几个方面：

①改变作业方式。

②改变船舶的主尺度，如加大船长。

③改变上层建筑的尺寸。

④改变舱壁的位置。

⑤改变渔船的密闭装置，致使水能进入船体内、甲板室或艏楼等。

⑥去除或移动部分甚至全部永久固定压载。

⑦改变渔船主机。

6. 判定船舶是否具有足够的稳性

稳性的好坏，会在船舶的运动特征中反映出来。航行中稳性不足的主要症状有：

①船舶受到较小的横风就发生显著倾斜。

②船舶操舵时发生明显倾斜。

③从船舶一舷的舱柜使用油水时，船体很快向另一舷倾斜。

④遇到意外情况（如甲板上浪），船舶出现永倾角。

另外，横摇周期的大小，是船舶稳性好坏的直接表现。横摇周期短，稳性大；横摇周期长，稳性小。随着燃油、备品、冰和渔具等的减少，横摇周期通常会增大并且渔船横摇显得"柔缓"，说明初稳性在减小。对于小型渔船，以秒为单位计量的横摇周期 T，不应该超过以米为单位的船宽的 1.2 倍。我国中小型渔船的横摇周期一般在 4～8s。

7. 稳性不足时的应急

如发现稳性不足，应立即采取措施，降低重心高度，如将重货向下移动。情况紧急时，可以将甲板上或高处的货物（包括渔获和渔具）抛入海中，以降低船舶重心。

思考题

1. 怎样确定渔船载重量？

2. 在货物积载时，总纵强度会出现哪两种损伤？如何避免？

3. 如何通过装卸和移动货物改变船舶纵倾？

4. 怎样判定船舶是否具有足够的稳性

5. 考虑稳性，渔获物积载应注意什么？

6. 装卸或移动载荷时，吃水差有何变化？

第十九章　海事预防及处理

　　船舶在航行、停泊或生产操作中，不论什么原因，发生搁浅、触礁、碰撞、火灾、人员落水、沉船和人身伤亡等海上事故，通称为海事。船舶发生海事时，船长要采取应急操纵措施，同时，要及时组织船员全力自救或请求援助。

　　对待海事要以预防为主，要求全体船员要增强安全意识，技术上要精益求精，努力做好本职工作。建立和健全各种合理的规章制度，并严格执行。

第一节　船舶碰撞

　　本节要点：船舶发生碰撞的原因；发生碰撞应采取的措施。

　　船舶碰撞，是指在任何水域船与船间发生碰撞，致使船舶或船上人身、财产遭受损害的海难事故。据有关资料统计，碰撞事故占全部海事的30%以上。船舶发生碰撞，轻则影响航行和继续生产，重者造成人员伤亡、船舶沉没，后果十分严重。因此，要尽力减少或避免这类事故的发生。

一、船舶发生碰撞的原因

　　船舶发生碰撞事故，分析其原因，主要有以下几个方面：

　　①船舶驾驶人员责任心不强、疏忽大意，船舶在航行中既不使用安全航速，又没有保持正规的瞭望。

　　②驾驶人员缺乏应有的航海业务知识和基本操纵技能，在关键时刻采取措施不当。

　　③驾驶人员没有准确和严格遵守《1972年国际海上避碰规则》等有关规定。

　　另外，客观上也有海况突然性变化而发生的碰撞，如骤起狂风、海啸等。

　　为防止碰撞事故的发生，首先应加强船员的思想教育，加强责任心；其次，要认真学习操船的技术，正确地理解和执行《1972年国际海上避碰规则》，并从实践中不断总结经验和教训，以便保证渔船海上的生产安全。

二、发生碰撞应采取的措施

船舶在航行或生产作业中，发现两船出现紧迫局面时，应沉着冷静，根据当时、当地的具体情况做出正确的判断，果断地采取有效措施避免碰撞。若碰撞已不可避免，也应使碰撞的损失降低到最小限度。

①立即停车，检查船的破损情况，同时发出警报，组织全船人员奋力抢救，破损轻的船应及时配合另一船联合抢救。

②当船首撞入他船船身时，不能盲目倒车，以防他船大量进水。可适当慢车，利用船首堵住破洞，必要时还可带缆，以防止船首滑出，待他船做好堵漏的准备工作后，方可退出。

③被撞船应尽快采取补漏措施，并及时排出舱内积水。

④当有风浪影响时，应将破损的一侧置于下风，以减少进水，同时也有利于堵漏。

⑤当船有沉没危险时，应立即发出求救信号，穿好救生衣，做好离船准备。

⑥当被撞船经抢救后免于沉没时，另一船应护送返航。

第二节　船舶搁浅

本节要点：船舶搁浅后应采取的措施；脱浅的方法；搁浅的原因。

搁浅，包括搁礁或触礁，也是严重的海损事故之一，它给船舶造成损害，甚至使船舶折断或沉没。搁浅事故大多数发生在狭水道、港内、雾天或大风天。驾驶员在航行时，一定要谨慎驾驶，避免发生搁浅事故。一旦搁浅应全力抢救，设法减轻搁浅程度，直到脱浅。

一、船舶搁浅后应采取的措施

当发现船舶进入浅滩，应立即倒车。如搁浅不可避免时，应果断采取下列措施：

①立即停车，避免盲目倒车出浅，同时显示号灯或号型。船舶搁浅后，如果不首先摸清情况，立即盲目倒车，有时不但不能出浅，反而造成偏移倾

覆、碰坏车舵、泥沙进入管道，使搁浅更加恶化。

②检查搁浅情况，主要包括船体、车和舵设备受损情况。了解船体吃水、周围水深、底质、潮汐和潮流情况，为正确脱浅提供依据。

③固定船体。船舶搁浅后，为防止船舶因潮水或风浪等的影响造成船身移动，引起危险，应抛锚和（或）缆绳加固。锚应抛向强风流方向，也就是把锚抛向出浅方向。

④测定浅位，制订合理的出浅方案。

二、脱浅方法

1. 倒车脱浅

船舶搁浅后，经检查确认船体无破损，并且船尾部有足够的水深，在高潮来临时可以利用倒车脱浅。倒车时，一般先从慢速增到快速，如仍无效可直接快速倒车，但时间不宜过长。如快倒车仍不能脱浅，可改用半进车，配合左右满舵摇动船体，使船松动，再快速倒车出浅。

2. 移物或卸物脱浅

把船舶搁浅部位上的可移动物体移到未搁浅的部位，或将搁浅部位多余的货物丢入海中，减少搁浅部位的压力，再配合倒车使船脱浅。

3. 抛锚脱浅

这是比较有效的方法。在船尾部范围内的某一方向抛入一个或多个锚。出浅时，先收紧锚缆，然后突然全速倒车，同时，用锚机或配合绞网机绞锚，以达到出浅的目的。

4. 外援脱浅

当确信自力不能脱浅时，可请求外援协助脱浅。通常用拖曳脱浅，具体方法为：拖船先将锚抛向深水处，然后松链后退，将缆传递到搁浅船上，缆固定好后，拖船先绞紧锚缆，并由慢速逐渐增加到全速进车，拖曳搁浅船。此时，如搁浅船能够倒车，应及时配合倒车、绞锚直至出浅。在船即将脱浅时，应防止突然冲势和拖船相撞。

三、搁浅原因

船舶发生搁浅事故，究其原因，主要有以下几个方面：
①航行前不做航行计划、盲目航行，不定船位，依赖老经验。
②罗经误差大，自差不测定，对罗经自差大小心中无数，影响航向和船

位的准确性。

③认错航标或海岸，因而提前或推迟转向，走错航道。

④对风、流压差估计不准，对潮汐推算错误。

⑤值班失职、瞭望马虎、船走锚后没有及时发现。

⑥驾驶员技术水平低、操纵不当，不能很好掌握和运用本船的车舵效应和熟练地运用锚缆等设备。

提高船员的思想认识和安全责任感，并加强航海技能训练，熟悉业务，积累经验，认真、严格地执行各种航行的规章制度，就可避免搁浅事故的发生。

第三节　海难救助

本节要点：落水人员的救助措施；驶近落水者的操纵方法；船舶拖带操纵。

一、营救落水人员

渔船在航行或作业中，有时会发生人员落水事故，能否及时营救以及营救的方法是否得当，是关系到落水人员的生命安全问题。

1. 救助措施

渔船在航行或作业中发现有人落水后，应立即高声呼叫"某部位有人落水"，同时采取以下措施：

①驾驶员听到呼叫后，立即停车，并向落水者一舷操满舵，使船尾向相反一舷甩开，以免落水者被螺旋桨所伤。

②将就近的救生圈或漂浮物抛向落水者（但注意不要抛在落水者的头上），夜间最好抛带自燃火焰或附有救生灯的救生圈，这样可使落水者能够及时发现。当风浪较大时，也可再抛救生索，将落水者拉到船边，然后营救上船。

③注意落水者目标，夜间可打开照明灯或手电筒，盯住落水者。

2. 驶近落水者的操纵方法

①由于能见度不良或船上人员疏忽的关系，落水人员被发现后又突然不见，可采用单旋回270°的操纵方法，进行搜索营救（图2-19-1）。其操纵方法是：向落水者一舷操满舵，当船首转过250°时，正舵、停车，必要时可倒

车，使船停下来，即可在船首左右寻找落水者。

②船上人员落水一段时间后才被发现，不知道落水者具体位置时，可回到原航向线上往回寻找（图 2-19-2）。其操纵方法是：向任意一舷操满舵（位❶），当航向改变 240°时（位❷），即刻改向另一舷操满舵，转至与原航向的反航向相差 20°，正舵，则船将驶向相反的航向（位❸），这时船舶大约位于原航线的反向上，即可向前寻找落水者。

由于作业关系，目前我国渔船干舷较低，但操纵比较灵活。发现落水

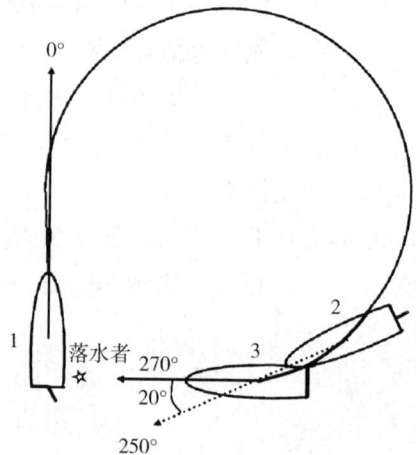

图 2-19-1　单旋回操纵方法

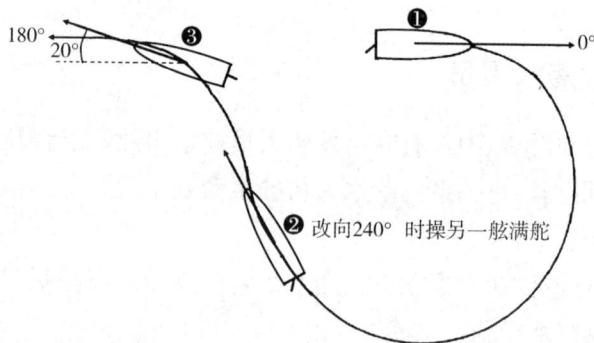

图 2-19-2　寻找落水者操纵方法

者后可用慢速，以船首对着落水者的上风驶去，接近后停车，抛出带有救生索的救生圈营救。

在海上救援落水人员，是每一个船员应尽的义务，必须尽最大努力，克服一切困难，进行营救。不仅救援自己的船员，就是发现海上漂流人员，也应相救，并把经过记入航海日志。渔船也应定期进行救生演习。

二、船舶拖带操纵

当渔船在海上航行或作业时，在许多情况下需要执行拖带任务。例如：拖带失控的船舶，拖带风暴中遇险或遇难的船舶等。海上拖带，对于渔船来说不是一件寻常的事，必须运用良好的船艺及船舶操纵技术，才能达到安全

拖航的目的。船舶在进行拖带操纵时，要注意下列一些事项：

1. 拖缆选择

要完成拖航任务，拖缆的选定及其系结固定是首要的工作。它必须确保在长时间的航海过程中，甚至有时在遭受强大风浪的袭击下也能安全拖航。因此，要求拖缆的强度必须足够，才能在风浪中发挥控制船体运动的作用。

拖带时所用的拖缆，在渔船上一般采用白棕绳或钢丝绳两种。拖缆要求有一定的长度和适当的重量，并能形成一定的悬垂部分。渔船在拖带船舶时，拖缆的长度一般在 200m 左右。

2. 拖缆系结

拖缆的系结要求牢靠，受力分散及便于松绞，以便调整拖缆与导缆孔的摩擦部位。为了分散受力，可把拖缆围绕鱼舱口、甲板室围壁或桅柱等，然后再绕到缆桩上。

凡拖缆易被摩擦的部位要用帆布、麻布袋包扎并加上牛油，减少摩擦，在转角处加上木垫，以减少急折。

3. 拖缆的递送

递送拖缆时，拖船宜从上风接近被拖船。风浪不大时，可尽量靠近，以撇缆传递拖缆；风浪大时，撇缆有困难，可将撇缆系于一浮体如木桶、救生圈等，在被拖船的上风海面放下，随风浪漂移至被拖船附近，被拖船用钩捞起以传递拖缆。或者由被拖船向上风放出撇缆及浮体，拖船从被拖船下风驶过时用钩捞起撇缆。

4. 起拖和拖速

起拖时必须十分谨慎小心。当拖缆在被拖船上挽好后，拖船一边慢车前进，同时放松拖缆至预定长度，然后停车。接着又慢速进车，使拖缆逐渐受力拉紧，当被拖船开始移动后，才能逐渐加速，直到预定的拖速为止。在拖带过程中，必须注意调整拖速。应保持拖缆有适当的垂曲度，当拖缆被拉直时，受力将非常大，为避免拖缆受力过大，应立即减速或松放拖缆。当拖缆的垂曲度太深，在浅区可能触及海底时，应适当加速或收进部分拖缆。

5. 转向

拖带中转向应用小舵角逐渐进行，需要大角度转向时，应分数次小舵角逐步完成。因为大舵角转向时，拖船航速降低，而被拖船仍以原航速前进，此时两船距离缩短，拖缆松弛，拖力减小，而当拖船转向完毕后，被拖船正在转向。拖船航速复原时，被拖船却在减速，结果使拖缆受到 1 个较大的突然张力，容易造成断缆或使船倾覆，应加以注意。

6. 偏荡及其防止

多数船舶在被拖中，都会产生向一边或两边偏荡。如果不厉害，被拖船操舵就能加以克服。若偏荡幅度很大，被拖船又不能操舵，拖缆将承受过大的拉力尤其在偏荡极点使拖缆不断摩擦而致断。偏荡多数由于被拖船首纵倾或严重横倾或破损物突出舷外，使船体两舷所受的水阻力不等而造成。应针对具体原因，采取不同的方法加以防止。一般可采用下列几种方法：

①在被拖船上操舵。

②改变被拖船的纵倾情况，使艉纵倾较好。

③改变拖力点的位置。

④在被拖船的船尾加拖其他阻力较大的物体，如用 $100\sim200\text{m}$ 长的纤维绳拖曳一漂浮物（如圆木、大舱盖等），可起到稳定船首的作用。

思考题

1. 什么叫海事？船舶在什么情况下容易发生碰撞？应该如何预防？

2. 两船发生碰撞时，船长应采取什么措施？对他船应尽什么义务？

3. 当你发现船舶搁浅已不可避免时，应该怎么办？

4. 脱浅方法有哪几种？

5. 当发现有人落水时，应采取什么动作？值班驾驶人员应采取什么施救措施？

6. 在执行海上拖带任务时，应注意哪些问题？

第三篇

船舶避碰

第二十章 总 则

第一节 适用范围

本节要点：《1972 年国际海上避碰规则》（以下简称《规则》）是防止船舶碰撞事故、保障海上交通安全的重要海事法规。本节主要介绍《规则》第一条适用范围，包括适用的水域及船舶，特殊规定，额外信号，分道通航制规定，特殊构造或用途的船舶信号规定。

一、条款内容（第一条 适用范围）

1. 本规则条款适用于在公海和连接公海而可供海船航行的一切水域中的一切船舶。

2. 本规则条款不妨碍有关主管机关为连接公海而可供海船航行的任何港外锚地、港口、江河、湖泊或内陆水道所制定的特殊规定的实施。这种特殊规定，应尽可能符合本规则条款。

3. 本规则条款不妨碍各国政府为军舰及护航下的船舶所制定的关于额外的队形灯、信号灯、号型或笛号，或者为结队从事捕鱼的渔船所制定的关于额外的队形灯、信号灯、号型的任何特殊规定的实施。这些额外的队形灯、信号灯、号型或笛号，应尽可能不致被误认为本规则其他条文所规定的任何号灯、号型或信号。

4. 为实施本规则，本组织可以采纳分道通航制。

5. 凡经有关政府确定，某种特殊构造或用途的船舶，如不能完全遵守本规则任何一条关于号灯或号型的数量、位置、能见距离或弧度以及声号设备的配置和特性的规定，则应遵守其政府在号灯或号型的数量、位置、能见距离或弧度以及声号设备的配置和特性方面为之另行确定的尽可能符合本规则条款要求的规定。

二、条款解释

1. 适用的水域及船舶

《规则》适用的水域，包含"公海"和"连接公海并可供海船航行的一切水域"两部分。公海，是指各国内水、领海、群岛水域和专属经济区以外不受任何国家主权管辖和支配的海域（图 3-20-1）；连接公海并可供海船航行的一切水域，是指专属经济区、领海、内海以及相连接并可供海船航行的港口、江河、湖泊等一切内陆水域（图 3-20-2）。

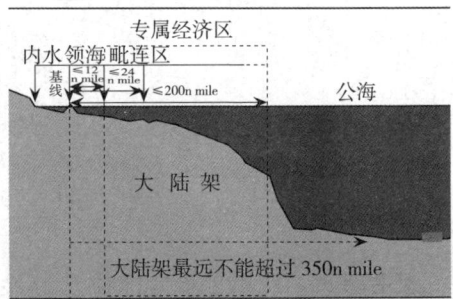

图 3-20-1　海洋区域划分图

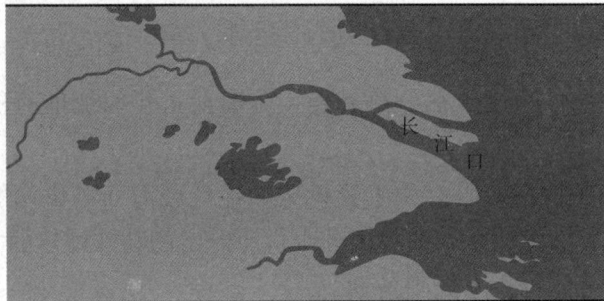

图 3-20-2　可供海船航行的水域

《规则》适用的船舶，是指在《规则》适用水域中的一切船舶。在适用水域内，不限于海船，也包括可供海船航行的水域内的内河船舶。但不包括超低空飞行的水上飞机、在水下潜航的潜水艇、在船坞维修的海船、我国加入《规则》时做出保留的我国非机动船。

2. 特殊规定

（1）可制定特殊规定的水域及机关　特殊规定，是指各沿海国主管机关在其管辖的水域所制定的地方规则或港章。如我国的《非机动船航行暂行规则》《渔船作业避让暂行条例》《内河避碰规则》以及各港口的港章等。可制定特殊规定的机关，为各国有关主管机关。可制定特殊规定的水域，主要是指在连接公海可供海船航行的任何港外锚地、港口、江河、湖泊或内陆水道。

（2）特殊规定与《规则》的关系 《规则》条款不妨碍特殊规定的实施，即特殊规定优先适用（图3-20-3）。对于驾驶人员，遵守特殊规定非常重要，在进入制定有特殊规定的水域前，应尽可能熟悉其具体规定。

图3-20-3 港口规定优先适用

3. 额外信号

各国政府可根据实际需要，制定为军舰及护航下的船舶制定额外的队形灯、信号灯、号型或笛号；为结队从事捕鱼的船舶，制定额外的队形灯、信号灯和号型。

4. 分道通航制规定

本款表明《规则》有关分道通航条款，适用于国际海事组织所采纳的分道通航制；未被本组织采纳的分道通航制是否适用《规则》，应由设置它的各国政府专门立法规定。

第二节 一般定义

本节要点：本节对《规则》中13个名词术语作了解释，该解释对整个《规则》普遍适用。在解释和运用某一名词术语的定义时，须考虑《规则》特定条款对该名词术语的"另有解释"。

一、条款内容（第三条 一般定义）

除其他条文另有解释外，在本规则中：

1. "船舶"一词，指用作或者能够用作水上运输工具的各类水上船筏，包括非排水船筏、地效船和水上飞机。

2. "机动船"一词，指用机器推进的任何船舶。

3. "帆船"一词，指任何驶帆的船舶，包括装有推进器但不在使用。

4. "从事捕鱼的船舶"一词，指使用网具、绳钓、拖网或其他使其操纵性能受到限制的渔具捕鱼的任何船舶，但不包括使用曳绳钓或其他并不使其操纵性能受到限制的渔具捕鱼的船舶。

5. "水上飞机"一词，包括为能在水面操纵而设计的任何航空器。

6. "失去控制的船舶"一词，指由于某种异常的情况，不能按本规则条款的要求进行操纵，因而不能给他船让路的船舶。

7. "操纵能力受到限制的船舶"一词，指由于工作性质，使其按本规则条款要求进行操纵的能力受到限制，因而不能给他船让路的船舶。"操纵能力受到限制的船舶"一词应包括，但不限于下列船舶：

（1）从事敷设、维修或起捞助航标志、海底电缆或管道的船舶；

（2）从事疏浚、测量或水下作业的船舶；

（3）在航中从事补给或转运人员、食品或货物的船舶；

（4）从事发射或回收航空器的船舶；

（5）从事清除水雷作业的船舶；

（6）从事拖带作业的船舶，而该项拖带作业使该拖船及其拖带物驶离其航向的能力严重受到限制者。

8. "限于吃水的船舶"一词，指由于吃水与可航水域的可用水深和宽度的关系，致使其驶离航向的能力严重地受到限制的机动船。

9. "在航"一词，指船舶不在锚泊、系岸或搁浅。

10. 船舶的"长度"和"宽度"是指其总长度和最大宽度。

11. 只有当两船中的一船能自他船以视觉看到时，才应认为两船是在互见中。

12. "能见度不良"一词，指任何由于雾、霾、下雪、暴风雨、沙暴或任何其他类似原因而使能见度受到限制的情况。

13. "地效船"一词，系指多式船艇，其主要操作方式是利用表面效应贴近水面飞行。

二、条款解释

1. 船舶

《规则》中的船舶是指一切船筏，不论其种类、大小、形状、结构、推进方式或用途如何，只要其用作或能够用作水上运输工具，均属船舶。但作为助航标志的灯船、专作浮码头的船和宇宙飞船不属于船舶。

2. 机动船

机动船是指用机器推进的任何船舶。无论船舶使用何种类型的机器推进，均属于机动船。在理解"机动船"一词时，应注意：①除装有推进机器而不在使用的帆船外，任何装有推进机器的船舶，均为机动船；②本款中的"机器推进"一词，并非指正在使用机器推进，即使一船关闭主机，在水面上漂浮，仍应视为机动船。

3. 帆船

帆船是指一切驶帆的船舶，包括装有推进器而不在使用者。同时使用机器和帆的船，应视为"机动船"；不驶帆、仅使用机器的船为"机动船"；装有机器但不使用帆也不使用机器者，就机动船的定义而言，应作为机动船，但航海的经验和惯例，最终将这种船视"帆船"。

4. 从事捕鱼的船舶

渔船并不一定是从事捕鱼的船舶，一般只要同时满足以下两个条件，不论其是处于锚泊还是在航状态，均应视为"从事捕鱼的船舶"：①正在从事捕鱼作业，通常是指从下网开始到收网完毕的捕鱼过程。若一船正驶往渔场或返回渔港途中，或在海上搜索鱼群，或使用曳绳钓、手钓的船舶，均不属于"从事捕鱼的船舶"。②作业时使用的渔具，使其操纵性能受到限制。通常，使其操纵性能受到限制的捕鱼方式有流网、围网、张网、拖网和绳钓作业等。

5. 水上飞机

水上飞机，是指能在水面漂浮、航行、起飞、降落的飞机、飞艇或其他航空器。但不包括在水面上迫降的遇险飞机、非排水状态下的气垫船、非排水状态下的地效船。

6. 失去控制的船舶

①失控形成的原因，必须是产生了异常情况，"某种异常情况"主要是指船舶本身的异常情况和外部条件出现意想不到的突发事件。

②失控的结果是不能按《规则》各条要求进行操纵，因而不能给他船让路。

③失控船应特别谨慎按《规则》显示号灯和号型。

④失去控制的船舶只存在于在航中，一旦失去控制的船舶锚泊或搁浅，

就不能认为是失控船。

下列情况通常被视为"失控"：①主机或舵机发生故障，失去动力，无法保持航向；②车叶损坏或舵叶丢失；③船舶发生火灾，使船舶处于危险中，并且正在按灭火要求进行操纵；④风大流急，导致锚泊船走锚；⑤处于无风中的帆船；⑥大风浪导致船舶无法变向和变速，但在大风浪中，一般性操纵困难，不能作为失控船；⑦船舶碰撞后，干舷消失，无法正常航行的船舶。

7. 操纵能力受到限制的船舶

①符合"操纵能力受到限制的船舶"，必须满足两个条件：a. 由于工作性质。"由于工作性质"是指一船正在进行某项工作或作业，而不是指该船用于某项工作或作业。b. 按本规则条款的要求进行操纵的能力受到限制，因而不能给他船让路。其原因不是船舶本身的操纵性能不好，而是受从事的工作或作业的影响。

②下列船舶不作为操限船：a. 挖泥船不在挖泥时，扫雷船不在扫雷时；b. 船舶正在进行测速或校正罗经差；c. 接送引航员的引航船；d. 锚泊中上下船员，锚泊中并靠在一起转移货物作业的船舶；e. 从事拖带作业，而该作业使拖船偏离航向的能力没有受到限制者。

8. 限于吃水的船舶

限于吃水的船舶只能存在于在航状态，判断一船是否为限于吃水的船舶，必须同时满足三个条件：

①吃水与可航水域的水深和宽度的关系（图 3-20-4、图 3-20-5）。

②致使其驶离航向的能力严重受到限制。

图 3-20-4　限于吃水的船舶　　　　图 3-20-5　不属于限于吃水的船舶

③必须是一艘机动船。

9. 在航

《规则》把船舶的运动状态，分为在航、锚泊、系岸和搁浅四种状态。如果船舶不在锚泊、系岸和搁浅，则必然处于在航状态。在航包括对水移动和不对水移动两种状态。

（1）**锚泊**　锚泊是指船舶在锚的抓力牢固地控制下的一种运动状态。船舶只有当锚抛下并且已抓牢时，才能认为在锚泊中。应注意：①系靠于另一锚泊船视为一艘锚泊船；②锚泊中，为抑制船舶偏荡，持续地使主机保持微速前进的船舶为锚泊；③在航中抛锚协助掉头、拖锚制速不作为锚泊；④走锚的船舶应视为在航。

（2）**系岸**　系岸是指船舶依靠缆绳系牢于岸上的系缆装置上。通常认为靠泊时第1根缆绳牢固地系带在岸上的缆桩，即认为在航的结束、系岸的开始；离泊时，最后1根缆绳解清，即认为在航的开始、系岸的结束。应注意：①系靠于另一系岸船视为系岸；②系浮筒是系岸（系码头）的一种补充，系浮船和系岸船一样可以从事装卸作业，故系浮筒可以视为系岸。

（3）**搁浅**　搁浅是指船舶全部或部分搁置在浅滩上，丧失或部分丧失浮力而无法漂浮或航行。搁浅船即使在主机驱动下可以局部移动或转动，也应认为是处于搁浅状态。

10. 船舶的长度和宽度

船舶总长度是指艏部的最前端至艉部的最后端（包括外板和两端永久性固定突出物在内）的水平间距。船舶最大宽度，是指包括船舶外板和永久固定突出物在内的垂直于纵中线面的最大水平距离。

11. 互见

①"互见"以视觉看到为依据，包括使用望远镜。

②"互见"的构成并不以"相互看见"为条件；"互见"是一船能以看见他船的船体、号灯和灯光信号，来准确判断出其艏向和动向；而只能见到他船影子而看不清轮廓或夜间看不清他船号灯时，不应认为在互见中。

③"互见"适用于任何能见度。

12. 能见度不良

《规则》没有对能见度不良作出定量的规定，目前，普遍认为能见度小于 5n mile 时，为能见度受到限制；当能见度小于 2n mile 时，为能见度不良。"任何其他类似的原因"，是指来自本船、他船或岸上的烟雾以及尘暴等。

13. 地效船

地效船有多种操作方式，可在水面操纵、空中飞行，也可贴近水面利用表面效应飞行，而后者为其主要操作方式。

思考题

1.《规则》的适用范围包括哪些水域？

2. 哪些水域可制定特殊规定？

3. 如何处理《规则》和特殊规定之间的关系？

4. 从事捕鱼的船舶可以制定哪些额外信号？

5. 船舶、帆船、从事捕鱼的船舶、失去控制的船舶、操纵能力受到限制的船舶、限于吃水的船舶、互见和在航在《规则》中是如何定义的？

第二十一章　各种信号

第一节　号灯和号型

本节要点： 船舶号灯和号型是用来表示船舶种类、大小、动态和工作性质的灯光与型体，是互见中船舶避碰的主要信息来源，船舶驾驶人员应当熟记。本节主要介绍号灯和号型的显示时间及号灯的基本位置、类别、灯光和发光光弧。

一、号灯和号型的适用范围

（一）条款内容（第二十条　适用范围）

1. 本章条款在各种天气中都应遵守。

2. 有关号灯的各条规定，从日没到日出时都应遵守。在此期间不应显示别的灯光，但那些不会被误认为本规则各条款订明的号灯，或者不会削弱号灯的能见距离或显著特性，或者不会妨碍正规瞭望的灯光除外。

3. 本规则条款所规定的号灯，如已设置，也应在能见度不良的情况下从日出到日没时显示，并可在一切其他认为必要的情况下显示。

4. 有关号型的各条规定，在白天都应遵守。

5. 本规则条款订明的号灯和号型，应符合本规则附录一（略）的规定。

（二）条款解释

（1）**适用范围**　在各种天气情况下，船舶均应正确显示号灯和号型。

（2）**号灯的显示时间**　①从日没到日出；②能见度不良的白天；③一切认为有必要的情况下，如晨昏蒙影，能见度良好但阴云密布、光线较暗的白天等。

（3）**不应显示的灯光**　①可能会被误认为《规则》各条规定的号灯的灯光，如驾驶台下方窗口朝前的室内灯光等；②可能会削弱号灯的能见距离或显著特性的灯光，如甲板照明灯及舷灯附近的室内灯光等；③可能会妨碍正规瞭望的灯光，如驾驶室内及海图室内的灯光和甲板照明灯等。

（4）号型的显示时间　号型的显示时间为白天，包括从日出到日没、日出前和日出后的晨昏蒙影期间。因此，应同时显示号灯和号型的时间为在能见度不良或天色受影响的白天以及晨昏蒙影时。

二、号灯的定义

（一）条款内容（第二十一条　定义）

1. "桅灯"是指安置在船的艏艉中心线上方的白灯，在 225 度的水平弧内显示不间断的灯光，其装置要使灯光从船的正前方到每一舷正横后 22.5 度内显示。

2. "舷灯"是指右舷的绿灯和左舷的红灯，各在 112.5 度的水平弧内显示不间断的灯光，其装置要使灯光从船的正前方到各自一舷的正横后 22.5 度内分别显示。长度小于 20 米的船舶，其舷灯可以合并成一盏，装设于船的艏艉中心线上。

3. "尾灯"是指安置在尽可能接近船尾的白灯，在 135 度的水平弧内显示不间断的灯光，其装置要使灯光从船的正后方到每一舷 67.5 度内显示。

4. "拖带灯"是指具有与本条 3 款所述"尾灯"相同特性的黄灯。

5. "环照灯"是指在 360 度的水平弧内显示不间断灯光的号灯。

6. "闪光灯"是指每隔一定时间以频率为每分钟闪 120 次或 120 次以上的号灯。

（二）条款解释

根据《规则》，以长度大于等于 50m 的机动船为例，其桅灯、舷灯和尾灯的水平照射弧度，如图 3-21-1 所示。

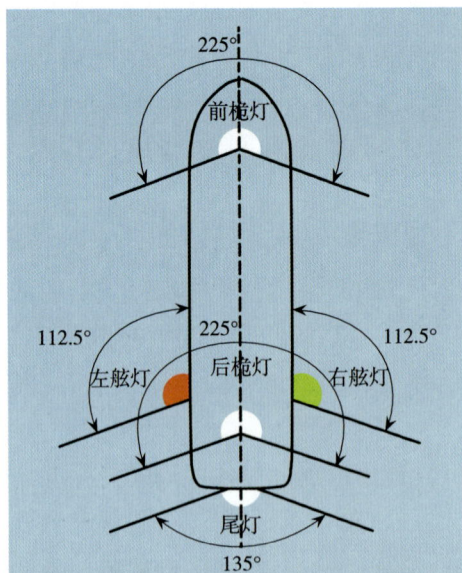

图 3-21-1　桅灯、舷灯和尾灯的水平照射弧度示意图

三、号灯的能见距离

(一) 条款内容 (第二十二条 号灯的能见距离)

本规则条款规定的号灯,应具有本规则附录一第 8 款 (略) 订明的发光强度,以便在下列最小距离上能被看到:

1. 长度为 50 米或 50 米以上的船舶:

桅灯,6 海里;舷灯,3 海里;尾灯,3 海里;拖带灯,3 海里;白、红、绿或黄色环照灯,3 海里。

2. 长度为 12 米或 12 米以上但小于 50 米的船舶:

桅灯,5 海里;但长度小于 20 米的船舶,3 海里;舷灯,2 海里;尾灯,2 海里;拖带灯,2 海里;白、红、绿或黄色环照灯,2 海里。

3. 长度小于 12 米的船舶:

桅灯,2 海里;舷灯,1 海里;尾灯,2 海里;拖带灯,2 海里;白、红、绿或黄色环照灯,2 海里。

4. 不易察觉的、部分淹没的被拖带船舶或物体:白色环照灯,3 海里。

(二) 条款解释

综合《规则》第二十一、二十二条的规定,号灯的类别、灯色、水平光弧和能见距离如表 3-21-1 所示。

表 3-21-1　各种号灯的灯色、水平光弧和最小能见距离

号灯类别	灯色	水平光弧 (°)	最小能见距离 (n mile)			
			$L \geqslant 50m$	$20m \leqslant L < 50m$	$12m \leqslant L < 20m$	$L < 12m$
桅灯	白	225	6	5	3	2
舷灯	左红、右绿	112.5	3	2	2	1
尾灯	白	135	3	2	2	2
拖带灯	黄	135	3	2	2	2
环照灯	红绿白黄	360	3	2	2	2
操纵号灯	白	360	5			
闪光灯	黄	360	对能见距离未做规定,但其闪光频率为 120 次/min 或以上			

注: ①表中 L 为船长;

②不易察觉的、部分被淹没的被拖体上要求显示的白色环照灯,能见距离为 3n mile;

③在相互临近处捕鱼的渔船规定的额外号灯,应能在水平四周至少 1n mile 的距离上被看到,但应小于《规则》为渔船规定的号灯的能见距离。

第二节　各类船舶的号灯和号型

本节要点：船舶应当按规定显示或者悬挂相应的号灯和号型，表明本船的动态，也便于他船识别，是决定避让的主要依据，又是判定碰撞事故责任的法律依据。本节主要介绍各类船舶在不同状态下应显示的号灯和号型。

一、在航机动船

①船舶长度大于等于 50m 的在航机动船，应显示前桅灯、后桅灯、舷灯和尾灯（图 3-21-2）。

②船舶长度小于 50m 的在航机动船，应显示前桅灯、舷灯和尾灯，也可显示后桅灯（图 3-21-3）。

图 3-21-2　船舶长度 50m 以上的在航机动船　　**图 3-21-3　船舶长度 50m 以下的在航机动船**

③气垫船，应显示桅灯、舷灯和尾灯，在非排水状态下航行时，另加 1 盏环照黄色闪光灯（图 3-21-4）。

④地效船，按同等长度机动船显示桅灯、舷灯和尾灯，只有在起飞、降落和贴近水面飞行时，才应显示高亮度的环照红色闪光灯（图 3-21-5）。

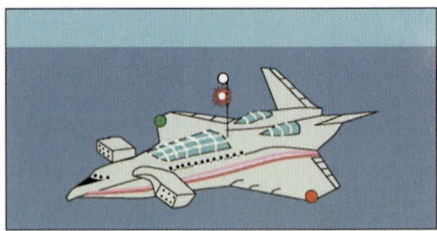

图 3-21-4　非排水状态下航行时的气垫船　　**图 3-21-5　起飞时的地效船**

⑤船舶长度小于 12m 的在航机动船，可以显示环照白灯、舷灯（图 3-21-6）。

⑥船舶长度小于 7m 其最高速度不超过 7kn 的机动船，可以显示 1 盏环

照白灯（图 3-21-7）。

图 3-21-6　船舶长度 12m 以下的在航机动船　　图 3-21-7　船舶长度 7m 以下的在航机动船

二、拖带与顶推

1. 机动船当拖带时

①拖带长度大于 200m 时，用垂直 3 盏桅灯取代 1 盏桅灯，再加拖带灯；被拖船应当显示舷灯、尾灯（图 3-21-8）。"拖带长度"，是指自拖船船尾至被拖船船尾间的水平距离。

②拖带长度小于等于 200m 时，用垂直 2 盏桅灯取代 1 盏桅灯，再加拖带灯；被拖船应当显示舷灯、尾灯（图 3-21-9）。

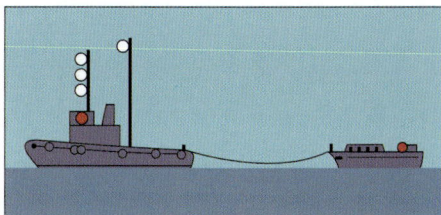

图 3-21-8　拖带长度 200m 以上的拖带船　　图 3-21-9　拖带长度 200m 以下的拖带船

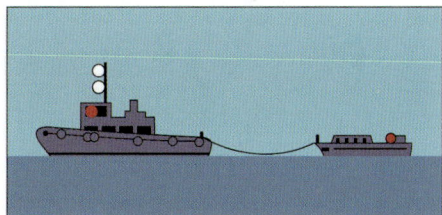

③当拖带长度大于 200m 时，在拖带船和被拖带船最易见处显示 1 个菱形体号型（图 3-21-10）。

2. 组合体

当 1 顶推船和 1 被顶推船牢固地连接成为一组合体时，则应作为 1 艘机动船（图 3-21-11）。

3. 机动船顶推时

从事顶推的机动船，用垂直 2 盏桅灯取代 1 盏桅灯；被顶推船应当显示 2 盏舷灯（图 3-21-12、图 3-21-13）。

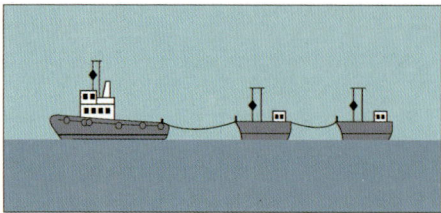

图 3-21-10 拖带长度 200m 以上的拖带组的
号型

图 3-21-11 顶推船与被顶推船成为组合体

图 3-21-12 船舶长度 50m 以上的顶推船

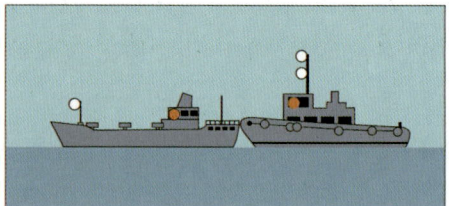

图 3-21-13 船舶长度小于 50m 的顶推船

4. 机动船当旁拖时

从事旁拖的机动船，用垂直 2 盏桅灯取代 1 盏桅灯；被旁拖船应当显示
2 盏舷灯、1 盏尾灯（图 3-21-14）。

5. 一艘通常不从事拖带作业的船舶在从事拖带另一遇险或需要救助的船舶

当 1 艘通常不从事拖带作业的船舶，不可能按照本条 1 或 3 款的规定显示号灯，应将拖缆照亮，以此来表明拖船与被拖船之间关系（图 3-21-15）。

图 3-21-14 船舶长度小于 50m 的旁拖船

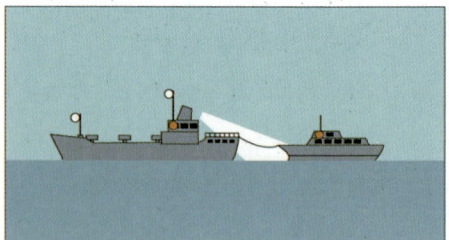

图 3-21-15 不从事拖带作业的船舶拖带时

6. 一艘不易觉察的、部分淹没的被拖船舶或物体或者这类船舶或物体的组合体

①被拖物体宽度小于 25m，在前后两端或接近前后两端处各显示 1 盏环照白灯（图 3-21-16）。

②被拖物体宽度大于等于 25m，在两侧最宽处或接近最宽处另加 2 盏环照白灯（图 3-21-17）。

③被拖物体长度超过 100m，另加若干环照白灯（图 3-21-18）。

④在最后 1 艘被拖船或物体的末端或接近末端处，显示 1 个菱形体号型。如果拖带长度超过 200m 时，尽可能在前部的最易见处另加 1 个菱形体号型（图 3-21-19）。

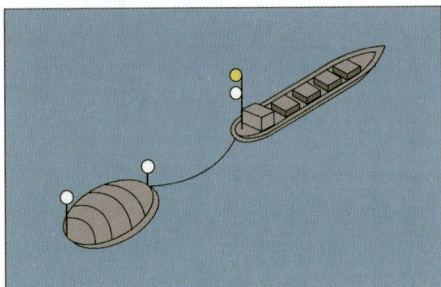

图 3-21-16　被拖物体宽度小于 25m

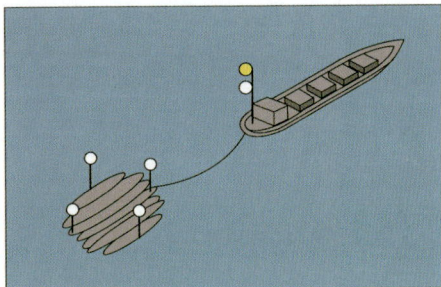

图 3-21-17　被拖物体宽度大于等于 25m

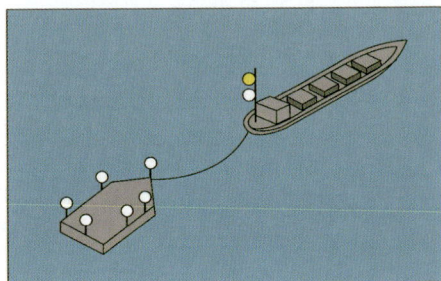

图 3-21-18　被拖物体长度超过 100m

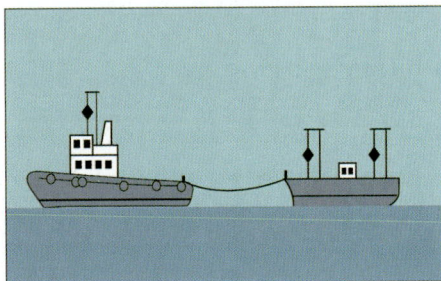

图 3-21-19　拖带超过 200m,不易觉察的被拖船

三、在航帆船和划桨船

1. 在航帆船

①船舶长度大于等于 20m 的在航帆船，应显示 2 盏舷灯、1 盏尾灯（图 3-21-20）；还可在桅顶处垂直显示上红下绿 2 盏环照灯（图 3-21-21）。

②船舶长度小于 20m 的在航帆船，可以显示 2 盏舷灯和尾灯，也可以将舷灯和尾灯合并成 1 盏"三色合座灯"（图 3-21-22）。

③船舶长度小于 7m 的在航帆船，如可行，应当显示舷灯和尾灯，或"三色合座灯"；如不可行，则在手边备妥白光的电筒 1 个或点着的白灯 1 盏（图 3-21-23）。

图 3-21-20　长度大于等于 20m 的在航帆船

图 3-21-21　长度大于等于 20m 的在航帆船

图 3-21-22　长度小于 20m 的在航帆船

图 3-21-23　长度小于 7m 的在航帆船

2. 机帆并用船

机帆并用船，应当按照机动船规定显示其号灯；对于其号型，应在前部最易见处显示 1 个圆锥体号型，尖端向下（图 3-21-24）。

3. 划桨船

划桨船，可以按照帆船的显示号灯，但如不这样做，则应在手边备妥白光的电筒 1 个或点着的白灯 1 盏（图 3-21-25）。

图 3-21-24　机帆并用船应显示的号型

图 3-21-25　划桨船

四、渔船

（一）条款内容（第二十六条　渔船）

1. 从事捕鱼的船舶，不论在航还是锚泊，只应显示本条规定的号灯和号型。

2. 船舶从事拖网作业，即在水中拖曳爬网或其他用作渔具的装置时，应显示：

（1）垂直两盏环照灯，上绿下白，或一个由上下垂直、尖端对接的两个圆锥体所组成的号型；

（2）一盏桅灯，后于并高于那盏环照绿灯；长度小于 50 米的船舶，则不要求显示该桅灯，但可以这样做；

（3）当对水移动时，除本款规定的号灯外，还应显示两盏舷灯和一盏尾灯。

3. 从事捕鱼作业的船舶，除拖网作业者外，应显示：

（1）垂直两盏环照灯，上红下白，或一个由上下垂直、尖端对接的两个圆锥体所组成的号型；

（2）当有外伸渔具，其从船边伸出的水平距离大于 150 米时，应朝着渔具的方向显示一盏环照白灯或一个尖端向上的圆锥体号型；

（3）当对水移动时，除本款规定的号灯外，还应显示两盏舷灯和一盏尾灯。

4. 本规定附录二（略）所述的额外信号，适用于在其他捕鱼船舶附近从事捕鱼的船舶。

5. 船舶不从事捕鱼时，不应显示本条规定的号灯或号型，而只应显示为其同样长度的船舶所规定的号灯或号型。

（二）条款解释

1. 从事拖网作业的渔船

①从事拖网作业的渔船，应显示上绿下白 2 盏环照灯，舷灯、尾灯（不对水移动时应关闭），船长大于等于 50m 应显示 1 盏后桅灯（图 3-21-26、图 3-21-27、图 3-21-28）。

②长度大于等于 20m 的船舶从事拖网作业，不论在航还是锚泊，应显示 1 个由上下垂直、尖端对接的 2 个圆锥体所组成的号型（图 3-21-29）。

③从事拖网作业的渔船，锚泊时同在航不对水移动的号灯和号型。

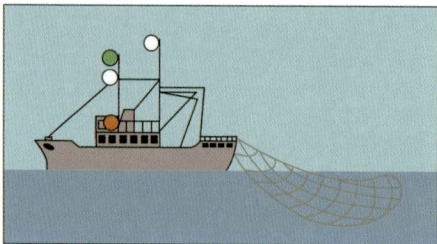

图3-21-26　拖网渔船对水移动（船长≥50m）

图3-21-27　拖网渔船对水移动（船长＜50m）

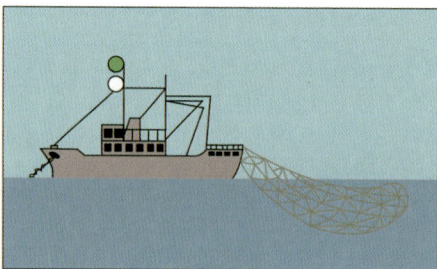

图3-21-28　不对水移动或锚泊（船长＜50m）

图3-21-29　拖网渔船在航或锚泊（船长≥20m）

2. 在相互邻近处捕鱼的渔船额外信号

①从事拖网捕鱼放网时：垂直2盏白灯（图3-21-30）。

②从事拖网捕鱼起网时：垂直2盏上白下红灯（图3-21-31）。

③从事拖网捕鱼网挂住障碍物时：垂直2盏红灯（图3-21-32）。

④从事对拖网作业的各船在夜间，应朝着前方并向本对拖网中另一船的方向照射的探照灯（图3-21-33）。

⑤围网渔船的额外信号：当该围网渔船的行动为其渔具所妨碍时，可显示垂直2盏黄色号灯（图3-21-34）。

图3-21-30　从事拖网捕鱼放网（船长≥50m）

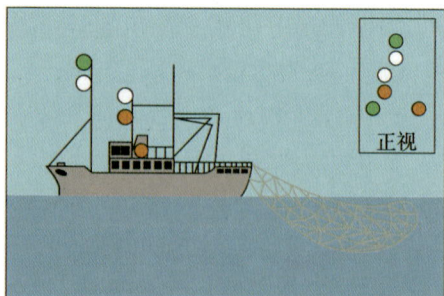

图3-21-31　从事拖网捕鱼起网（船长＜50m）

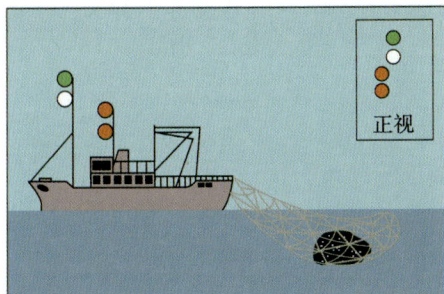

图3-21-32　拖网时网挂住障碍物(船长＜50m)

图3-21-33　对　拖

3. 从事非拖网作业的渔船

①从事非拖网作业的渔船，不论在航还是锚泊，应显示上红下白2盏环照灯；当渔具外伸的水平距离大于150m时，应朝着渔具的方向显示1盏环照白灯；当对水移动时，还应显示2盏舷灯和1盏尾灯（图3-21-35、图3-21-36）。

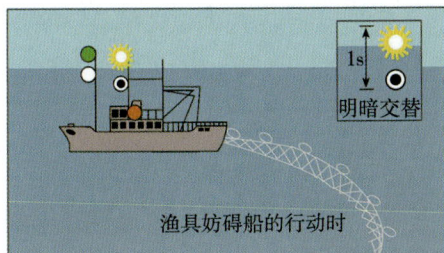

图3-21-34　围网渔船额外信号

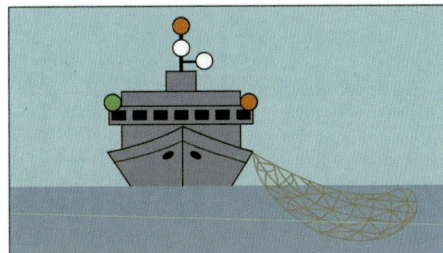

图3-21-35　非拖网渔船对水移动

②从事非拖网作业的渔船，不论在航还是锚泊，应显示1个由上下垂直、尖端对接的2个圆锥体所组成的号型。当渔具外伸的水平距离大于150m时，应朝着渔具的方向显示1个尖端向上的圆锥号型（图3-21-37）。

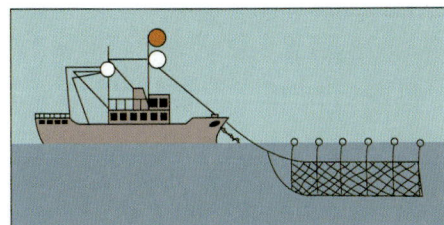

图3-21-36　非拖网渔船不对水移动或锚泊

图3-21-37　从事非拖网作业的渔船在航或锚泊

五、失去控制或操纵能力受到限制的船舶

1. 失去控制的船舶

①失去控制的船舶，应显示垂直 2 盏环照红灯；对水移动时，还应显示 2 盏舷灯和 1 盏尾灯（图 3-21-38、图 3-21-39）。

②失去控制的船舶，应显示垂直 2 个球体或类似的号型（图 3-21-40）。

图 3-21-38　失去控制的船舶对水移动

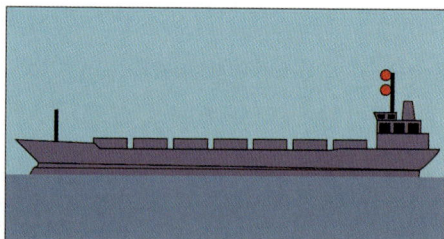

图 3-21-39　失去控制的船舶不对水移动

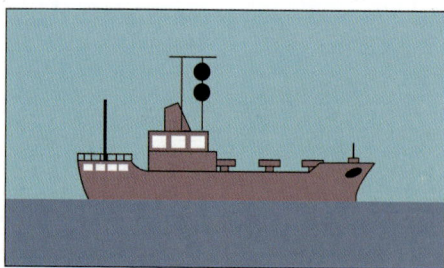

图 3-21-40　失去控制的船舶在航

2. 操纵能力受到限制的船舶

①操纵能力受到限制的船舶，除从事拖带、清除水雷、疏浚或水下作业的船舶外，应显示的号灯：垂直红白红 3 盏环照灯；在航对水移动时，还应显示桅灯、舷灯和尾灯；锚泊时，还应显示第三十条规定的号灯（图 3-21-41、图 3-21-42）。

②操纵能力受到限制的船舶，除从事拖带、清除水雷、疏浚或水下作业的船舶外，应显示号型：垂直球菱球 3 个号型；锚泊时，还应显示第三十条规定的号型（图 3-21-43、图 3-21-44）。

3. 从事拖带而不能偏离航向的机动船

①从事拖带而不能偏离航向的机动船，应显示的号灯：除了第二十四条 1 款规定的号灯外，还应显示垂直红白红 3 盏环照灯（图 3-21-45）。

②从事拖带而不能偏离航向的机动船，应显示的号型：除了第二十四条

1款规定的号型外，还应显示垂直球菱球3个号型（图3-21-46）。

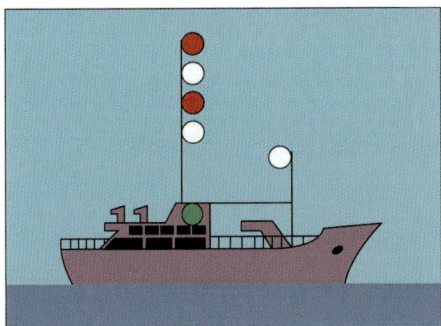

图3-21-41　普通操限船在航对水移动（船
　　　　　　长≥50m）

图3-21-42　普通操限船在航不对水移动

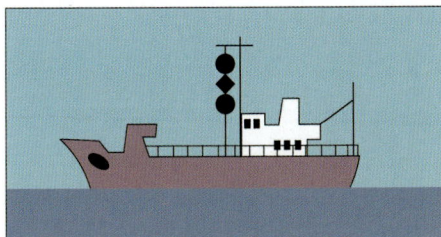

图3-21-43　普通操限船在航

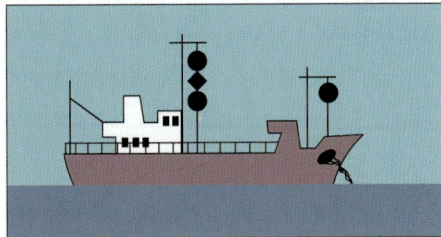

图3-21-44　普通操限船锚泊

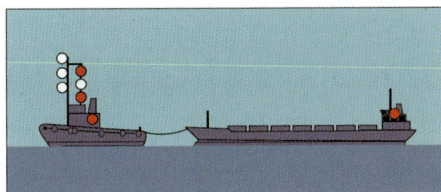

图3-21-45　从事拖带而不能偏离航向的机动船

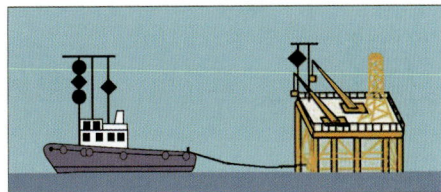

图3-21-46　从事拖带而不能偏离航向的机动船

4. 从事疏浚或水下作业的船舶操纵能力受到限制

①从事疏浚或水下作业操纵能力受到限制的船舶，应显示的号灯：垂直红白红3盏环照灯；在航对水移动时，还应显示桅灯、舷灯和尾灯；当存在障碍物时，在有障碍物的一舷，显示垂直2盏红色环照灯；在他船可通过的一舷，显示垂直2盏绿色环照灯（图3-21-47、图3-21-48）。

②从事疏浚或水下作业操纵能力受到限制的船舶，应显示的号型：垂直球菱球3个号型；当存在障碍物时，在有障碍物的一舷，显示垂直2个球体；在他船可通过的一舷，显示垂直2个菱形体（图3-21-49）。

③锚泊时，不再显示第三十条规定的号灯或号型。

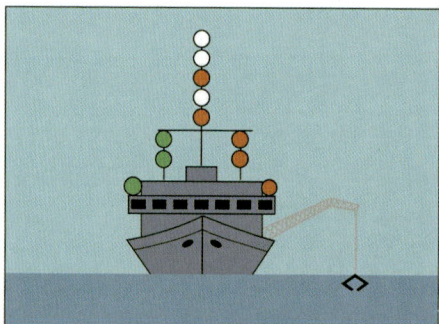

图 3-21-47　从事疏浚或水下作业操限船　　图 3-21-48　从事疏浚或水下作业操限船
（不对水移动）

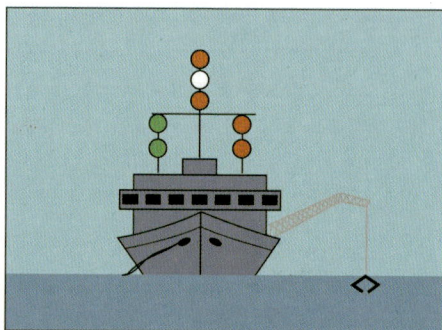

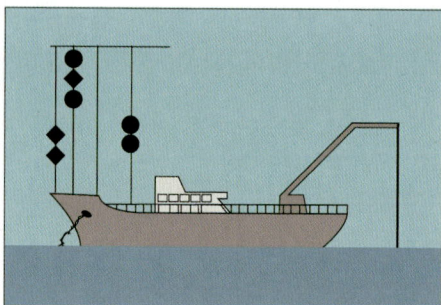

图 3-21-49　从事疏浚或水下作业操限船

5. 从事潜水作业的小船

从事潜水作业的小船，不能显示本条 4 款为水下作业的船舶规定的号灯和号型时，则应显示：

①在最易见处，垂直红白红 3 盏环照灯（图 3-21-50）。

②一个国际信号旗"A"的硬质复制品（图 3-21-51）。

图 3-21-50　从事潜水作业的小船的号灯　　图 3-21-51　从事潜水作业的小船的号型

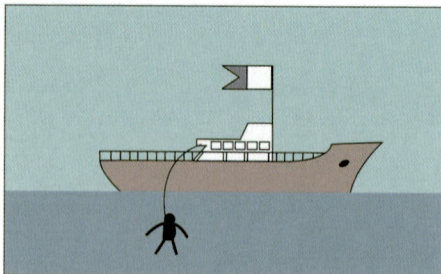

6. 从事清除水雷作业的船舶

从事清除水雷作业的船舶，除按同等长度机动船在航或锚泊时显示号灯、号型外，还应显示 3 盏环照绿灯或 3 个球体（图 3-21-52、图 3-21-53）。

图 3-21-52　从事清除水雷作业的船舶的号灯　　图 3-21-53　从事清除水雷作业的船舶的号型

六、限于吃水的船舶

①限于吃水的船舶，应显示桅灯、舷灯、尾灯外，还可在最易见处显示垂直 3 盏环照红灯（图 3-21-54）。

②限于吃水的船舶，在航时应显示 1 个圆柱体号型（图 3-21-55）。

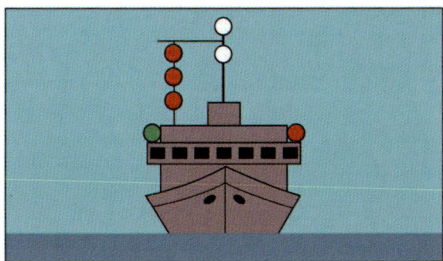

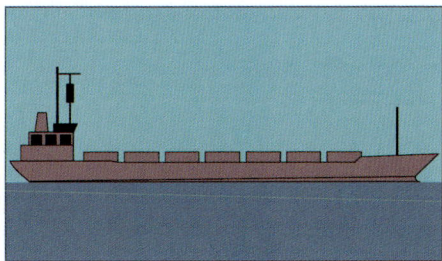

图 3-21-54　限于吃水的船舶号灯　　　　图 3-21-55　限于吃水的船舶在航号型

七、引航船舶

①在航中执行引航任务的船舶，应显示垂直 2 盏上白下红环照灯、舷灯、尾灯（图 3-21-56、图 3-21-57）。

②在航中执行引航任务的船舶，《规则》没有规定其应显示的号型，但专用的引航船上通常标有"PILOT"字样，并悬挂"H"旗。

③在锚泊中执行引航任务的船舶，应显示垂直 2 盏上白下红环照灯、锚灯（图 3-21-58）。

④引航船当不执行引航任务时，应显示普通同类船舶规定的号灯和或号型。

图 3-21-56 执行引航任务引航船（船长≥20m）

图 3-21-57 执行引航任务引航船（船长＜20m）

图 3-21-58 在锚泊时执行引航任务的引航船

八、锚泊船舶和搁浅船舶

1. 锚泊船

①长度大于等于 100m 的船舶锚泊时，应显示前锚灯、后锚灯和甲板照明灯（图 3-21-59）。

②长度大于等于 50m 并小于 100m 的船舶锚泊时，应显示前锚灯、后锚灯，还可用工作灯照明甲板（图 3-21-60）。

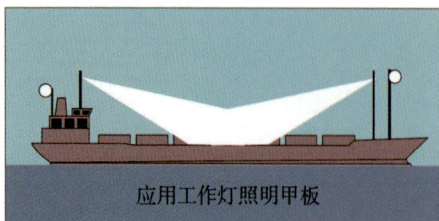

图 3-21-59 长度大于等于 100m 的锚泊船

图 3-21-60 长度 50～100m 的锚泊船

③长度小于 50m 的船舶锚泊时，可以在最易见处显示 1 盏环照白灯，代替前后锚灯（图 3-21-61）。

④锚泊船，不论其船舶长度，应显示的号型：1 个球体（图 3-21-62）。

还可用工作灯照明甲板

图 3-21-61　长度 50m 以下的锚泊船

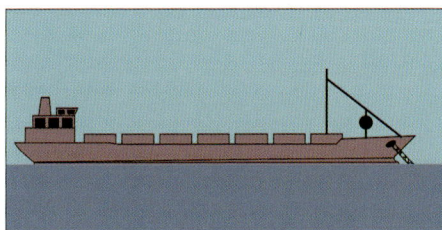

图 3-21-62　锚泊船的号型

2. 搁浅船

①搁浅船，应显示的号灯：锚灯、垂直 2 盏环照红灯（图 3-21-63）。

②搁浅船，应显示的号型：垂直 3 个球体，但不必显示锚球（图 3-21-64）。

③船舶长度小于 12m 的船舶搁浅时，不要求显示垂直 2 盏环照红灯或垂直 3 个球体。

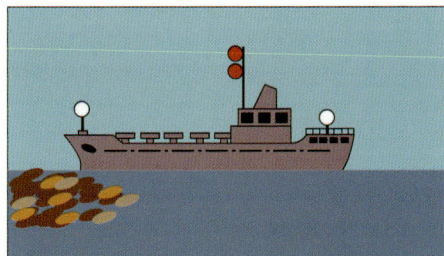

图 3-21-63　搁浅船号灯

图 3-21-64　搁浅船号型

九、水上飞机

本条允许水上飞机或地效船在号灯和号型的特性或位置方面，可以不完全遵守本章各条规定，但应当尽可能与本章的规定一致。

十、常见类别船舶的号灯和号型

常见类别船舶的号灯和号型见表 3-21-2。

表 3-21-2　常见类别船舶的号灯和号型

船舶		在航		锚泊
船型	分类	号灯	号型	
机动船	船长大于等于 50m	前后桅灯、舷灯、尾灯		按锚泊船显示号灯和号型（在船的最易见处显示 1 个球体●；前后锚灯，还可使用工作灯或同等的灯照亮甲板，船长≥100m 时必须显示这类灯；船长＜50m 时，可以用 1 盏锚灯代替前后锚灯）
	船长小于 50m	前桅灯、舷灯、尾灯，也可显示后桅灯		
	船长小于 12m	前桅灯、舷灯、尾灯，也可显示 1 盏环照白灯和舷灯代替		
	船长小于 12m，且最大航速小于等于 7m	前桅灯、舷灯、尾灯，也可显示 1 盏环照白灯代替，如可行也可显示舷灯		
	气垫船	按同长度机动船显示桅灯、舷灯和尾灯，在非排水状态航行时另加 1 盏黄色闪光灯		
	地效船	按同长度机动船显示桅灯、舷灯和尾灯，在起飞、降落和飞行时另加 1 盏高亮度环照红色闪光灯		
	机帆并用船	按同等长度机动船显示相应号灯	尖端朝下圆锥体▼	
从事捕鱼作业的船舶	拖网渔船	上绿下白 2 盏环照灯，舷灯、尾灯（不对水移动时应关闭），船长大于等于 50m 应显示 1 盏后桅灯	上下垂直、▼尖端对接 2 个▲圆锥体	同在航不对水移动的号灯和号型
	非拖网渔船　渔具水平伸出距离小于等于 150m	上红下白 2 盏环照灯，舷灯、尾灯（不对水移动时应关闭）	上下垂直、▼尖端对接 2 个▲圆锥体	
	非拖网渔船　渔具水平伸出距离大于 150m	除上红下白 2 盏环照灯，舷灯、尾灯（不对水移动时应关闭）外，另在渔具伸出方向加一盏环照白灯	上下垂直、▼尖端对接 2 个▲圆锥体；另在渔具伸▲出方向显示	
	相互邻近处捕鱼的额外信号（在上述在航和锚泊信号之外附加显示）　拖网渔船　非对拖	不论是用底拖还是中层渔具可显示放网时：垂直 2 盏白灯起网时：垂直上白下红灯网挂住障碍物时：垂直 2 盏红灯		
	相互邻近处捕鱼的额外信号（在上述在航和锚泊信号之外附加显示）　拖网渔船　对拖	不论是用底拖还是中层渔具可显示放网时：垂直 2 盏白灯起网时：垂直上白下红灯网挂住障碍物时：垂直 2 盏红灯另朝着前方并向本对拖网渔船的另一船方向照射探照灯		
	相互邻近处捕鱼的额外信号（在上述在航和锚泊信号之外附加显示）　围网渔船	船的行动为渔具所妨碍时才可显示；垂直 2 盏黄色号灯（每秒交替闪光 1 次，明暗历时相等）		

（续）

船舶		在航		锚泊
船型	分类	号灯	号型	
失去控制的船舶		垂直2盏环照红灯，当对水移动时另加舷灯、尾灯	最易见处垂直显示2个球体 ●●	按锚泊船显示
搁浅船		除锚灯外，垂直2盏环照红灯（不要求甲板灯等）；最易见处垂直显示3个球（不再显示锚球）		● ● ●

第三节　声响和灯光信号

本节要点：*声响和灯光信号可表明船舶的存在、种类、大小、动态。在互见中，可表明船舶正在或企图采取的行动，也可表明提醒、怀疑或警告。本节主要介绍声响信号中长声和短声的定义以及声响器具的配备要求，操纵与警告信号和能见度不良时使用的声号。*

一、定义

1. "号笛"一词，指能够发出规定笛声，并符合本规则附录三（略）所载规格的任何声响信号器具。

2. "短声"一词，指历时约1s的笛声。

3. "长声"一词，指历时4～6s的笛声。

二、船舶应配备的声号设备

船舶应配备的声号设备，根据船长 L 规定了4个等级：

①12m≤ L ＜20m的船舶　应配备1个号笛。

②20m≤ L ＜100m的船舶　除配备1个号笛外，还应配备1个号钟。

③ L ≥100m的船舶　除配备1个号笛和1个号钟外，还应配备1个号锣。

④ L ＜12m的船舶　不要求备有上述规定的声响信号器具，但至少应配备能发出有效声响的其他设备，如雾角和手摇铃等。

三、声号器具的技术细节

为保持声号的多样性，号笛的基频应介于一定的界限之内；号笛应有足够的声强，以保证一定的可听距离（表 3-21-3）。

表 3-21-3　船舶号笛的基频范围和可听距离

船舶长度 L（m）	基频界限（Hz）	可听距离（n mile）
$L \geqslant 200$	70～200	2.0
$75 \leqslant L < 200$	130～350	1.5
$20 \leqslant L < 75$	250～700	1.0
$L < 20$	250～700	0.5

值得注意的是，表 3-21-3 所定数值仅是典型情况。号笛的可听距离，受当时天气情况的影响很大，尤其是在强风和噪声的情况下，可听距离会大大减小。

四、操纵和警告信号

操纵和警告信号，习惯上称为操纵行动信号、追越信号、怀疑或警告信号、过弯道信号，其信号的含义、鸣放或显示的条件如表 3-21-4 所示。

表 3-21-4　操纵和警告信号

信号类别	适用条件	适用船舶	信号	信号含义	信号设备
操纵声号		在航机动船	·（ˆ） ··（ˆˆ） ···（ˆˆˆ）	我船正在向右转向 我船正在向左转向 我船正在向后推进	号笛操纵号灯
操纵灯光信号		任何在航船舶	ˆ ˆˆ ˆˆˆ	我船正在向右转向 我船正在向左转向 我船正在向后推进	操纵号灯
追越声号	互见中	狭水道或航道内的任何在航船舶	——· ———··	我船企图从你船右舷追越 我船企图从你船左舷追越 同意追越	号笛
警告信号		任何船舶	至少五短声 （ˆˆˆˆˆ）	正在互相驶近，一船无法了解他船的意图或行动，或者怀疑他船是否正在采取足够的行动以避免碰撞时	号笛操纵号灯
弯头声号	能见度良好	任何在航船舶	— —	在驶近可能被居间障碍物遮蔽他船的水道或航道的弯头或地段时 弯头另一面或居间障碍物后的来船听到声号时	号笛

注：·表示一短声；　—表示一长声；　ˆ表示一次闪光。

五、能见度不良时使用的声号

能见度不良时使用的声号，适用于能见度不良的水域中或其附近航行、锚泊、搁浅的任何船舶，且不论当时两船是否互见，不同种类的船舶能见度不良时使用的声号如表 3-21-5 所示。

表 3-21-5　能见度不良时使用的声号

船舶类别和动态			信号(除注明外、均用号笛)	间隔时间（分钟）
在航	机动船 （包括牢固组合体）	对水移动	—	2
		已停车且不对水移动	— —	
	失去控制的船舶 操纵能力受到限制的船舶 限于吃水的船舶 帆船 从事捕鱼的船舶 从事拖带或顶推他船的船舶		— · ·	
	被拖船或多艘被拖船的最后一艘		— · · ·	
锚泊	从事捕鱼的船舶在锚泊中作业 操限船在锚泊中执行任务时		— · ·	2
	船长＜100m 船长≥100m		急敲号钟 5s 急敲号钟（前）、 锣（后）各 5s	1 1
	锚泊中发现他船驶近时		· — ·	连续鸣放
搁浅船			除按同等长度的锚泊船鸣放声号外，还应在紧接急敲号钟之前和之后，各分隔而清楚地敲打钟号 3 下；还可鸣放合适的笛号，如单字母信号码语 U（· · —）	1
船长小于 12m 的船舶			如不鸣放上述有关声号，应发出其他有效的声号	2
引航船执行引航任务时			除鸣放机动船在航和锚泊的声号外，还可鸣放 · · · · 识别声号	适时鸣放

第四节　招引注意和遇险信号

本节要点：招引注意的信号并不要求强制使用，但为了确保海上航行安全，最大限度地减少事故的发生。而遇险信号在船舶遇险需要救助时，可以单独使用或显示，也可几个信号同时使用或显示。本节主要介绍招引注意和遇险信号，以及使用招引注意信号的使用时机、遇险信号的种类。

一、条款内容

1. 第三十六条　招引注意的信号

如需招引他船注意，任何船舶可以发出灯光或声响信号，但这种信号应不致被误认为本规则其他条款所准许的任何信号，或者可用不致妨碍任何船舶的方式把探照灯的光束朝着危险的方向。任何招引他船注意的灯光，应不致被误认为是任何助航标志的灯光。为此目的，应避免使用诸如频闪灯这样高亮度的间歇灯或旋转灯。

2. 第三十七条　遇险信号

船舶遇险并需要救助时，应使用或显示本规则附录四（略）所述的信号。

二、条款解释

1. 招引注意的信号

（1）招引注意的信号使用时机　可使用招引他船注意的信号的时机：本船走锚、本船有人落水、本船发现不明漂浮物、本船发现他船走锚、本船发现落水者、本船发现他船航行灯熄灭、本船正在寻找落水者、本船发现他船驶近危险物等以及 1 艘捕鱼船或 1 艘操限船等。在夜间，可显示适当的灯光闪烁，并且将探照灯的光束指向危险的方向；在白天，可鸣放适当的声响信号。

（2）招引注意信号的目的

①弥补本规则其他各条规定可能无法覆盖的各种特殊情况。

②招引他船注意，以避免可能发生的碰撞危险或航行危险（图 3-21-65）。

2. 遇险信号

下列信号，不论是一起或分别使用或显示，均表示遇险需要救助：

①每隔约 1min 鸣放或燃放其他爆炸信号 1 次。

②以任何雾号器具连续发声。

③以短的间隔，每次放 1 个抛射红星的火箭或信号弹。

④无线电报或任何其他通信方法发出莫尔斯码组 · · · — — — · · ·（SOS）的信号。

⑤无线电话发出"梅代"（MAYDAY）语言的信号。

⑥《国际简语信号规则》
中表示遇险的信号 N.C.。

⑦由 1 面方旗放在 1 个球
体或任何类似球形物体的上方
或下方所组成的信号。

⑧船上的火焰（如从燃着
的柏油桶、油桶等发出的火
焰）。

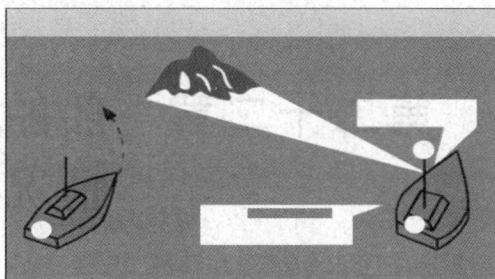

图 3-21-65　招引注意的信号

⑨火箭降落伞式或手持式的红色突耀火光。

⑩放出橙色烟雾的烟雾信号。

⑪两臂侧伸，缓慢而重复地上下摆动。

⑫无线电报报警信号。

⑬无线电话报警信号。

⑭由无线电应急示位标发出的信号。

⑮无线电通信系统发出的经认可的信号，包括救生艇筏雷达应答器。

除为表示遇险救助外，禁止使用或显示上述任何信号以及可能与上述信号相混淆的其他信号；应注意《国际信号规则》的有关部分、《商船搜寻和救助手册》以及下述的信号：①一张橙色帆布上带有一个黑色正方形和圆圈或者其他合适的符号（供空中识别）；②海水染色标志。

思考题

1. 号灯、号型应在什么时间显示？什么条件下应同时显示号灯和号型？

2. 在显示号灯时不应显示哪些灯光？

3. 常见船舶、特殊用途船舶应显示的号灯和号型？

4. 海上一盏白灯可能表示哪些情况？应如何对待？

5. 从事拖网作业渔船的号灯和号型有哪些规定？

6. 从事非拖网作业渔船的号灯和号型有哪些规定？

7. 在船舶操纵中，"一短声""两短声""三短声"分别代表什么含义？

8. 追越声号的含义及在实践中对不同意追越时鸣放声响的处理方法？

9. 什么情况下使用招引注意信号？

10. 遇险信号有哪些？怎么使用？

第二十二章　船舶在任何能见度情况下的行动规则

《规则》第四条适用范围"本节条款适用于任何能见度的情况"。任何能见度情况，包括能见度良好和能见度不良两种情况。因此，"船舶在任何能见度情况下的行动规则"既适用于能见度良好的情况，也适用于能见度不良的情况，而不论船舶是否处于互见中。

第一节　瞭　望

本节要点：保持正规瞭望是确保海上航行安全的首要因素，是决定安全航速、正确判断碰撞危险、正确采取避碰行动的基础和前提条件。本节主要介绍瞭望的含义、适用范围、目的以及保持正规瞭望的手段。

一、条款内容（第五条　瞭望）

每一船在任何时候都应使用视觉、听觉以及适合当时环境和情况的一切可用手段保持正规的瞭望，以便对局面和碰撞危险作出充分的估计。

二、条款解释

1. 瞭望的含义

瞭望通常是指对船舶所处水域的一切情况进行连续观察，并对所发生的一切情况作出充分的估计与分析。从某种意义上讲，分析与判断比观察还重要。"瞭望"过失主要表现在：①未发现来船；②发现来船太晚，来不及进行判断；③发现了来船，但未进行连续观察；④对局面估计不足等。

2. 瞭望条款的适用范围

（1）**任何船舶**　不论机动船还是帆船，大船还是小船，在航船还是锚泊船。

（2）**任何时候**　不论白天还是黑夜，不论处于何水域。

（3）任何能见度　不论能见度良好还是能见度不良。

值得注意的是，通常认为系岸的或系浮筒的船舶，不要求像在航或锚泊船那样保持正规的瞭望，但在实践中仍应坚持值班制度，防止意外事故发生。

3. 瞭望的目的

（1）对当时的局面作出充分的估计

①通过系统的观察，对所处水域的环境和情况予以全面的分析，尤其对船舶航行安全构成威胁以及可能妨碍或影响船舶操纵性能的各种不利因素与条件予以高度的重视。

②运用一切有效的手段，尤其是雷达的使用，对当时的能见距离作出充分的估计。

③根据所获得的各种资料，对该航区的船舶通航密度、航线的分布、航行的习惯以及海员的传统做法予以周密的分析。

④充分注意本船的特点及其条件限制。

⑤夜间航行时，根据所发现的来船号灯，估算其航向区间，判断两船所构成的会遇格局。

（2）对碰撞危险作出充分的估计

①凭借视觉、听觉和其他可用的手段，从来船的形体、号灯和号型、声响和灯光信号、雷达回波、AIS 信息、VHF 通信和 VTS 服务中获得的信息及早发现在本船周围的其他船舶。

②根据所获得的上述来船信息和航海知识与经验，了解和掌握来船的大小、种类、状态和动态以及分布等。

③通过观测来船的罗经方位的变化情况、对他船进行雷达标绘与其相当的系统观测或者通过其他手段获得的信息，判断来船与本船是否构成碰撞危险、构成何种会遇态势以及本船是否应当采取和采取何种避让行动等。

④根据所获得的信息，随时判断来船的动态和避让意图；应当密切注意来船动态的变化，及时准确了解和掌握这些变化的趋势和可能造成的后果。

4. 瞭望人员

瞭望人员，是指专门负责或者承担对周围的海况进行全面观察的航海人员。瞭望人员必须全神贯注地保持正规瞭望，不得从事或分派给会影响瞭望的其他任何工作。瞭望人员和舵工的职责是分开的，舵工在操舵时一般不能作为瞭望人员，除非是在小船上，能够在操舵的位置上无阻碍地看到周围的情况，且不存在夜间视力的减损和执行正规瞭望的其他障碍。瞭望人员应具备两方面的素质：①身体素质，主要是指视觉和听觉；②业务素质，既具有一定的航海专业知识。因此，瞭望人员只能由合格的、称职的航海人员来担任。

5. 瞭望的手段

瞭望的手段包括视觉、听觉、雷达、望远镜、AIS、VHF 等，详述如下（图 3-22-1）。

（1）视觉　视觉瞭望，是最基本的和最主要的瞭望手段。

（2）听觉　听觉，是能见度不良时保持正规瞭望的基本手段之一。

（3）雷达　雷达被称为"海员特殊的眼睛"。

（4）望远镜　望远镜是现代船舶必备的助航设备之一。

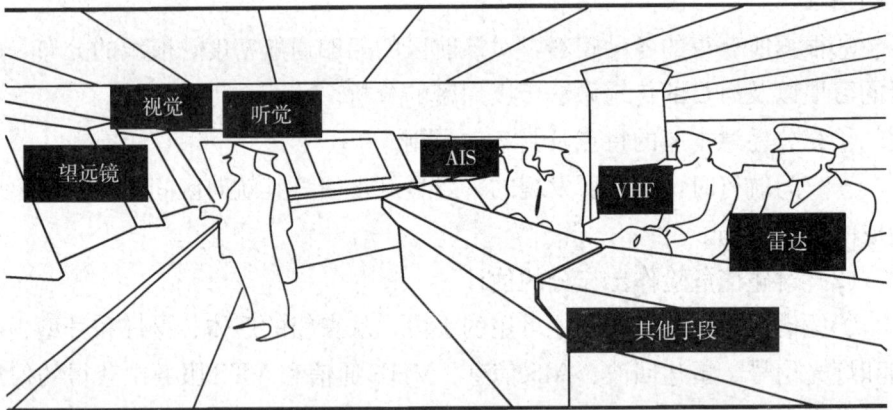

图 3-22-1　瞭望的手段

（5）AIS（船舶自动识别系统）　AIS 能够自动向有相应装置的海岸电台、其他船舶和航空器，提供包括船名、位置、航向、航速、航行状态等相关的安全信息，且不受气象和海况的干扰。AIS 精确可靠的目标船位置显示和动态跟踪，弥补了雷达盲区和海浪干扰的缺陷，在瞭望中应充分加以利用。

（6）VHF（甚高频无线电话）　VHF 能在较远的距离上进行船舶间的联系，可以作为一种有效的瞭望手段，同时，也是船舶间协调避让的一种重要方法。

（7）其他手段　如通过与岸基 VTS（船舶交通服务系统）相互沟通，保证航行安全。

6. 正规瞭望

保持正规瞭望，应至少做到以下几点：①根据环境和情况，配备足够的、称职的瞭望人员；②瞭望人员的位置，应保证能获得最佳的瞭望效果；③瞭望时，使用适合当时环境和情况的一切有效手段；④瞭望是连续的、不间断的；⑤瞭望的方法正确并且是全方位的，瞭望时，应当做到先近后远、由右到左、由前到后的周而复始的瞭望方法；⑥在能见度不良的水域或交通密度大的水域航行时，用雷达观察；⑦正确处理好瞭望与其他各项工作的关系；⑧瞭望时，做到认真、谨慎和尽职尽责。

第二节　安全航速

本节要点：任何船舶在任何时候都应以安全航速航行。减速、停船是避免船舶碰撞的有效行动之一。本节主要介绍安全航速的定义及决定安全航速应考虑的因素。

一、条款内容（第六条　安全航速）

每一船在任何时候都应以安全航速行驶，以便能采取适当而有效的避碰行动，并能在适合当时环境和情况的距离以内把船停住。在决定安全航速时，考虑的因素中应包括下列各点：

1. 对所有船舶

（1）能见度情况；

（2）交通密度，包括渔船或者任何其他船舶的密集程度；

（3）船舶的操纵性能，特别是在当时情况下的冲程和旋回性能；

（4）夜间出现的背景亮光，诸如来自岸上的灯光或本船灯光的反向散射；

（5）风、浪和流的状况以及靠近航海危险物的情况；

（6）吃水与可用水深的关系。

2. 对备有可使用的雷达的船舶，还应考虑

（1）雷达设备的特性、效率和局限性；

（2）所选用的雷达距离标尺带来的任何限制；

（3）海况、天气和其他干扰源对雷达探测的影响；

（4）在适当距离内，雷达对小船、浮冰和其他漂浮物有探测不到的可能性；

（5）雷达探测到的船舶数目、位置和动态；

（6）当用雷达测定附近船舶或其他物体的距离时，可能对能见度作出更确切的估计。

二、条款解释

（一）安全航速条款的适用范围

①任何船舶；②任何时候；③任何能见度；④任何水域。

（二）安全航速的含义

《规则》对安全航速未作明确规定，安全航速可以理解为能采取适当而有效的避碰行动，并能在适合当时环境和情况的距离内把船停住的速度。

（三）决定安全航速应考虑的因素

《规则》没有对安全航速作出定量规定，但列举出了影响安全航速的因素，以提醒船舶驾驶员给予充分注意。

1. 所有船舶应考虑的因素

（1）能见度情况　能见度情况是决定安全航速的首要因素。

（2）交通密度　包括渔船或者任何其他船舶的密集程度。

交通密度，即单位面积水域中船舶的密集程度。当船舶在密集的水域中航行，可航水域范围较小，船舶间会遇次数增加，会遇形式复杂，碰撞危险增大。因而，在决定安全航速时予以正确考虑。

（3）船舶的操纵性能　特别是在当时情况下的冲程和旋回性能。船舶的操纵性能，包括船舶的旋回性能、航向稳定性能和停船性能等，其中，与船舶避碰行动密切相关的是，船舶的旋回性能和停船性能。通常情况下，船舶的吨位和航速越大，冲程和旋回进距也越大。

（4）夜间出现的背景亮光　将影响船舶驾驶人员保持良好的瞭望，降低视距。因而，当船舶在有背景亮光影响的水域航行时，应高度戒备，并适当控制航速，以确保安全。

（5）风、浪和流的状况以及靠近航海危险物的情况　风、浪和流会影响船舶的操纵性能。顺风流航行时，船舶的航速会增加，冲程增大；逆风流航行时，则相反。因而，船舶驾驶人员要掌握船舶在风、浪和流作用下的运动规律，在风、浪和流影响显著的水域航行时要注意其影响。当船舶航行在靠近危险物的水域时，如浅滩、暗礁、沉船等，船舶的回旋余地大受影响，应适当控制船速。

（6）吃水和可用水深的关系　吃水与可用水深作为决定安全航速时应考

虑的因素，主要是考虑到富余水深对船舶操纵性能以及船舶偏离所驶航向的能力的影响，如浅水效应、岸壁效应等。

2. 对备有可使用雷达的船舶

（1）雷达设备的特性、效率和局限性　正确的使用雷达，可以获得碰撞危险的早期警报和来船的运动要素。但也不能过分依赖雷达，应充分考虑雷达设备的特性、效率和局限性。

（2）所选用的雷达距离标尺带来的任何限制　用远距离标尺可以及早地获得来船的信息，但使物标的清晰度和雷达的分辨能力降低，对小物标显示不明显；而用近距离标尺虽可增强物标的清晰度和分辨能力，但不能及早发现目标。因而，驾驶员应根据情况，使用远、近距离标尺交替扫描。

（3）海况、天气和其他干扰源对雷达探测的影响　主要是指海浪干扰、雨雪干扰、同频干扰、多次反射回波、间接回波、异常传播等干扰对雷达探测的影响，这些干扰有时相当严重，不仅使雷达探测不到小物标、甚至连大型船舶的回波也无法辨认。

（4）在适当距离内，雷达对小船、浮冰和其他漂浮物有探测不到的可能性　小船、浮冰和一些漂浮物的电磁波反射能力弱，尤其是木制的小船，雷达对它们有探测不到的可能性。

（5）雷达探测到的船舶数目、位置和动态　雷达荧光屏上显示的船舶回波越多，估计局面就越困难。特别是在船舶的正横以前，出现多船回波更是如此。

（6）当用雷达测定附近船舶或其他物标的距离时，可以对能见度作出更确切的估计　使用雷达测定初次看到的船舶和物标的距离，可以确定当时的能见度情况，以便对能见度作出确切的估计，从而有效控制船速。

第三节　碰撞危险

本节要点：碰撞危险是一种碰撞的可能性，不同船舶驾驶人员对船舶是否存在碰撞危险有着不同的理解和认识。本节主要介绍判断碰撞危险的标准、方法和注意事项。

一、条款内容（第七条　碰撞危险）

1. 每一船都应使用适合当时环境和情况的一切可用手段判断是否存在

碰撞危险，如有任何怀疑，则应认为存在这种危险。

2. 如装有雷达设备并可使用，则应正确予以使用，包括远距离扫描，以便获得碰撞危险的早期警报，并对探测到的物标进行雷达标绘或与其相当的系统观察。

3. 不应当根据不充分的信息，特别是不充分的雷达观测信息作出推断。

4. 在判断是否存在碰撞危险时，考虑的因素中应包括下列各点：

（1）如果来船的罗经方位没有明显的变化，则应认为存在这种危险；

（2）即使有明显的方位变化，有时也可能存在这种危险，特别是在驶近一艘很大的船或拖带船组时，或是在近距离驶近他船时。

二、条款解释

（一）碰撞危险的含义

《规则》中没有给出"碰撞危险"的定义，且很多条款都是以碰撞危险为前提的。碰撞危险可以理解为：当两船的航向和航速延续下去时，它们将同时处于同一位置或接近同一位置，则存在碰撞危险，指的是存在碰撞的风险或可能。

（二）判断碰撞危险的标准

判断碰撞危险最主要的依据是，两船会遇时的最近会遇距离（DCPA）和到达最近会遇距离处的时间（TCPA）。DCPA 是衡量两船是否导致碰撞的唯一标准，而 TCPA 是判断两船潜在的碰撞危险程度大小的依据。

①DCPA＝0，则说明两船如果继续保向保速，势必导致碰撞；若 DCPA＞0 但 DCPA＜安全会遇距离，则认为两船存在碰撞危险。

②TCPA 虽不能直接反映两船是否安全通过，但能表明危险程度的大小。TCPA 越大，两船间危险程度则越小；TCPA 越小，两船间危险程度则越大。

（三）判断碰撞危险的方法

判断碰撞危险的主要方法，有罗经方位判断法、舷角判断法和雷达标绘判断法等。

1. 罗经方位判断法

①如果来船罗经方位没有明显的变化，而两船间的距离不断减小，则应认为存在碰撞危险（图3-22-2）。

②即使有明显的方位变化，有时也可能存在碰撞危险。

a. 在较远的距离上，来船采取了一连串的小角度转向行动（图 3-22-3）。

b. 驶近 1 艘很大的船舶或拖带船组时（图 3-22-4）。

c. 近距离驶近他船时，如在受限水域，当大小不同的两船处于追越中，并平行接近时，随着两船的相对位置变化，即使有明显的方位变化，若横距较小，也可能因船吸而发生碰撞危险。

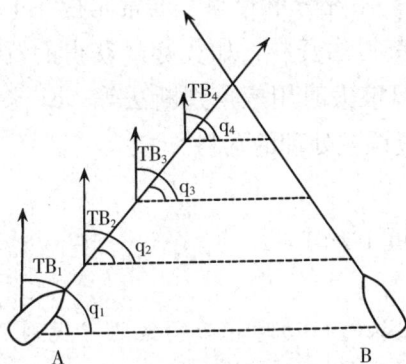

图 3-22-2　来船罗经方位不变　　　　　图 3-22-3　较远距离小角度转向

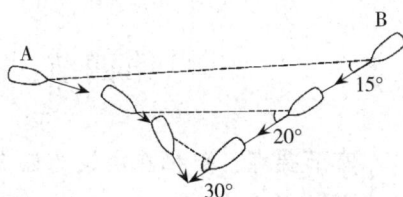

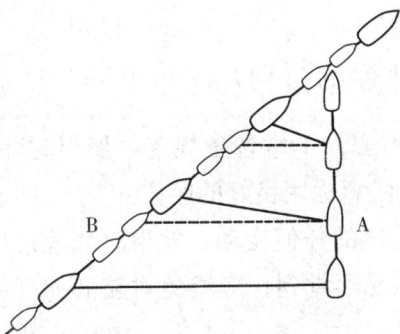

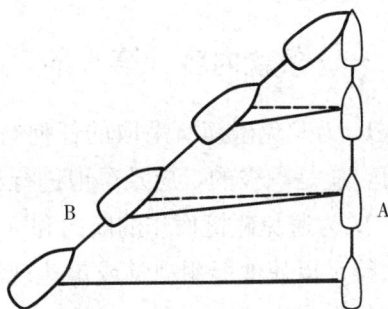

图 3-22-4　在驶近 1 艘很大的船舶或拖带船组时

2. 舷角判断法

舷角判断法，也称为相对方位判断法。其原理与罗经方位判断法完全一致，但其受船首摇摆影响较大，因而，在风浪较大艏摇严重时，经验不足的驾驶员不宜使用此方法。

3. 雷达标绘判断法

雷达标绘判断法，是在能见度不良时判断碰撞危险的最有效的方法。正确使用雷达不仅能及早发现来船，获得碰撞危险的早期警报。而且通过雷达标绘，可以判断是否存在危险以及危险的程度。

与其相当的系统观察主要是指：使用自动雷达标绘仪（ARPA）进行观测和分析；使用机械方位盘、电子方位线对物标进行连续的观测和分析；对雷达提供的信息进行连续的观察和分析。

（四）判断碰撞危险的注意事项

①如有任何怀疑，应认为存在碰撞危险。

②不应当根据不充分的资料作出判断。"不充分的资料"通常是指在下列情况下获得的资料：a. 瞭望手段不当所获得的资料，如凭雾号获得的资料等；b. 判断方法不当所获得的资料，如风浪大时用舷角判断法等；c. 未进行系统连续观测所获得的资料；d. 未经过误差处理的资料。

第四节　避免碰撞的行动

本节要点：船舶在决策为避免碰撞所采取的行动时，必须按照《规则》的要求或者准许采取行动，而不应当违背《规则》的规定或要求采取行动。本节主要介绍采取避让碰撞行动的要求、大幅度转向及变速行动以及避让行动的有效性。

一、条款内容（第八条　避免碰撞的行动）

1. 为避免碰撞所采取的任何行动必须遵循本章各条规定，如当时环境许可，应是积极的，应及早地进行和充分注意运用良好的船艺。

2. 为避免碰撞而作的航向和（或）航速的任何变动，如当时环境许可，应大得足以使他船用视觉或雷达观测时容易察觉到；应避免对航向和（或）航速作一连串的小改变。

3. 如有足够的水域，则单用转向可能是避免紧迫局面的最有效行动，只要这种行动是及时的、大幅度的并且不致造成另一紧迫局面。

4. 为避免与他船碰撞而采取的行动，应能导致在安全的距离驶过。应细心查核避让行动的有效性，直到最后驶过让清他船为止。

5. 如需为避免碰撞或须留有更多时间来估计局面，船舶应当减速或者停止或倒转推进器把船停住。

6. （1）根据本规则任何规定，要求不得妨碍另一船通行或安全通行的船舶应根据当时环境的需要及早地采取行动以留出足够的水域供他船安全通行。

（2）如果在接近他船致有碰撞危险时，被要求不得妨碍另一船通行或安全通行的船舶并不解除这一责任，且当采取行动时，应充分考虑到本章条款可能要求的行动。

（3）当两船相互接近致有碰撞危险时，其通行不得被妨碍的船舶仍有完全遵守本章各条规定的责任。

二、条款解释

1. 采取避免碰撞行动的要求

如当时环境许可，应是：

（1）积极的，并及早的　对于"及早"，《规则》中未给出具体定量的规定。在开阔的水域中，实际通常认为：①对正横前的来船宜在两船相距 4～6n mile 时，采取大幅度的避让行动；②对正横后的来船宜在两船相距 3n mile以外，采取大幅度的避让行动；③对正横附近的来船在相距较近时，宜把船停住。

（2）充分运用良好的船艺　良好的船艺通常表现为但不限于下列情况：①夜间遇来船，首先查核本船号灯工作情况；②船舶在实施避让时，使用手操舵，并且应叫舵角而不应叫航向；③熟知船舶车、舵性能，正确使用车、舵；④抛锚紧急避让时，应抛双锚；⑤在狭水道或航道或通航密度较大的水域中，追越他船时，应从左舷追越，同时应鸣放相应声号；⑥追越时，应保持一定的间距，以避免船吸；⑦锚泊时，应选择适当的锚位，留有足够的旋回余地；⑧大风急流中锚泊，为防止走锚，应启动主机。

2. 采取大幅度的转向

①"大幅度"，是指他船用视觉或雷达观察时能明显的察觉到本船已采取避让行动，并能导致两船在安全的距离上通过。在互见中，采取转向避让时，对遇局面应转向到看不见他船的绿舷灯；交叉相遇局面，让路船应让到显示本船的红舷灯（图 3-22-5）。能见度不良时，转向应至少 30°，最好在 60°以上。采取变速行动时，至少应减速一半。

②在采取避让行动时，最忌讳的是对航向和（或）航速做一连串的小变动。

3. 避免紧迫局面

"紧迫局面"，是指当两船接近到单凭一船的行动已不能导致在安全距离上驶过的局面；"紧迫危险"，是指当两船接近到单凭一船的行动已不能避免

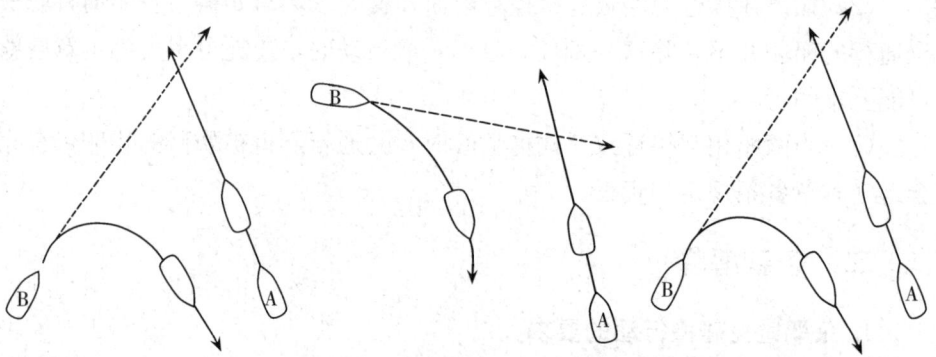

图 3-22-5　避让时采取大幅度的转向

碰撞的局面。

　　单凭转向作为避免紧迫局面的最有效行动，必须满足以下条件：①有足够的水域，是先决条件；②行动是及时的；③行动是大幅度的；④不致造成另一紧迫局面（图 3-22-6）。

4. 避让行动的有效性

　　（1）安全距离　船舶采取避让行动的最终目的是，能导致在安全的距离驶过。安全距离是一个变量，根据不同的会遇格局，其值并不相同。

　　（2）查核避让行动的有效性　适用于任何能见度情况下会遇的两船。对避让行动的查核应贯穿于整个会遇过程中，直到驶过让清为止。

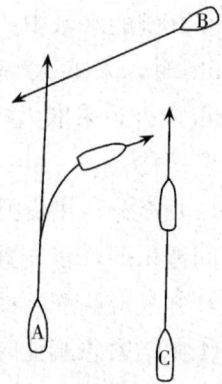

图 3-22-6　与另一艘船构成紧迫局面

　　（3）驶过让清　通常是指船舶采取让路或避碰行动后，两船以安全的 DCPA 相互驶过；在恢复原来的航向或航速后，两船仍然能保持在安全距离上驶过，并且不会形成新的碰撞危险。

5. 变速行动

　　在需要的情况下，为避免碰撞或留有更多的时间估计局面，通常在狭水道或航道、船舶密集的水域、能见度不良的水域中航行时，船舶应采取减速、停车、倒车等避让方法。

6. 不得妨碍大船航行

　　帆船、船长小于 20m 的船舶、从事捕鱼的船舶，在狭水道或航道、分道通航制区域航行或从事捕鱼作业时，应让开主航道，给大船的前方留出足够的水域使其安全通过。当存在碰撞危险时，并不免除这种不妨碍的义务。但此时，应密切注意大船的动向，避免产生不协调的行动。如果大船处于让路船的位置，则其有义务采取避让行动，避免危险局面的发生。

第五节　狭　水　道

本节要点：狭水道最显著的特点是，航道狭窄、弯曲且有浅滩和礁石等危险物，船舶没有足够的回旋余地。本节主要介绍狭水道航行规则、帆船和长度小于 20m 的船舶和从事捕鱼的船舶在狭水道内的不应妨碍的义务，以及穿越狭水道、在狭水道中追越及航行的注意事项。

一、条款内容（第九条　狭水道）

1. 沿狭水道或航道行驶的船舶，只要安全可行，应尽量靠近其右舷的该水道或航道的外缘行驶。

2. 帆船或者长度小于 20 米的船舶，不应妨碍只能在狭水道或航道以内安全航行的船舶通行。

3. 从事捕鱼的船舶，不应妨碍任何其他在狭水道或航道以内航行的船舶通行。

4. 船舶不应穿越狭水道或航道，如果这种穿越会妨碍只能在这种水道或航道以内安全航行的船舶通行。后者若对穿越船的意图有怀疑，可以使用第三十四条 4 款规定的声号。

5.（1）在狭水道或航道内，如只有在被追越船必须采取行动以允许安全通过才能追越时，则企图追越的船，应鸣放第三十四条 3 款（1）项所规定的相应声号，以表示其意图。被追越船如果同意，应鸣放第三十四条 3 款（2）项所规定的相应声号，并采取使之能安全通过的措施。如有怀疑，则可以鸣放第三十四条 4 款所规定的声号。

（2）本条并不解除追越船根据第十三条所负的义务。

6. 船舶在驶近可能有其他船舶被居间障碍物遮蔽的狭水道或航道的弯头或地段时，应特别机警和谨慎地驾驶，并应鸣放第三十四条 5 款规定的相应声号。

7. 任何船舶，如当时环境许可，都应避免在狭水道内锚泊。

二、条款解释

1. 狭水道的航行规则

（1）狭水道和航道　狭水道，是指可航水域宽度狭窄、船舶操纵受到一定限制的通航水域；航道，是指一个开敞的可航水道或由港口当局加以疏浚，并维持一定水深的水道。

（2）航行规定　只要安全可行，应尽量靠近本船右舷的水道或航道的外缘。"只要安全可行"，是尽量靠近本船右舷的水道或航道的外缘行驶的前提条件。《规则》并不希望船舶过分的靠近狭水道或航道的右侧的岸边或浅滩行驶，以至于把本船置于危险的境地中。所谓的"安全可行"，通常是指沿狭水道或航道行驶的船舶，应在安全的前提下尽量靠右行驶，应注意避免发生触礁、搁浅、触岸等危险情况。不同吃水的船舶应根据水道的水深及本船的吃水，来决定本船应驶的区域。

2. 帆船和长度小于 20m 的船舶

帆船和长度小于 20m 的船舶应尽量让开主航道，在安全的条件下，保持在航道以外的水域行驶。若进入狭水道或航道，则应及早地采取行动，流出足够的水域供他船安全通过。

3. 从事捕鱼的船舶

从事捕鱼的船舶，可以在狭水道或航道内捕鱼，但不得妨碍任何其他在沿狭水道或航道内航行的船舶通行。该类船舶是指除捕鱼作业船外，不论类型和大小，只要使用该狭水道或航道的船舶。

4. 穿越狭水道

本款规定，如果穿越船的穿越行动会妨碍只能在狭水道或航道内安全航行的船舶通行时，则应避免穿越。但当这种穿越行动不会妨碍只能在狭水道或航道以内安全航行的船舶通行时，穿越是允许的。因此，企图穿越狭水道或航道的船舶，应选择在水道清爽后或对航道的通航情况作出充分估计之后再进行穿越。

5. 狭水道追越

①适用范围。仅适用于"互见中"，不适用于"能见度不良"。

②企图追越的船鸣放二长一短或二长二短声号的条件是，只有被追越船必须采取行动方能安全追越时。

③被追越船如果同意，应鸣放一长一短一长一短的声号，并且被追越船

应采取能使追越船安全通过的措施。如果有怀疑或不同意追越，可鸣放至少五短声的声号。

④在狭水道或航道内，被追越船为了能使追越船安全追越，采取了相应的行动，这并不意味着被追越船承担让路责任而解除了追越船的责任，追越船仍应按追越条款承担责任和义务。

6. 狭水道航行注意事项

①任何船舶驶近被居间障碍物遮蔽他船的狭水道或航道的弯头或地段时，应特别机警和谨慎驾驶，靠狭水道右侧行驶，并鸣放一长声。

②任何船舶应避免在狭水道内锚泊。当遇到紧急情况时，应尽可能地选择在不妨碍他船通过的地方锚泊。

第六节　船舶定线制和分道通航制

本节要点：船舶定线制是海上船舶交通管理的一个组成部分，由岸基部门用法律规定或推荐形式指定船舶在海上某些海区航行时所遵循或采用的航线。本节主要介绍船舶定线制的种类及在分道通航制水域中的航行规定。

一、条款内容（第十条　分道通航制）

1. 本条适用于本组织所采纳的分道通航制，但并不解除任何船舶遵守任何其他各条规定的责任。

2. 使用分道通航制的船舶应：

（1）在相应的通航分道内顺着该分道的交通总流向行驶；

（2）尽可能让开通航分隔线或分隔带；

（3）通常在通航分道的端部驶进或驶出，但从分道的任何一侧驶进或驶出时，应与分道的交通总流向形成尽可能小的角度。

3. 船舶应尽可能避免穿越通航分道，但如不得不穿越时，应尽可能以与分道的交通总流向成直角的船首向穿越。

4.（1）当船舶可安全使用临近分道通航制区域中相应通航分道时，不应使用沿岸通航带。但长度小于 20 米的船舶、帆船和从事捕鱼的船舶可使用沿岸通航带。

（2）尽管有本条 4（1）规定，当船舶抵离位于沿岸通航带中的港口、近岸设施或建筑物、引航站或任何其他地方或为避免紧迫危险时，可使用沿岸通航带。

5. 除穿越船或者驶进或驶出通航分道的船舶外，船舶通常不应进入分隔带或穿越分隔线，除非：

（1）在紧急情况下避免紧迫危险；

（2）在分隔带内从事捕鱼。

6. 船舶在分道通航制端部附近区域行驶时，应特别谨慎。

7. 船舶应尽可能避免在分道通航制内或其端部附近区域锚泊。

8. 不使用分道通航制的船舶，应尽可能远离该区域。

9. 从事捕鱼的船舶，不应妨碍按通航分道行驶的任何船舶的通行。

10. 帆船或长度小于 20 米的船舶，不应妨碍按通航分道行驶的机动船的安全通行。

11. 操纵能力受到限制的船舶，当在分道通航制区域内从事维护航行安全的作业时，在执行该作业所必需的限度内，可免受本条规定的约束。

12. 操纵能力受到限制的船舶，当在分道通航制区域内从事敷设、维修或起捞海底电缆时，在执行该作业所必需的限度内，可免受本条规定的约束。

二、条款解释

1. 船舶定线制

（1）船舶定线制及其种类　船舶定线制，指以减少海难事故为目标的单航路或多航路和/或其他定线措施，包括分道通航制、双向航路、推荐航线、避航区、沿岸通航带、环行道、警戒区和深水航路，这些定线措施可根据实际情况单独使用或结合起来使用。到目前，全世界已有 200 多个船舶定线制。

（2）航道分隔方法

①使用分隔带和（或）分隔线分隔相反的交通流（图 3-22-7）。

②使用天然障碍物及地理上明确的目标分隔通航航道（图 3-22-8）。

③采用沿岸通航带分隔过境通航和区间通航（图 3-22-9）。

④对接近汇聚点的相邻分道通航制采用扇形分隔（图 3-22-10）。

⑤在分道通航制交会的汇聚点或航路连接处的航道分隔方法，如环形道（图 3-22-11）、航道连接（图 3-22-12）、警戒区（图 3-22-13、图 3-3-14）。

⑥其他定线方法：深水航路、避航区、推荐航线和双向航路。

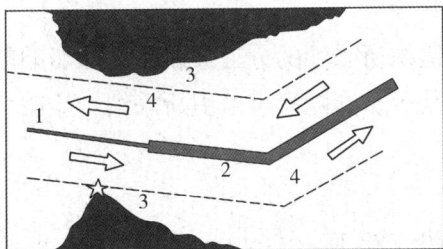

图 3-22-7　使用分隔带（线）分隔相反的交通流

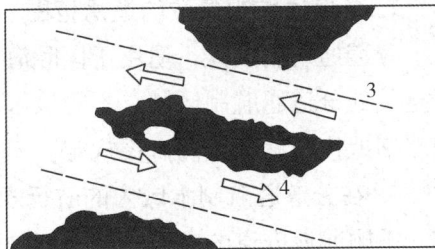

图 3-22-8　使用天然障碍物分隔通航航道

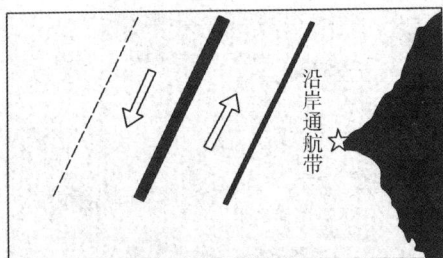

图 3-22-9　用沿岸通航带分隔过境通航和地方交通

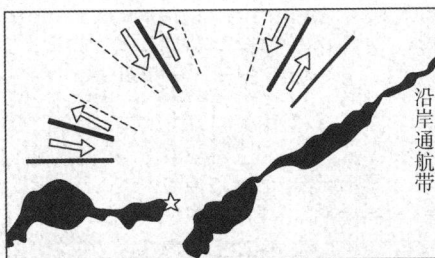

图 3-22-10　在汇聚点附近用扇形分隔

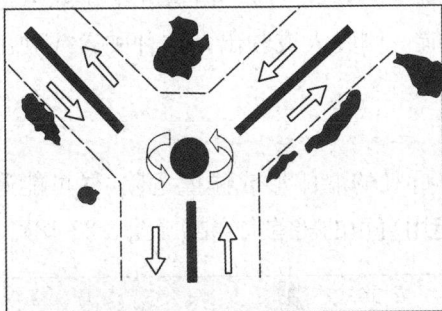

图 3-22-11　环形道

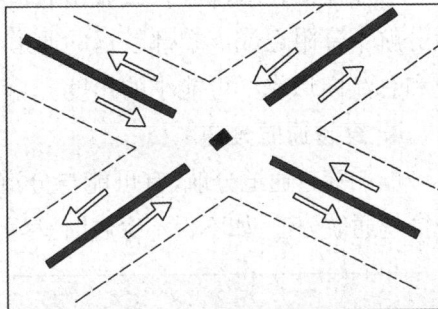

图 3-22-12　十字形航道连接

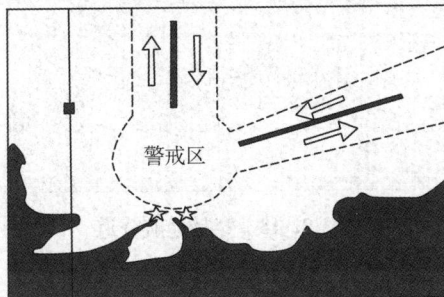

图 3-22-13　警戒区在交通汇聚点的应用

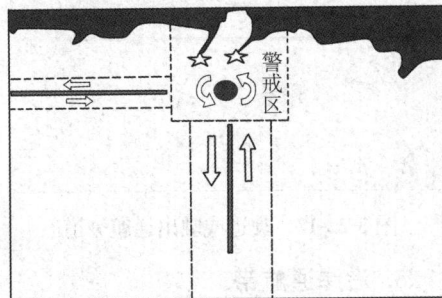

图 3-22-14　带环绕区的推荐交通流的警戒区

2. 分道通航制条款的适用范围

分道通航制条款，适用于国际海事组织所采纳的分道通航制。如船舶航行至某处分道通航制区域，不管该区域是否被国际海事组织所采纳，船舶均应严格地执行该区域的有关规定。

3. 在分道通航制水域内的航行规定

①顺着该分道的交通总流向行驶（图3-22-15）。

②尽可能让开通航分隔线或分隔带，意味着船舶应保持在相应通航分道的中心线或其附近航行（图3-22-16）。

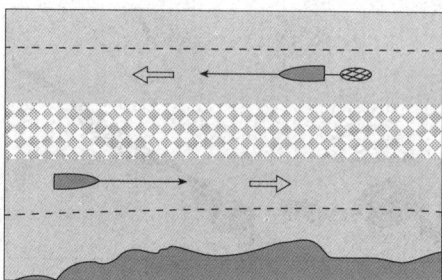

图3-22-15 沿船舶总流向行驶

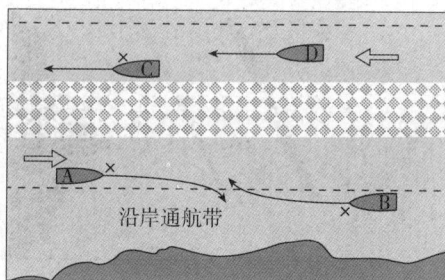

图3-22-16 尽可能让开分割线或分隔带

③船舶应在端部驶入或驶出通道分航（图3-22-17）。但这并不排除从通道分航中部附近或离端部较远的通道分航一侧驶入或驶出，这种驶入或驶出应和总流向形成尽可能小的角度。

4. 穿越通航分道

船舶穿越通道分航，有可能与分道内行驶的船舶形成碰撞危险，尽可能避免穿越通航分道。如不得不穿越时，尽可能用直角的船首向穿越（图3-22-18）。

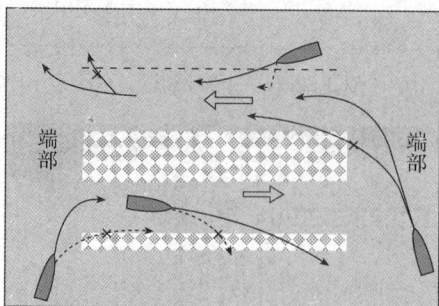

图3-22-17 驶进或驶出通航分道

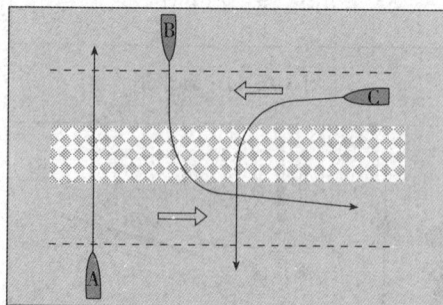

图3-22-18 穿越通航分道

5. 沿岸通航带

沿岸通航带，可分隔沿海航行和过境航行的船舶，减小沿岸通航带内的船舶通航密度，改善船舶航行秩序，保证船舶航行安全和沿岸国家的环境安全。《规则》中对可安全使用分道通航制的船舶，不应使用沿岸通航带。可使用沿岸通航带的船舶有：①长度小于 20m 的船舶；②帆船；③从事捕鱼的船舶；④抵离位于沿岸通航带中的港口、近岸设施或建筑物、引航站或任何其他地方的船舶；⑤不能安全使用邻近相应通航分道安全航行的船舶；⑥避免紧迫危险的船舶。

6. 进入分隔带或穿越分隔线

分隔带和分隔线的作用是，分隔相反方向行驶的船舶。船舶应避免进入分隔带或穿越分隔线，但下列船舶除外：①需要穿越或驶进、驶出通航分道的船舶；②在紧急情况下避免紧迫危险；③在分隔带内从事捕鱼的船舶。

从分隔带内从事捕鱼时，从事捕鱼的船舶可以根据需要朝任意方向行驶，但在靠近通航分道从事捕鱼时，应顺着该附近通航分道的交通总流向行驶，以避免与分道内的船舶形成接近对遇的态势，同时，还应注意所用的渔具不致影响通航分道内船舶的航行（图 3-22-19）。

7. 在端部附近行驶

分道通航制的端部附近，是船舶进出分道通航制的汇聚区。船舶密度大，船舶大幅转向，交叉相遇和对遇局面概率增加，应特别谨慎驾驶船舶（图 3-22-20）。

8. 避免锚泊

船舶应当尽可能避免在通航分道内、分隔带内以及分道通航制的端部附近锚泊。如果情况紧急必须抛锚时，也尽可能选择在分隔带内或其他不影响他船正常航行的地点锚泊。

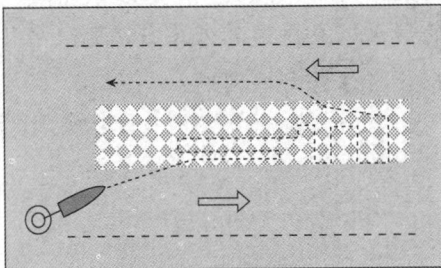

图 3-22-19　在分隔带内从事捕鱼

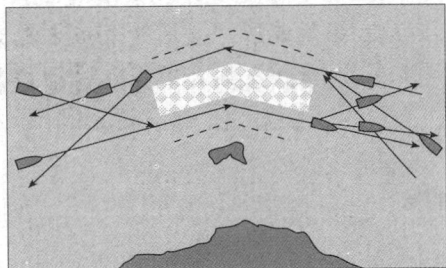

图 3-22-20　在分道通航制端部行驶

9. 远离分道通航制区域

为了避免干扰使用分道通航制区域的船舶，不使用分道通航制区域的船舶应尽可能远离该区域，通常应保持在 1n mile 的距离以上。

10. 从事捕鱼的船舶

《规则》允许从事捕鱼的船舶在分道通航制区域内捕鱼。但应以不妨碍在通航分道内航行的任何船舶，应顺着船舶总流向行驶。

11. 船舶在分道通航制水域航行的注意事项

①遵守船舶报告制度。在某些分道通航制水域，如马六甲海峡、多佛尔海峡以及我国成山角分道通航制水域等，船舶要在指定地点向主管当局报告船舶的详细信息，以便有关部门对船舶实施动态安全管理。

②保持 VHF 守听。船舶在分道通航制水域航行时，应保持在 VHF16 频道守听。

③注意接收"YG"信号。"YG"信号的含义是，你船似未遵守分道通航制。

④严格遵守《规则》第十条分道通航制的规定。

⑤在采取避让行动时，船舶必须遵守《规则》其他条款的规定。

思考题

1. 瞭望的手段有哪些及其特点？

2. 船舶如何保持正规瞭望？

3. 决定"安全航速"时应考虑哪些因素？

4. 判断碰撞危险的方法有哪些及其特点？

5. 积极地、及早地采取避碰行动的含义？

6. 大幅度的行动的含义及标准是什么？

7. 如何理解"应尽量靠近本船右舷的该水道或航道的外缘行驶"？

8. 从事捕鱼的船舶在分道通航制内，应当注意哪些问题？

第二十三章　船舶在互见中的行动规则

《规则》第十一条适用范围规定"本节条款适用于互见中的船舶"。即《规则》第十二条至第十八条仅适用于互见中的船舶。本节各条阐述互见条件下，船舶在各种会遇局面所应遵守的行动准则。

第一节　帆　　船

本节要点：帆船作为一项水上运动，它集竞技、娱乐、观赏和探险于一体，备受人们喜爱。本节主要介绍帆船之间的避让责任以及机动船避让帆船方法。

一、条款内容（第十二条　帆船）

1. 两艘帆船相互驶近致有构成碰撞危险时，其中一船应按下列规定给他船让路：

（1）两船在不同舷受风时，左舷受风的船应给他船让路；

（2）两船在同舷受风时，上风船应给下风船让路；

（3）如左舷受风的船看到在上风的船而不能断定究竟该船是左舷受风还是右舷受风，则应给该船让路。

2. 就本条规定而言，船舶的受风舷侧应认为是主帆被吹向的一舷的对面舷侧；对于方帆船，则应认为是最大纵帆被吹向的一舷的对面舷侧。

二、条款解释

1. 适用范围

本条仅适用于在互见中两艘帆船相遇并致有碰撞危险时，且不在追越中的局面。由于我国在接受《规则》时对非机动船舶做了保留，因而我国的非机动船不受《规则》的约束，也不受本条的限制，而仅适用 1958 年颁布的《中华人民共和国非机动船舶海上安全航行暂行规则》。

2. 避让责任

①两船不同舷受风时，左舷受风的船应给他船让路。

②两船同舷受风时，上风船应给下风船让路。

③若左舷受风的船看到在上风的船，而不能断定究竟该船是左舷受风还是右舷受风，则应给该船让路。

帆船之间的避让责任关系，如图 3-23-1 和图 3-23-2 所示。

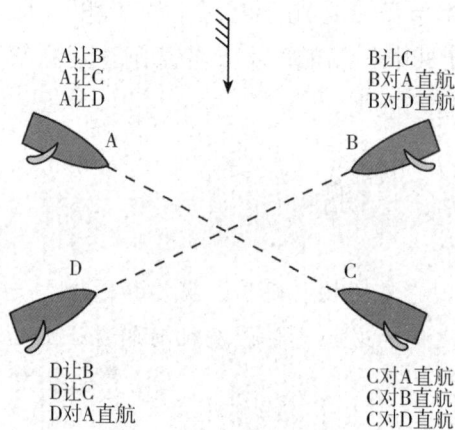

A让B
A让C
A让D

B让C
B对A直航
B对D直航

D让B
D让C
D对A直航

C对A直航
C对B直航
C对D直航

图 3-23-1　两艘帆船间的避让关系

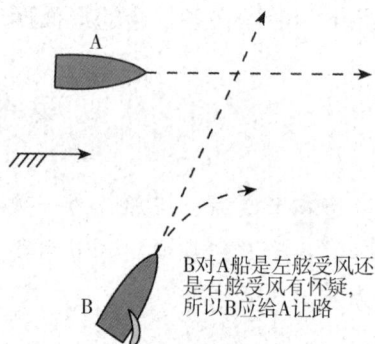

B对A船是左舷受风还是右舷受风有怀疑，所以B船应给A让路

图 3-23-2　对他船何舷受风有怀疑

3. 机动船避让帆船的方法

根据《规则》第十八条的规定，在航机动船应给帆船让路。机动船在避让帆船时，应根据帆船航行和操纵的特点、当时的风向采取适当的避让行动。机动船避让帆船的方法，通常应遵循以下原则：

①帆船顺风行驶时，应从帆船船尾通过（图 3-23-3，a）。

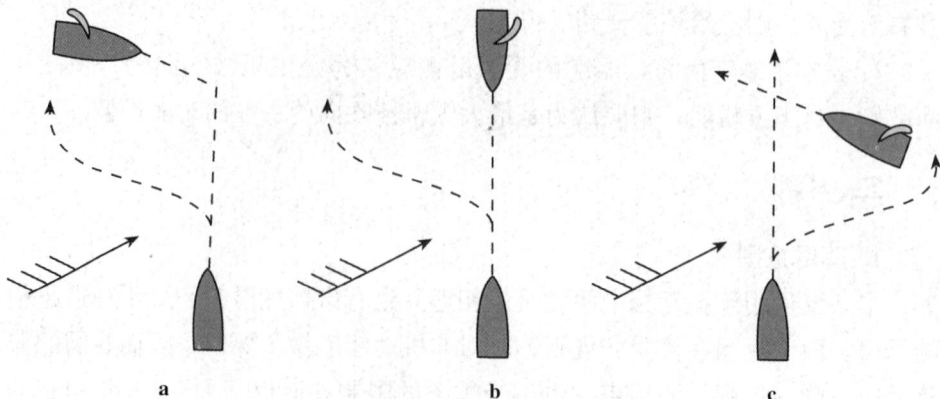

a　　　　　　　b　　　　　　　c

图 3-23-3　机动船避让帆船的方法

②帆船横风行驶时，应从帆船上风侧通过（图 3-23-3，b）。

③帆船逆风行驶时，应从帆船船尾通过（图 3-23-3，c）。

第二节　追　越

本节要点： 追越容易引起海事事故，主要是对追越条款的某些概念模糊不清，或者对该局面的特殊性没有引起足够的重视。本节主要介绍追越局面的构成条件、判断以及追越过程中的避让责任和避让行动。

一、条款内容（第十三条　追越）

1. 不论第二章第一节和第二节的各条规定如何，任何船舶在追越任何他船时，均应给被追越船让路。

2. 一船正从他船正横后大于 22.5 度的某一方向赶上他船时，即该船对其所追越的船所处位置，在夜间只能看见被追越船的尾灯而不能看见它的任一舷灯时，应认为是在追越中。

3. 当一船对其是否在追越他船有任何怀疑时，该船应假定是在追越，并应采取相应行动。

4. 随后两船间方位的任何改变，都不应把追越船作为本规则条款含义中所指的交叉相遇船，或者免除其让开被追越船的责任，直到最后驶过让清为止。

二、条款解释

1. 适用范围

追越条款，适用于互见情况下任何水域中的两艘任何船舶。

2. 追越局面的构成条件

追越不以构成碰撞危险为前提。本条第 2 款规定，构成追越局面应满足三个条件，即：

（1）方位　后船位于前船正横后大于 22.5° 的任一方向，夜间，可看到他船的尾灯而看不到桅灯或舷灯；但在白天，判断本船相对他船所处的相对方位是困难的。

（2）距离　后船位于前船的尾灯能见距离之内。根据《规则》第二十二条规定，尾灯的最小照距是 3n mile 或 2n mile。通常认为，后船距离前船

3n mile时开始适用（满足其他条件时）。

（3）速度　后船速度大于前船速度。

3. 判断追越局面应注意的事项

①后船对前船是否在追越前船有任何怀疑，不论是否存在碰撞危险，应假定在追越，并承担让路责任，直到驶过让清他船。

②前船对于其右正横后 22.5°的他船，是否在追越本船有怀疑时，应假定两船为交叉相遇局面。

③下列局面应视为追越：

a. 夜间，看到他船尾灯，并赶上他船时。

b. 白天，位于可看见的他船正横后大于 22.5°，且距离小于 3n mile 时，并赶上他船时。

c. 夜间，先看到他船尾灯，后来又看见他船舷灯和桅灯（由于本船赶上他船引起，而不是他船转向）。

④后船对是否正在追越前船存在怀疑的情况，主要包括：

a. 夜间赶上他船，有时看到他船尾灯而有时又看到舷灯。

b. 夜间赶上他船，并且能同时看见他船的舷灯和尾灯。

c. 白天赶上他船，本船位于的他船正横后约 22.5°，且距离较近，本船对两船构成交叉相遇局面或追越有怀疑时。

d. 白天赶上他船，本船位于的他船正横后大于 22.5°，但对两船的距离是否构成追越不能确定。

e. 任何其他对是否构成追越有怀疑的情况。

4. 追越局面的特点

①相对速度小，相持时间长。

②容易与大角度交叉局面相混淆（图 3-23-4）。

5. 追越中的避让责任

在追越过程中，两船间的方位、距离将发生变化，可能会形成"交叉会遇"局面。

①本条第 1 款规定：任何船舶在追越任何他船时，均应给被追越船让路。即在追越局面中，追越船为让路船，被追越船为直航船。

②随后两船间方位的任何变化，都不会免除追越船的让路责任，直到驶过让清为止。

所谓"驶过让清"，是指追越船已经离开被追越船足够的距离以致不再

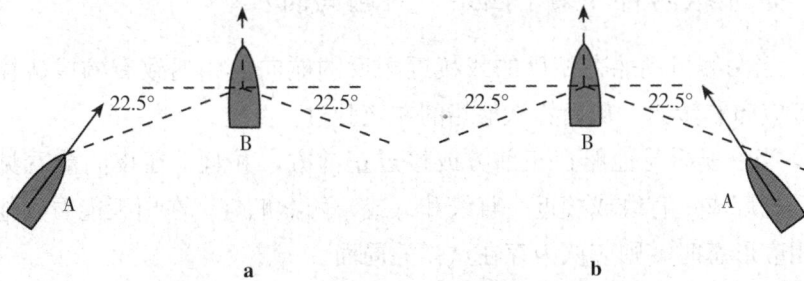

图 3-23-4　易与大角度交叉相混淆的追越

妨碍被追越船的航行，即使追越船采取不适当的突发行动，被追越船也有足够的时间来判断和应对。

6. 追越中的避让行动

（1）**追越船的行动**　①追越船应始终牢记本船负有让路的责任和义务；②在追越时，应当保持足够的横距。即使在追越过程中舵机失控，也不至于立即导致碰撞的发生；③追越过程中尽可能保持平行追越，也可防止船吸现象发生；④当追越船追过前船后，不应当立即横越他船船首，以免构成紧迫局面；⑤当两船航向成交叉态势时，追越船应适当地改变航向，以便从被追越船的艉部驶过之后，再实施追越；⑥严密注视被追越船的动态，尽可能与被追越船保持 VHF 通信联系，以便保持协调行动。

（2）**被追越船的行动**　①被追越船应严格遵守《规则》第十七条"直航船行动"条款的各项规定；②应保持正规的瞭望，尤其是当船尾有船驶近时，应确认是否已构成"追越"；③当发现有他船追越时，应当检查本船所显示的号灯、号型是否正常，尤其是本船尾灯是否正常显示；④严密注视追越船采取的追越方式以及可能采取的任何行动，并做好随时操纵的准备；⑤被追越船在到达预定转向点附近准备转向时，或者在避让第三船时，应当充分注意到其行动是否可能与追越船的避让行动相冲突；⑥在追越过程中，尽可能与追越船保持 VHF 通信联系，协调双方行动。

第三节　对遇局面

本节要点：船舶对遇局面是海上航行经常遇到的一种船舶会遇势态。本节主要介绍判断对遇局面的方法及船舶在对遇局面中的避让责任与行动。

一、条款内容（第十四条　对遇局面）

1. 当两艘机动船在相反的或接近相反的航向上相遇致有构成碰撞危险时，各应向右转向，从而各从他船的左舷驶过。

2. 当一船看见他船在正前方或接近正前方，并且，在夜间能看见他船的前后桅灯成一直线或接近一直线和（或）两盏舷灯；在白天能看到他船的上述相应形态时，则应认为存在这样的局面。

3. 当一船对是否存在这样的局面有任何怀疑时，该船应假定确实存在这种局面，并应采取相应的行动。

二、条款解释

1. 适用范围

适用于互见中航向相反或接近相反构成碰撞危险的两艘机动船。

2. 构成对遇局面的条件

根据本条第 1 款的规定，构成对遇局面应满足三个条件：

（1）**两艘机动船**　本条所指的"机动船"，是指除"操纵能力受到限制的船舶""失去控制的船舶""从事捕鱼的船舶"之外的用机器推进的船舶。

（2）**航向相反或接近相反**

两机动船是否构成对遇局面的航向是船首向，而不是船舶的航迹向（图 3-23-5）。航向相反，是指两船船首向相差 180°。航向接近相反，通常是指两船船首向的夹角为 6°左右或半个罗经点（图 3-23-6）。

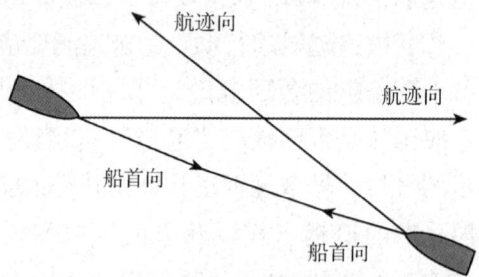

图 3-23-5　对遇两船的航向相反或接近相反

（3）**致有构成碰撞危险**　会遇两船的最近会遇距离（DCPA），表明是否致有构成碰撞危险。在海上，通常认为两船接近到 6n mile 左右，最近会遇距离（DCPA）小于 0.5n mile 时，即可认为构成了碰撞危险。

3. 判断对遇局面的方法

根据本条第 2 款和第 3 款的规定和对遇局面的构成条件，通常可依据下列方法进行判断：

（1）**两船之间的相互位置** 当两艘机动船相互位于各自的正前方或接近正前方，以相反的航向或者接近相反的航向相互逼近时，即可认为对遇局面正在形成。

（2）**船舶显示的号灯或相应的形态** 在夜间发现他船的 2 盏桅灯成 1 条直线或者接近 1 条直线和（或）2 盏舷灯，则两船构成对遇局面（图 3-23-7）。在白天，两机动船看到他船的上述相应形态，即当来船位于本船的正前方或者接近正前方，见到他船的前后桅杆成一直线或接近一直线，或者看到他船的驾驶台正面对着或者接近正面对着本船，即可判定两船将形成对遇局面。

（3）**持有任何怀疑** 对是否构成对遇局面，可

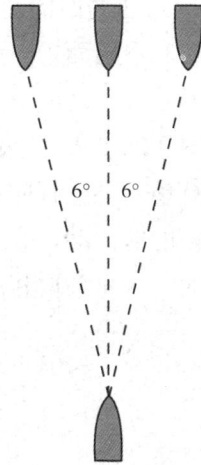

图 3-23-6 对遇两船之间的航向关系

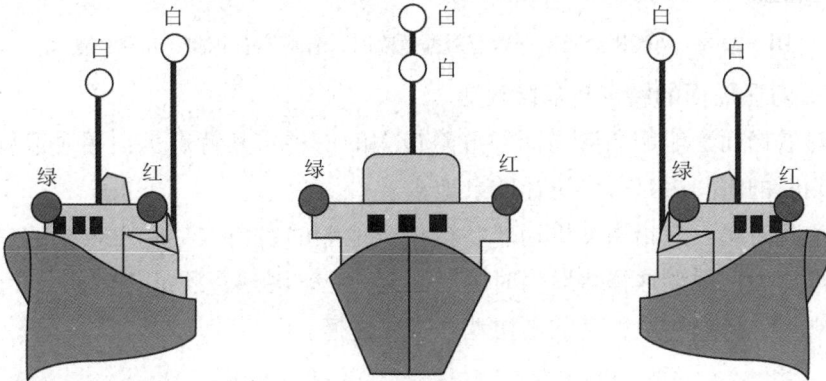

图 3-23-7 见到对遇船的形态

能存在怀疑的情况通常有：①对位于正前方且航向相反或接近相反的他船，是否属于本条定义中的机动船难以断定；②对位于正前方且航向相反或接近相反的他船，所显示的 2 盏桅灯是否属于接近一直线难以断定；③对位于正前方的他船时而显示红舷灯、时而显示绿舷灯，对两船航向是否相反或者接近相反以及是否存在碰撞危险难以断定；④对于正前方小角度方向上的他船，是属于对遇局面还是交叉相遇局面难以断定；⑤两艘机动船对驶，特别是右舷对右舷对驶且横距不宽裕时，对当时的局面究竟是"对遇"还是"对驶"，是否致有构成碰撞危险难以断定。当一船对是否存在对遇局面有怀疑时，该船应假定存在对遇局面，并采取相应的行动。

4. 对遇局面的避让责任与避让行动

在对遇局面中，两艘机动船具有同等的避让责任与义务，没有让路船与直航船之分。两船应及早地采取大幅度的向右转向行动，互从他船的左舷通过（图 3-23-8）。在采取避让行动的同时，应用声号或灯号来表明所采取的避让行动。①应各向右转向，并鸣放一短声，互从左舷驶过；②应及早地采取大幅度的行动；③对是否存在对遇局面有任何怀疑时，应假定确实存在这种局面，并应采取相应的行动。

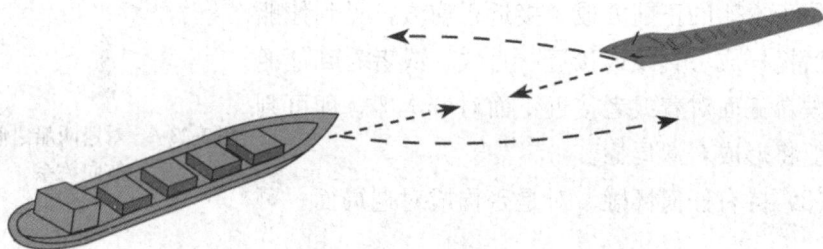

图 3-23-8　两艘机动船对遇致有碰撞危险时，各应向右转向、左对左通过

5. 对遇局面的特点与危险对遇

对遇局面是船舶会遇局面中危险最大的一种，其特点是：相对速度大，可供判断的时间短，可供避让的余地小。

危险对遇，是指两艘机动船各自位于他船的右前方且间距较小的局面。在此局面中，两船往往会对当时的局面究竟是"对遇"还是"对驶"产生不同的观点，从而导致行动的不协调，产生碰撞。

第四节　交叉相遇局面

本节要点：互见中的船舶碰撞事故中，在交叉相遇局面中发生的较多。本节主要介绍两船构成交叉相遇局面的条件、避让责任以及让路船和直航船的行动。

一、条款内容（第十五条　交叉相遇局面）

当两艘机动船交叉相遇致有构成碰撞危险时，有他船在本船右舷的船舶应给他船让路。如当时环境许可，还应避免横越他船的前方。

二、条款解释

1. 适用范围

①交叉相遇，仅适用于互见中两艘机动船交叉相遇且有构成碰撞危险。

②两船所驶的航向，尤其是处于他船右舷侧的船舶所驶的航向，应是持久的、稳定的，并被他船所理解的航向。

③交叉相遇，不适用于狭水道或航道的弯曲地段。

④交叉相遇局面，开始适用时的两船之间的距离以机动船的桅灯的最小能见距离为准。

2. 构成交叉相遇局面的条件

（1）**两艘机动船**　本条中"机动船"一词的含义，与第十四条对遇局面中的"机动船"含义相同。

（2）**交叉相遇**　"交叉相遇"是指两船的船首向交叉，是指来船处于本船大于 6°舷角（左与右），但小于 112.5°舷角（左与右）的位置，即不包括"对遇局面"与"追越局面"已经涉及的两船航向交叉的情况（图 3-23-9）。驾驶员通常根据两船所处的相对位置，把"交叉相遇"分成小角度交叉、垂直交叉（正交叉）和大角度交叉三种情况。

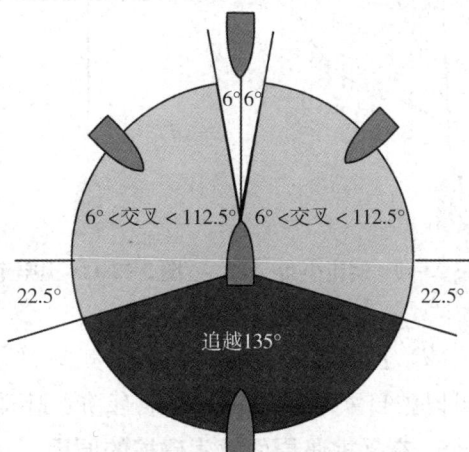

图 3-23-9　三种会遇局面的方位关系

（3）**致有构成碰撞危险**　构成交叉相遇局面的一个重要条件。通常认为，当一船可以用视觉看到他船桅灯时交叉相遇局面开始适用。对于船长大于等于 50m 的机动船，可以认为两船相距 6n mile 时，交叉相遇局面开始适用；而对于船长小于 50m 的机动船，该距离视其最小能见距离予以适当的考虑。

3. 交叉相遇局面中船舶的避让责任

"交叉相遇局面"中，有他船在本船右舷的船舶应给他船让路，即避让右舷的船舶而不避让左舷的船舶，海员通常称之为"让红不让绿"。

4. 交叉相遇局面中船舶的避让行动

（1）让路船的行动

①通常情况下应采取向右转向的行动，从他船的船尾通过，即遵守"如当时环境许可，应避免横越他船的前方（即所谓的抢头）"。

②避让小角度交叉船时，应采取向右转向，从他船的船尾通过（图3-23-10）。

③避让垂直交叉船时，可以采取向右转向，也可采取减速行动（图3-23-11）。

④避让大角度交叉船时，不宜在较近的距离内右转，通常可适当左转或者减速让他船先通过（图3-23-12）。

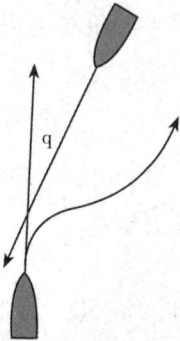

图3-23-10　避让小角度交叉船　　　图3-23-11　避让垂直交叉船　　　图3-23-12　避让大角度交叉船

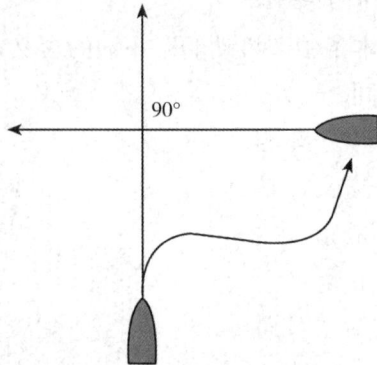

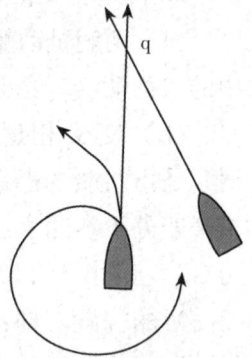

（2）直航船的行动　直航船首要的义务是保向保速，但在一定条件下，也可以独自采取行动和采取最有助于避碰行动的责任。

5. 交叉相遇局面发生碰撞的原因

①相遇两船未保持正规瞭望，特别是让路船疏忽瞭望，以致形成紧迫局面，最后导致碰撞事故发生。

②让路船没有及早采取大幅度的行动，宽裕地让清他船。

③会遇双方误将小角度交叉判断为对遇，又相互观望，错过避让时机。

④直航船一味强调直航，不顾《规则》的其他要求，待紧迫局面形成时，违背《规则》采取向左转向的行动，导致两船行动不协调而发生碰撞事故。

第五节 让路船与直航船的行动

本节要点：在不同的局面中让路船与直航船有着不同的责任，让路船自始至终负有让路的义务，直到驶过让清为止。而直航船则依据局面的变化，负有不同的避碰义务。本节主要介绍让路船与直航船的含义及避让行动。

一、条款内容

（一）第十六条 让路船的行动

须给他船让路的船舶，应尽可能及早地采取大幅度的行动，宽裕地让清他船。

（二）第十七条 直航船的行动

1. ①两船中的一船应给另一船让路时，另一船应保持航向和航速。

②然而，当保持航向和航速的船一经发觉规定的让路船显然没有遵照本规则条款采取适当行动时，该船即可独自采取操纵行动，以避免碰撞。

2. 当规定保持航向和航速的船，发觉本船不论由于何种原因逼近到单凭让路船的行动不能避免碰撞时，也应采取最有助于避碰的行动。

3. 在交叉相遇局面下，机动船按照本条（1）款②项采取行动以避免与另一艘机动船碰撞时，如当时环境许可，不应对在本船左舷的船采取向左转向。

4. 本条并不解除让路船的让路义务。

二、条款解释

1. 让路船与直航船的含义

让路船与直航船是相对而言的，即按《规则》规定，应给他船让路的船舶即为让路船，而另一船即为直航船。本条所指的让路船是指：①追越局面中的追越船；②交叉相遇局面有他船在本船右舷的船舶；③与失控船或操限船或从事捕鱼的船舶或帆船相遇的机动船；④与失控船或操限船相遇的从事捕鱼的船舶；⑤帆船局面中不同舷受风的左舷受风船或者同舷受风时的上风船或者怀疑为让路船的船舶。

2. 让路船的行动

让路船采取避让行动时，应尽可能及早地采取大幅度的行动，宽裕地让清他船，即"早、大、宽、清"。"早"是对采取避让行动的时机提出的要求；"大"是对采取避让行动的幅度提出的要求；"宽"是对采取避让行动所应达到的安全距离的要求；"清"是对最后避让结果的要求。此外，让路船还应遵守《规则》其他条款的规定。

3. 直航船的行动

（1）**保持航向和航速**　保持航向和航速（简称保向保速），通常是指保持初始的罗经航向和航速，但并非一定要保持在同一罗经航向和主机转速上，而应当理解为保持一船在当时从事航海操作所遵循的并为他船所理解的航向和航速。

（2）**独自采取行动**　直航船可以独自采取行动的时机为让路船显然没有遵照本规则条款采取适当行动时；单凭让路船的行动已经不能在安全距离驶过时；紧迫局面已经或正在形成。通常认为，在海上两艘大型船舶形成紧迫局面的两船距离为 2～3n mile，小型船舶形成紧迫局面的两船距离适当缩短。

直航船在独自采取行动时，应注意以下几点：

①在采取行动前，应鸣放至少五短声和（或）显示至少五次短而急的闪光信号，以表示无法了解他船的意图或对其采取的避让行动存有怀疑。

②如当时环境许可，不应对在本船左舷的船采取向左转向；同时，还应严密注意他船的动态，做好随时采取行动的准备，如改用手操舵、命令主机备车，必要时请船长上驾驶台。

③在独自采取行动时，其行动应当是大幅度的并尽可能迅速完成。如转向，其幅度应当至少 30°以上；如采取减速，可先停车然后再微速前进；在采取操纵的同时，应鸣放相应的操纵声号和（或）显示操纵号灯。

④在转向时，要充分注意他船穿越船头的情况，对于不同的会遇形势，背着他船转向时，还应采取最有利的转向行动。对于左舷小角度方向上的他船，应在较早的时刻进行（图3-23-13）；对于左舷大角度交叉船、追越船，应采取背着他船转向，使两船航向接近平行（图3-23-14）。

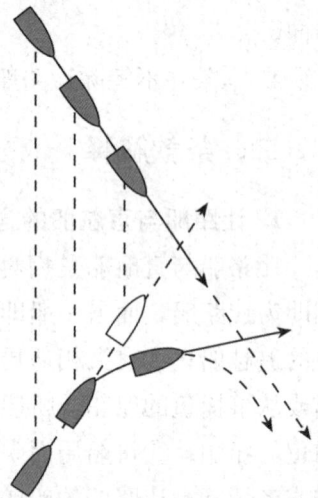

图 3-23-13　避让左舷小角度方向上的他船

（3）**必须采取最有助于避碰的行动**　最有

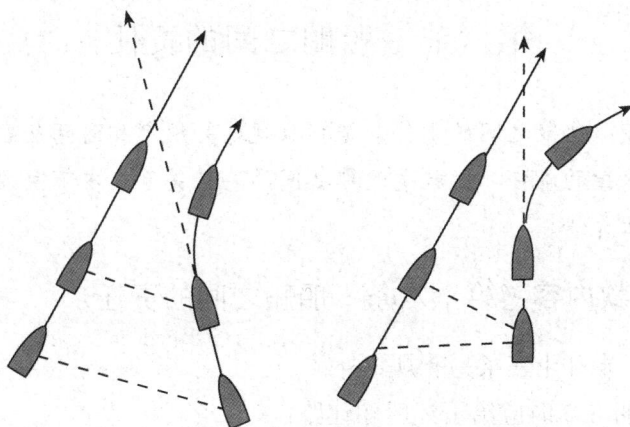

图 3-23-14 避让左舷大角度交叉船、追越船

助于避碰的行动，通常是指尽可能抓住最后机会避免碰撞，或在碰撞不可避免的情况下能够尽量减少碰撞损失的行动，包括转向、停车、倒车和停船等措施。

直航船采取最有助于避碰的行动时机是，两船接近到单凭一船的行动已不能避免碰撞时，紧迫危险正在形成。通常认为，以万吨级船舶为例，直航船采取最有助于避碰的行动的时机为两船相距 1n mile；根据船型大小，可适当判定采取最有助于避碰行动的两船距离。

从良好船艺的角度讲，在交叉相遇局面的某些态势下，两船即将发生碰撞时，其中一船用朝着对方转向，往往是在这种紧迫危险中最有效、最有助于避碰的行动（图 3-23-15）。

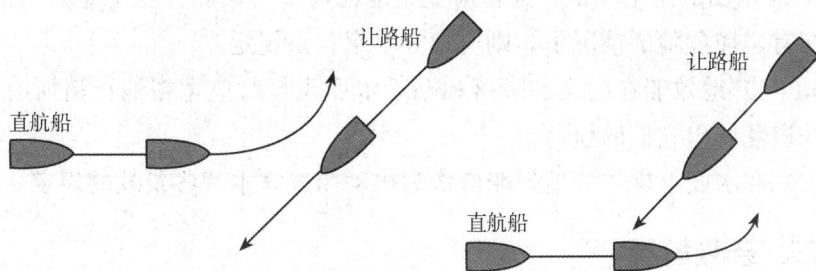

图 3-23-15 直航船采取最有效、最有助于避碰的行动

4. 让路船的义务　《规则》允许直航船独自采取操纵行动和应采取最有助于避碰的行动，完全是一种协调性和弥补性的行动。作为让路船，仍然担负有让路的义务，并不解除让路义务。

第六节　船舶之间的责任

本节要点：船舶之间的责任，是指《规则》规定相遇两船在避碰中一船对另一船所承担的责任，也就是两船之间的避让关系。本节主要介绍各类船舶之间的避让责任。

一、条款内容（第十八条　船舶之间的责任）

除第九、十和十三条另有规定外：

1. 机动船在航时应给下述船舶让路：

（1）失去控制的船舶；（2）操纵能力受到限制的船舶；（3）从事捕鱼的船舶；（4）帆船。

2. 帆船在航时应给下述船舶让路：

（1）失去控制的船舶；（2）操纵能力受到限制的船舶；（3）从事捕鱼的船舶。

3. 从事捕鱼的船舶在航时，应尽可能给下述船舶让路：

（1）失去控制的船舶；（2）操纵能力受到限制的船舶。

4.（1）除失去控制的船舶或操纵能力受到限制的船舶外，任何船舶，如当时环境许可，应避免妨碍显示第二十八条信号的限于吃水的船舶的安全通行。

（2）限于吃水的船舶应全面考虑其特殊条件，特别谨慎地驾驶。

5. 在水面的水上飞机，通常应宽裕地让清所有船舶并避免妨碍其航行。然而在有碰撞危险的情况下，则应遵守本章各条规定。

6.（1）地效船在起飞、降落和贴近水面飞行时应宽裕地让清所有其他船舶并避免妨碍它们的航行。

（2）在水面上操作的地效船应作为机动船遵守本章各条款的规定。

二、条款解释

1. 本条款的适用条件

①互见中；②符合《规则》第三条定义的规定；③正确显示号灯、号型。

2. 船舶之间的责任

根据《规则》各条的规定，船舶之间的避让责任可以分为：①一船不应妨碍另一船的通行或安全通行；②一船应给另一船让路；③两船负有同等的避让责任和义务。

3. 船舶之间责任条款与其他条款的关系

在《规则》各条款中，由于各条款的适用条件不同，确定船舶责任的原则不同，从优先考虑和优先适用的角度看，船舶之间避让责任的条款顺序如下：

①第十三条（追越）。

②第九条2、3款；第十条9、10款；第十八条4款（不应妨碍）。

③第十八条（不同类船舶之间的避让责任）。

④第十二条、第十四条、第十五条（同类船舶之间的避碰责任）。

4. 各类船舶之间的避让责任

（1）机动船　在航机动船应给失去控制的船舶、操纵能力受到限制的船舶、从事捕鱼的船舶、帆船让路（图3-23-16）。"机动船在航"，包括机动船在航对水移动和在航不对水移动两种状态。对于从事拖带作业的机动船，当驶离其航向的能力没有受到严重限制时，则适用本条款。

（2）帆船　在航帆船应给失去控制的船舶、操纵能力受到限制的船舶、从事捕鱼的船舶让路。帆船应根据自己的操纵特点，按《规则》对让路船提出的要求，尽可能及早地采取大幅度的行动，宽裕地让清他船。

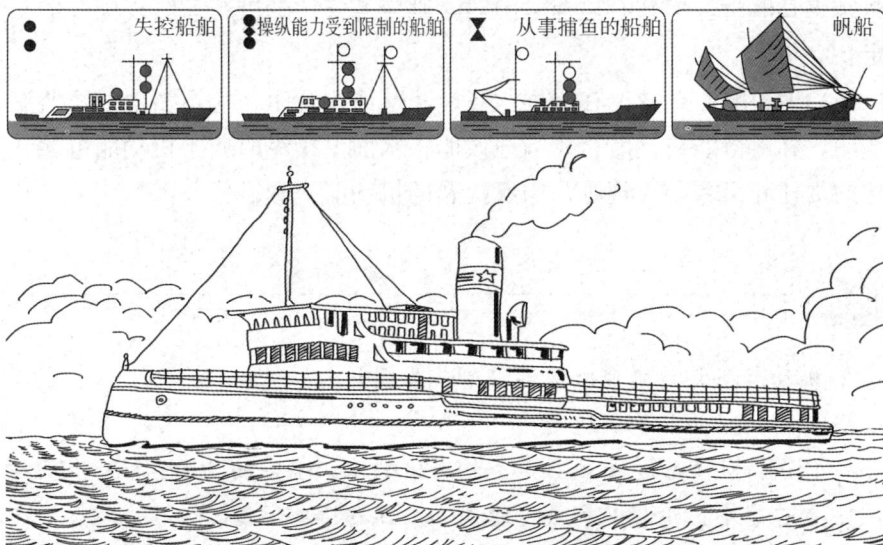

图3-23-16　机动船在航时应给上述船舶让路

（3）从事捕鱼的船舶　在航从事捕鱼的船舶，应尽可能给失去控制的船舶、操纵能力受到限制的船舶让路（图3-23-17）。考虑到从事捕鱼作业的特点以及所使用的渔具，某些从事捕鱼的船舶很难做到给失去控制的船舶和操纵能力受到限制的船舶让路。因此，本款规定使用了"尽可能"，失去控制的船舶和操纵能力受到限制的船舶应予以充分注意。

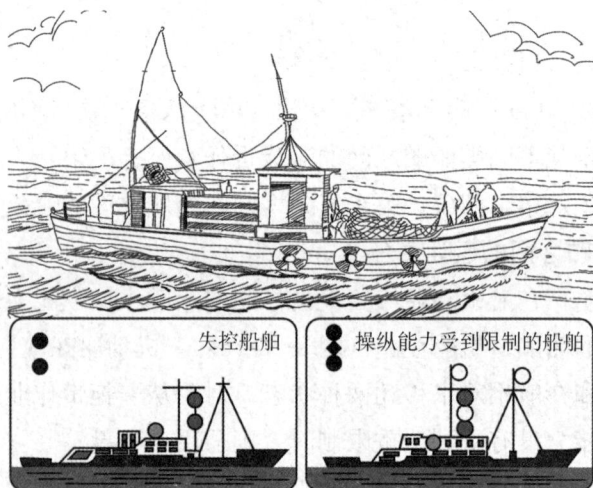

图3-23-17　从事捕鱼的船舶在航时，应尽可能给失控船、操限船让路

（4）水上飞机　在水面上的水上飞机，通常应宽裕地让清所有船舶，并不得妨碍其航行。但在有碰撞危险时，则应遵守"驾驶与航行规则"的有关规定。

（5）地效船　地效船在水面起飞、降落或飞行时，应宽裕地让清所有其他船舶，并不得妨碍其航行。当地效船在水面上操纵时属于机动船范畴，其承担的责任和义务与《规则》中所提及的机动船一致。

思考题

1. 机动船在避让帆船时应遵循哪些原则？

2. 如何判断两船构成追越？

3. 什么情况下容易出现对是否构成追越难以确定的局面？应如何处理？

4. 在追越中，追越船和被追越船各应注意哪些问题？

5. 如何判断两船构成对遇局面？

6. 在判断对遇局面时，可能产生怀疑的情况及处理规定？

7. 对遇局面中的船舶应如何避让？

8. 如何判断两船构成交叉相遇局面？

9. 交叉相遇局面中船舶应如何避让？

10. 直航船应遵循哪些行动规则？

11. 让路船的含义及如何采取的避让行动？

12. 在航机动船、在航帆船、在航从事捕鱼船与其他船舶之间的避让关系？

第二十四章　船舶在能见度不良时的
行动规则

本章要点：船舶在能见度不良的水域或其附近航行时，不易及早发现和正确地识别来船，船舶采取的避碰行动也不能被他船用视觉发现。本节主要阐述船舶在能见度不良时的行动规则、避让责任与戒备以及船舶的避碰行动。

一、条款内容（第十九条　船舶在能见度不良时的行动规则）

1. 本条适用于在能见度不良的水域中或在其附近航行时不在互见中的船舶。

2. 每一船应以适合当时能见度不良的环境和情况的安全航速行驶，机动船应将机器作好随时操纵的准备。

3. 在遵守本章第一节各条时，每一船应充分考虑到当时能见度不良的环境和情况。

4. 一船仅凭雷达测到他船时，应判定是否正在形成紧迫局面和（或）存在着碰撞危险。若是如此，应及早地采取避让行动，如果这种行动包括转向，则应尽可能避免如下各点：

（1）除对被追越船外，对正横前的船舶采取向左转向；

（2）对正横或正横后的船舶采取朝着它转向。

5. 除已断定不存在碰撞危险外，每一船当听到他船的雾号显似在本船正横以前，或者与正横以前的他船不能避免紧迫局面时，应将航速减到能维持其航向的最小速度。必要时，应把船完全停住，而且，无论如何，应极其谨慎地驾驶，直到碰撞危险过去为止。

二、条款解释

1. 适用范围

《规则》明确规定了本条的适用范围，包括适用的能见度、适用的船舶、适用的水域和适用的条件。

（1）适用的能见度　《规则》没有对"能见度不良"作出明确的定量规定，通常认为，当能见度下降到 5n mile 时，本条开始适用。

（2）适用的水域　本条适用于能见度不良的水域中或在其附近。当船舶在能见度不良的水域内航行或与能见度不良的水域相距约 2n mile 时，应自觉遵守本条的规定。

（3）适用的船舶　本条规定适用于任何航行中的船舶，而不适用于锚泊船和搁浅船。

（4）适用的条件　本条适用于不在互见中的船舶。

2. 能见度不良时的行动规则

①使用安全航速、并将机器做好随时操纵的准备；②开启雷达并进行雷达标绘或与其相当的系统观察；③判断碰撞危险；④开启航行灯；⑤开启 VHF 甚高频无线电话；⑥鸣放雾号；⑦通知船长，并由船长亲自指挥；⑧改变自动舵为手操舵；⑨增加瞭头；⑩勤测船位。

3. 能见度不良时的避让责任与戒备

当船舶在能见度不良的水域中或在其附近航行不在互见中相遇并致有碰撞危险时，不论两船构成几何态势如何，两船均负有同等的避让责任与义务，每一船舶都应果断的采取避让措施。船舶应格外重视应用雷达与 VHF 进行瞭望。为保证有充分的时间估计当时的局面，有更大的余地及早地采取避让行动。

4. 能见度不良时的避碰行动

（1）仅凭雷达测到他船时的行动　一船仅凭雷达测到他船时，首先应判定是否正在形成紧迫局面和（或）存在碰撞危险。若存在这种局面和危险的话，应及早采取避让行动。

①避让正横前来船：除被追越船外，在避让正横前来船时，应避免向左转向。因而，无论来船在本船在本船左正横以前（图 3-24-1）还是在右正横以前（图 3-24-2），本船均应向右转向避让。

②避让正横或正横后来船：对于正横或正横后的船舶，应避免朝着它转向。因而，对于左正横或左正横后的来船，应向右转向（图 3-24-3）；对于右正横或右正横后的来船，应向左转向（图 3-24-4）。

（2）听到雾号显示在正横以前时的行动　除已断定不存在碰撞危险外，每一船舶当听到他船的雾号显示在本船正横以前，或者与正横以前的他船不

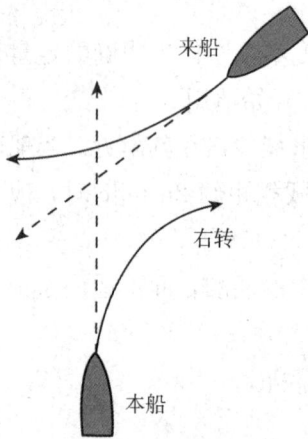

图 3-24-1　右前方来船

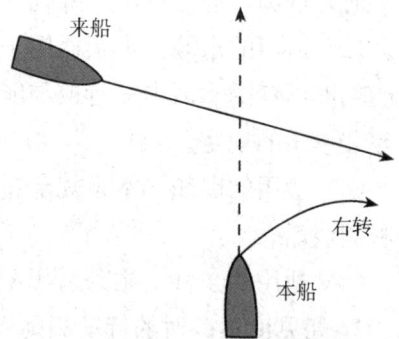

图 3-24-2　左前方来船

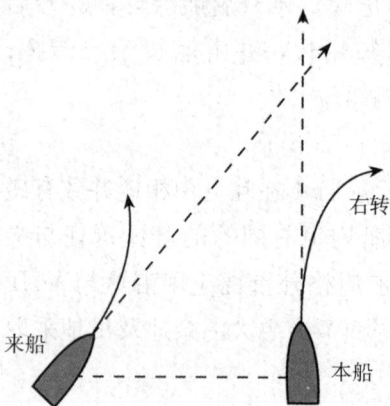

图 3-24-3　左后方来船

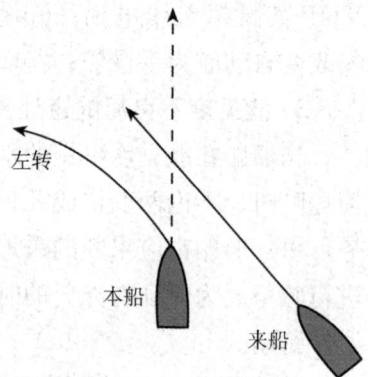

图 3-24-4　右后方来船

能避免紧迫局面时，船舶采取的行动为：

①将航速减到能维持其航向的最小速度：实践证明，在上述提及的情况下，盲目转向往往会使局面更加恶化。但采取将航速减到能维护其航向的最小速度的行动，则有利于对局面的判断和采取进一步避让行动。

②必要时，应把船完全停住：所谓的"必要时"，通常是指：无雷达的船舶听到他船的雾号显示在前方、看到他船的轮廓但不明其航向、听到帆船的雾号显示在本船正横以前、顺潮流听到正前方有锚泊船的雾号等；有雷达的船舶已经断定与正横以前的他船构成紧迫局面、在雷达上发现一船以高速行驶的船舶向本船逼近，但不明其从本船哪一舷驶过、或发现来船正在采取与本船不协调的行动，紧迫局面即将形成等。

③无论如何，应极其谨慎驾驶，直到碰撞危险过去为止。

思考题

1. 船舶在能见度不良时应采取哪些行动规则？

2. 船舶在能见度不良水域或其附近航行应如何戒备？

3. 简述船舶在能见度不良时采取转向避让应当注意哪些问题？

4. 在能见度不良水域或其附近航行，船舶在哪些情况下应当将航速降低至能维持其航向的最小速度？在哪些情况下应当把船完全停住？

5. 船舶在能见度不良的水域中航行，一旦发现与他船构成碰撞危险时，应遵循哪些避让原则？

第二十五章　疏忽与背离

本章要点：遵守《规则》条款存在疏忽，是导致海上船舶碰撞事故发生的主要原因，为避免紧迫危险而背离规则也是必要的。本节主要介绍三种疏忽以及在某些危险和特殊情况下需要背离《规则》条款的时机与条件，避免紧迫危险。

一、条款内容（第二条　责任）

1. 本规则条款并不免除任何船舶或其所有人，船长或船员由于遵守本规则条款的任何疏忽，或者按海员通常做法或当时特殊情况可能要求的任何戒备上的疏忽而产生的各种后果的责任。本款通常称为疏忽条款。

2. 在解释和遵行本规则条款时，应适充分当考虑一切航行和碰撞的危险，以及任何特殊情况，以及包括当事船舶条件限制在内的任何特殊情况，这些危险和特殊情况可能需要背离规则条款以避免紧迫危险。本款通常称为背离条款。

二、条款解释

1. 责任条款适用的对象

责任条款适用的对象为船舶所有人、船长、船员。

船舶发生碰撞事故，大多是由于船长或船员在管理船舶和驾驶船舶的过程中的疏忽或过失所致。根据"责任"条款，有关方有权追究当事船舶或当事人及其船舶所有人由于该碰撞而产生的各种后果的责任。

2. 三种疏忽

（1）**遵守《规则》条款的任何疏忽**　遵守《规则》条款的疏忽，是导致海上船舶碰撞事故发生的主要原因。"遵守本《规则》条款的任何疏忽"，是指未采取或采取不当《规则》明确要求的行动，或采取了明确禁止的行动，包括应当背离《规则》的情况下不背离《规则》。对遵守本规则条款的疏忽，既包括主观上的疏忽，如工作责任心不强、麻痹大意，执行规则不认真、不严格；也包括客观上的疏忽，如缺乏航海经验、对条款理解错误或片面理解而导致在避让行动中执行不好等。具体有：①未保持正规瞭望，如在夜间航行时，未保持视觉瞭望，从而未及时发现来船，雾航中仅保持雷达观测，而放弃视觉瞭望；②未使用安全航速，如船舶在进出港、狭水道、能见度不良水域高速航行；③未按《规则》的规定显示号灯、号型；④违反《规则》要求的航行规则，如在狭水道航行没有靠右航行，在分道水域没有沿着相应的通航分道航行等；⑤未采取正确的避让行动，如在采取避让行动时，对航向做了一连串的小变动，直航船一经发觉规定的让路船显然没有遵照《规则》采取适当的行动时，仍保速保向消极等待的做法等；⑥对雷达未能正确使用；⑦没有认真遵守互见中以及能见度不良时的行动规则等。

（2）海员通常做法所要求的任何戒备上的疏忽　"海员通常做法"，是指海员在长期的驾驶和管理船舶的实践中形成的一种习惯的、经常性的并被航海实践证明对确保航行安全、避免碰撞是行之有效的、为广大海员所接受并广泛采用的做法。例如：①根据通航密度、水域特点、能见度和本船特点等，选派足够和合适的船员担任瞭望和操舵人员；②船速应根据通航密度、能见度、本船和水域特点及附近船舶的大小和作业情况等适当降低；③在通航密度大的水域、狭水道、进出港或风浪较大及时备车并采用手操舵；④避让时及时采用手操舵；⑤在狭水道对顺水船和调头船，为了及早做到宽让，必要时采用停车或把本船停住并在航道右侧等候；⑥大船在浅狭水道航行，应及时减速，注意浅水效应和岸吸、船吸影响；⑦与来船进行会让时，应避免与对方同时发放声号；⑧锚的使用与投放，能根据水域特点与当时情况正确地使用；⑨值班能坚守岗位，交接班时如正在避让来船，不进行交接班；⑩在航船舶避让锚泊、搁浅或系岸的船舶。

"对海员通常做法可能要求的任何戒备上的疏忽"，是指采取了与实际上通常的做法相违背的行动（或未采取通常的做法），但该"通常做法"在《规则》中未明文要求。船长和船员对此可能产生疏忽的情况主要有：①夜间在没有适应夜视和不了解周围环境及情况下进行交接班；②不熟悉本船的操纵性能及本船的条件限制而盲目地动车和用舵；③没有充分地注意到可能出现的浅水效应、船间效应、岸壁效应；④在应使用手操舵时，仍用自动舵航行或避让；⑤在狭水道或其他复杂水域中航行时没有备车、备锚和增派瞭头人员；⑥在不适当的水域锚泊，或抛锚方法不当，以及在锚泊中，对本船及他船可能走锚缺乏戒备；⑦对车、舵令不复诵、不核对；⑧在高纬度海区航行，对发现冰山缺乏戒备；⑨在不应追越的水域、地段或情况下盲目追越；⑩不了解地方特殊规定以及所处水域船舶间的避让习惯等。

（3）**特殊情况所要求的任何戒备上的疏忽**　特殊情况，即异乎寻常的情况。构成特殊情况的原因，主要包括船舶条件的突变、自然条件的突变、交通条件的突变、他船所采取行动的突变及出现《规则》条款没有提及的情况和格局等。对特殊情况所要求的任何戒备上的疏忽，包括但不限于以下各种情况：①驾驶员对另一船为避免紧迫危险而背离《规则》的行动缺乏思想准备；②对突遇雾、暴风雨等缺乏戒备；③对主机、舵机、操舵系统等突然故障缺乏戒备；④对为避让一船而与另一船构成紧迫局面缺乏戒备；⑤对多船同时构成碰撞危险或者紧迫局面的情况缺乏戒备；⑥对他船意外采取行动，使得两船陷入紧迫危险的情况缺乏戒备；⑦未估计到在夜间邻近处会突然出现不点灯的小船或突然显示灯光的小船；⑧未估计到在雾中雷达上在邻近处突然出现小船或木船的回波；⑨未估计到在雾中雷达上一直没有发现他船回波的情况下，会听到他船的雾号声显示在本船的正横前。

3. 背离

（1）**背离规则的时机**　背离规则采取行动是一种非常严肃的法律行为，它仅适用于遵守《规则》已经无法避免碰撞危险的特殊情况以及已面临紧迫危险的局面。我国航海界普遍认为，"紧迫局面"是指当两船接近到单凭一船的行动已不能导致在安全距离上驶过的局面；同时认为，"紧迫危险"是指当两船接近到单凭一船的行动已不能避免碰撞的局面。

根据背离条款的规定，可能需要背离《规则》的情况包括三种：存在航行危险；碰撞危险；特殊情况，这种特殊情况包括当事船舶的条件限制在内。

碰撞的过程是：致有构成碰撞危险→存在碰撞危险→紧迫局面→紧迫危险→碰撞。

（2）**背离规则的条件和目的**　背离规则是有严格条件限制的，并不是任何存在航行的危险、碰撞的危险的情况或者任何特殊情况下均可以背离规则。背离规则必须满足以下条件：

①危险是客观存在的，而不是主观臆断的。

②危险是紧迫的，并且几乎可以肯定遵守《规则》会造成一船或者两船的危险，而背离《规则》就有可能避免这种危险。

③背离规则是必须的、合理的，即当时的客观事实表明遵守规则不能避

免碰撞和航行的危险，而背离规则可能避免碰撞和航行的危险。所以，只有当时的危险局面不允许船舶继续遵守规则时，才可以背离规则。只要还存在机会遵守规则，就不应当背离规则。

背离规则的目的是避免紧迫危险。"方便"不能成为背离规则的借口，"协议背离规则"的做法应当禁止。

（3）**可以背离的条款**　背离规则并不是指《规则》所有条款的规定都可以背离，而仅是指背离规则所适用的某些或某一条款的具体规定；在背离某些或某一条款的具体规定时，对其他条款的规定仍必须严格遵守。一般来说，保持正规的瞭望，以安全航速行驶，判断碰撞危险，显示号灯号型和鸣放碰撞声号等条款，在任何情况下都不允许背离；允许背离的条款主要是《规则》第二章第二节和第三节对当事船舶具体避碰行为作出具体规定的条款。

（4）**背离规则时应注意的问题**

①严格把握时机，不可随意背离《规则》。

②注意规则的严肃性，区分可背离与不可背离的条件。

③应用一切有效的手段及信号表明本船所采取的一切背离《规则》的行动。

④注意运用良好的船艺以避免碰撞。

⑤碰撞不可避免的情况下，尽最大努力以减小碰撞的损失。

思考题

1. 哪些做法通常被认为海员通常做法？

2.《规则》不免除由于哪三个方面的疏忽而产生后果的责任？

3. 背离《规则》的目的及条件是什么？

4. 背离《规则》时应注意哪些问题？

第二十六章　渔船作业避让规定

本节要点：《渔船作业避让规定》，是我国自行制定的有关渔船海上作业的专门规章。本节主要介绍该规定的适用范围、制定原则、疏忽与背离条款及一般定义。

第一节　概　述

《渔船作业避让规定》（以下简称《规定》），是一部有关渔船海上作业的专门规则，于 1983 年颁布，1984 年 10 月 1 日起实施，2007 年 11 月 8 日根据《农业部现行规章清理结果》修正（中华人民共和国农业部令第 6 号）。由于《1972 年国际海上避碰规则》没有对各种作业渔船间的相互避让关系和避让方法作出明确规定，《规定》的实施，对保障海上作业安全，维护渔场作业秩序，减少航行和渔捞事故，妥善处理渔船间的海事纠纷和渔具拖损事故起到积极的作用。

一、《规定》的适用范围

《规定》第一条规定：适用于我国正在从事海上捕捞的船舶。

二、《规定》的制定原则

①不违背《1972 年国际海上避碰规则》。
②不妨碍有关主管机关制定的渔业法规的实行。

三、疏忽与背离

1. 疏忽

渔船在海上作业发生碰撞或渔具拖损事故，大多是由于船长或船员在生产作业中的疏忽或过失造成的。根据《规定》第五条规定，有关方有权追究当事船长、船员、船舶所属单位由于该碰撞而产生的各种后果的责任。渔船在海上作业中的疏忽，包括但不限于下列方面：①未按《规定》的规定显示号灯、号型；②对当时渔场情况戒备上的疏忽；③未按《规定》的规定采取避让行动；④避让时未遵守《规定》的规定的安全距离。

2. 背离

背离《规定》是有条件限制的，并不是任何存在危险的情况下均可以背离《规定》。《规定》第四条规定：在解释和遵行本条例各条规定时，应适当考虑到当时渔场的特殊情况或其他原因，为避免发生网具纠缠、拖损或船舶发生碰撞的危险，而采取与《规定》各条规定相背离的措施。

四、一般定义

《规定》对 8 个名词术语进行了解释，该解释对整个《规定》普遍适用。

①"渔船"一词是指正在使用拖网、围网、灯诱、流刺网、延绳钓渔具和定置渔具进行捕捞作业的船舶（但不包括曳绳钓和手钓渔具捕鱼的船舶）。

②"船组"一词是指由 1 艘围网渔船、1 艘或 1 艘以上灯光船组成的一个生产单位。

③"网档"一词是指 2 艘拖网渔船在平行同向拖曳同一渔具过程中，船舶之间的横距。

④"带围船"一词是指拖带围网渔船的船舶。

⑤"从事定置渔具捕捞的船舶"是指在锚泊中设置渔具或正在起放定置渔具或系泊在定置渔具上等候潮水起网的船舶。

⑥"漂流渔船"一词是指系带渔具随风流漂移而从事捕捞作业的船舶（包括流刺网、延绳钓渔船，但不包括手钓、曳绳钓渔船）。

⑦"围网渔船"一词是指正在起、放围网或施放水下灯具或灯光诱集鱼群的船舶。

⑧"拖网渔船"一词是指 1 艘或 1 艘以上从事拖网或正在起放拖网作业的船舶。

第二节　互见中渔船之间的避让责任和行动

本节要点：本节主要介绍互见中拖网渔船、围网渔船和漂流渔船之间的避让关系和避让行动及采取避让行动时应注意的事项。

一、渔船之间的避让责任和行动

1. 拖网渔船

拖网渔船应给下列渔船让路：①从事定置渔具捕捞的渔船；②漂流渔船；③围网渔船。

2. 围网渔船

①围网渔船应避让从事定置渔具捕捞的渔船。

②围网渔船在放网时，应不妨碍漂流渔船或拖网渔船的正常作业。

3. 漂流渔船

①漂流渔船应避让从事定置渔具捕捞的渔船。

②漂流渔船在放出渔具时，应尽可能离开当时拖网渔船集中作业的渔场。

4. 从事定置渔具作业的渔船

从事定置渔具作业的渔船在放置渔具时，应不妨碍其他从事捕捞船舶的正常作业。

5. 其他规定

①各类渔船在放网过程中，后放网的船应避让先放网的船，并不得妨碍其正常作业。

②正常作业的渔船，应避让作业中发生故障的渔船。

③任何船舶在经过起网中的围网渔船附近时，严禁触及网具或从起网船与带围船之间通过。

二、拖网渔船之间的避让责任和行动

1. 放网中的拖网渔船

《规定》第二十八条规定：放网中渔船，应给拖网中或起网中的渔船让路。

2. 起网中的拖网渔船

①准备起网的渔船，应在起网前10min显示起网信号，夜间应同时开亮甲板工作灯，以引起周围船舶的注意。

②同时起网船，应给正在从事卡包（分吊）起鱼的渔船让路。

3. 拖网中的拖网渔船

①拖网中渔船，应给起网中渔船让路。

②拖网中渔船当采取大角度转向时，不得妨碍附近渔船的正常作业。

③多艘单拖网渔船在同向并列拖网中，两船间应保持一定的安全距离。

4. 追越中的拖网渔船

追越渔船应给被追越渔船让路，并不得抢占被追越渔船网档的正前方而妨碍其作业。

5. 对遇中的拖网渔船

多对渔船在相对拖网作业相遇时，如一方或双方两侧都有同向平行拖网中的渔船，转向避让确有困难，双方应及时缩小网档或采取其他有效的措施，谨慎地从对方网档的外侧通过，直到双方的网具让清为止。

对遇中的双拖网渔船，通常各自向右转向的局面，如图 3-26-1（a）所示；各自向左转向的局面，如图 3-26-1（b）所示。

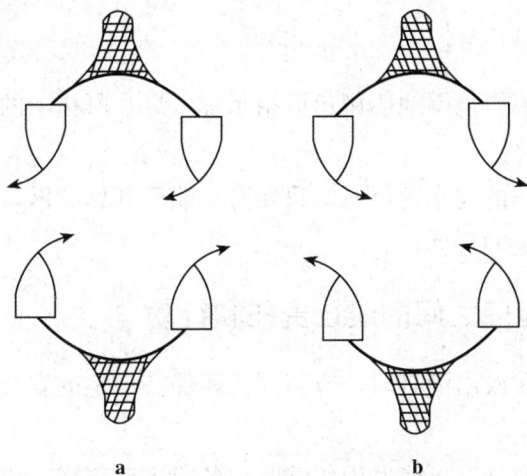

a　　　　　　　　　　b

图 3-26-1　对遇中的双拖网渔船避让

6. 交叉相遇中的拖网渔船

①应给本船右舷的另一方船让路。

②当让路船不能按规定让路时，应预先用声号联系，以取得协调一致的避让行动。

③如被让路船是对拖网船，被让路船应适当考虑到让路船的困难，尽量做到协同避让，必要时尽可能缩小网档，加速通过让路船网档的前方海区。

7. 其他规定

①机动拖网渔船应给非机动拖网渔船让路。

②不得在拖网渔船的网档正前方放网、抛锚或有其他妨碍该渔船正常作业的行动。

三、围网渔船之间的避让责任和行动

1. 起网中的围网渔船

①底纲已绞起的船，应尽可能避让底纲未绞起的船。

②同是底纲已绞起的船，有带围的船应避让无带围的船。

③起（捞）鱼的船，应避让正在绞（吊）网的船。

2. 灯光诱鱼的围网渔船

①船组在灯诱鱼群时，后下灯的船组与先下灯的船组间的距离应不少于1 000m。

②船组在灯诱时，"拖灯诱鱼"的船应避让"漂灯诱鱼"和"锚泊灯诱"的船。

3. 其他规定

①围网渔船不得抢围他船用鱼群指示标（灯）所指示的、并准备围捕的鱼群。

②在追捕同一的起水鱼群时，只要有一船已开始放网，他船不得有妨碍该放网船正常作业的行动。

四、漂流渔船之间的避让责任和行动

①漂流渔船在放出渔具时，应与同类船保持一定的安全距离，并尽可能做到同向作业。

②当双方的渔具有可能发生纠缠时，各应主动起网，或采取其他有效措施，互相避开。

五、采取避让行动时应注意的事项

（1）避让行动　《规定》中所指的避让行动，包括避让船舶及其渔具。

（2）安全距离　《规定》第十三条规定：各类渔船在起、放渔具过程中，应保持一定的安全距离；第十四条规定：在按《规定》采取避让措施时，应与被让路渔船及其渔具保持一定的安全距离；第十七条规定：让路船舶应距光诱渔船500m以外通过，并不得在该距离之内锚泊或其他有碍于该船光诱效果的行动。对于"安全距离"没有明确的定量规定，在决定安全距离时，应充分考虑到下列因素：①船舶的操纵性能；②渔具尺度及其作业状况；③渔场的风、流、水深、障碍物及能见度等情况；④周围船舶的动态及其密集程度。

第三节　渔船在能见度不良时的行动规则

本节要点：本节主要介绍能见度不良时，作业渔船应遵守的行动规则。

拖网渔船、漂流渔船和围网渔船在能见度不良时，一般不停止海上生产作业。《规则》对船舶能见度不良时的行动规则做了明确规定；而《规定》针对作业渔船在能见度不良时的行动规则做出了进一步规定。

一、各类渔船在能见度不良时的行动规则

①各类渔船在放网前应充分掌握周围船舶的动态，并结合气象与海况谨慎操作。

②及时启用雷达，判断有无存在使本方或他方的船舶和渔具遭受损坏的危险，并采取合理的避让措施。

③各类渔船除显示规定的号灯外，还可以开亮工作灯或探照灯。

二、拖网渔船在能见度不良时的行动规则

①拖网渔船在放网时，应采取安全航速。

②拖网渔船在拖网中，应适当地缩小网档。

③拖网渔船在拖网中发现与他船网档互相穿插时，应立即停车，同时发出声号一短一长二短声（·—··），通知对方立即停车，并采取有效措施，直到双方互不影响拖网作业时为止。

第四节　渔船的号灯、号型和灯光信号

本节要点：本节主要围网渔船、漂流渔船和运输船在不同情形下应显示的号灯、号型及灯光信号。

一、显示在航船号灯的船舶

①未拖带灯船的围网船在航测鱼群时。

②对拖渔船中等待他船起网的另一艘船。

③其他脱离渔具的漂流中的船舶。

二、围网渔船的号灯、号型和灯光信号

1. 围网渔船在夜间放网时

①网圈上应显示 5 只以上间距相等的白色闪光灯。

②如不能按（1）款规定显示信号时，应采取一切可能措施，使网圈上有灯光或至少能表明该网圈的存在。

2. 围网渔船在拖带和放网时

①围网渔船在拖带灯船或舢板进行探测、搜索或追捕鱼群的过程中，应显示拖带船的号灯、号型。

②当开始放网时，应显示捕鱼作业中所规定的号灯和号型。

3. 灯诱中的围网渔船

灯诱中的围网渔船，应按《规定》显示捕鱼作业中的号灯。

4. 船组

船组在起网过程中，当带围船拖带起网船时，应显示从事围网作业渔船的号灯、号型，当有他船临近时，可向拖缆方向照射探照灯。

三、漂流渔船的号灯、号型和灯光信号

漂流渔船除显示《规则》有关号灯、号型外，还应在渔具上显示下列信号：

（1）日间　每隔不大于 500m 的间距，显示顶端有红色三角旗的标志一面；其远离船的一端，应垂直显示红色三角旗两面。

（2）夜间　每隔不大于 1 000m 的间距，显示白色灯 1 盏；在远离船的一端，显示红色灯 1 盏。上述灯光的视距应不少于 0.5n mile。

四、运输船的号灯、号型

①运输船在停靠在围网渔船网圈旁或在围网渔船旁直接从网中起（捞）鱼时，应显示围网渔船的号灯、号型。

②运输船靠在拖网中的渔船时，应按《规则》显示"操纵能力受到限制的船舶"的号灯、号型。

思考题

1. 《渔船作业避让规定》的适用范围和制定原则有哪些?
2. 《规定》中所涉及的"渔船"定义有哪些?
3. 渔船之间的避让责任是如何规定的?
4. 拖网渔船在作业过程中的相互避让责任有哪些?
5. 围网渔船和漂流渔船应显示的号灯、号型和灯光信号有哪些?
6. 渔船间采取避让行动应注意的问题?

第二十七章　渔船航行值班

第一节　航行值班

本节要点：参照《渔业船舶航行值班准则（试行）》和《1995 年国际渔船船员培训、发证和值班标准公约》的要求，并结合渔船的实际情况，本节主要介绍渔船航行值班的总体要求，航行值班守则及渔船驾驶台交接班的有关要求。

一、渔船航行值班的总体要求

①渔船所有值班人员都必须根据国家有关规定进行培训、考试、持有相应的证书，必须保证足够的值班人员。参加值班的船员必须是符合主管机关规定的合格船员，每个船员都必须明确自己的职责。

②船长应根据实际情况编制航行值班规则，张贴在值班处所，并确保所有值班人员严格遵守。

③值班人员应在驾驶台保持值班，应对船舶的安全航行负责，即使船长在驾驶台，在船长未声明自己指挥驾驶前，值班人员不得理解为已被船长接替而放弃履行自己的职责，更不得随意离开驾驶台。在任何时候，驾驶台不得无人值守。

④值班人员必须严格遵守《1972 年国际海上避碰规则》《中华人民共和国海上交通安全法》等国际、国内有关法律、法规、规章和当地港口港章的有关规定。

⑤船长和值班人员应保证任何时候都应保持正规的瞭望，保持安全航速航行。并应采取一切可能的预防措施，防止污染海洋环境。

⑥值班职务船员必须充分掌握本船的操纵特性，完全熟悉所装备的电子助航仪器的使用方法，包括其性能及局限性。在值班期间，应最有效地使用船上一切可用的助航仪器，以足够频繁时间间隔对所驶的航向、船位和航速

进行核对，以确保本船沿着计划航线行驶。

⑦使用雷达时，应选择合适的量程，并注意量程的转换，以便能及早地发现假回波和局限性，仔细观察显示器，有效地作雷达运动图。天气良好时，只要有可能，应进行雷达方面的操练。

⑧遇下列情况，值班人员应立即报告船长：a. 遇到或预料能见度不良时；b. 对通航条件或他船的动态产生疑虑时；c. 对保持航向感到困难时；d. 在预计的时间未能看到陆地、航标或测不到水深时，或意外地看到陆地、航标或水深突然发生变化时；e. 主机、舵机或者任何主要的航行设备发生故障时；f. 无线电设备发生故障时；g. 在恶劣天气中，怀疑可能有气象危害时；h. 发现遇难人员或船只以及他船求救时；i. 遇到危及航行的任何情况，诸如冰或漂流船时；j. 对船长指定的位置或时间以及其他紧急情况感到疑虑时。尽管在上述情况中要求立即报告船长，但当情况需要时，值班人员为了船舶的安全，应毫不犹豫地采取果断行动。

⑨所有值班人员上岗前必须经过充分的休息，不能因疲劳而影响航行安全。值班人员不得饮酒，不得安排正在值班人员从事与值班无关的事项。

⑩船长和值班人员应有良好的职业道德，遇有海难事故时，在不严重危及本船安全的情况下，应全力进行救助。

⑪引航员在船时的航行

a. 船舶由引航员引航时，并不解除船长管理和驾驶船舶责任。船长和引航员应交换有关航行方法、当地情况和船舶性能等情况。船长和值班人员应与引航员密切配合，并保持对船位和船舶动态随时进行核对。船长对引航员的错误操作应及时指出，必要时及时纠正。

b. 船长在非危险航段暂离驾驶台时应告知引航员，并应指定职务船员负责。如值班职务船员对引航员的行动或意图有所怀疑，应要求引航员予以澄清，如仍有怀疑，应立即报告船长，并可在船长未到达之前采取必要的行动。

⑫值班人员还应了解由于特殊的作业环境，可能产生的对航行值班人员的特别要求。

⑬值班职务船员必须按要求和实际情况，及时和如实的记录航海日志、渔捞日志等法定记录。

二、航行值班守则

①航行中驾驶台值班每班至少2人，由船长、船副轮值驾驶班。

②航行中驾驶台必须保持肃静，值班人员不得随便与他人谈笑或离开岗位。

③值班驾驶员必须严格履行职责，集中精力，谨慎驾驶，不做与值班无关的事。

④驾驶员下达舵令应清晰、准确，操舵人员听到舵令后要复诵并立即执行。

⑤值班人员不得随意更改航向和航速，需要更改时需征得船长同意，但在紧急情况下，值班驾驶员有权采取必要的安全措施，事后及时报告船长。

⑥航行时，禁止任何人用水桶在舷外打水，捞漂浮物。

⑦遇下列情况船长亲自到驾驶台驾驶：a. 进出港和靠离码头；b. 遇到雾、暴风雨等能见度不良的恶劣天气；c. 航经狭水道、岛礁区、来往船只密集的区域；d. 发生海事事故和海上救助。

三、渔船驾驶台交接班的有关要求

①接班人员应提前10min到驾驶台。

②值班人员交接班时，必须交清以下内容：a. 船位、拖网与放网时间、航向、拖向、拖速、流速、风速、风、流压差等；b. 各种助航、助渔仪器的使用情况；c. 对拖网的主、副船或围网船和灯光船之间的动态，周围船舶的动态；d. 在望或即将在望的岛屿、航标、水面障碍物及海图标注的附近暗礁、沉船、水中障碍物等情况；e. 天气与海况变化；f. 航标的识别，下一班可能遇到的危险及有关注意事项的建议；g. 船长布置的且下一班应知道的事项，航行计划的变化和航海警告、通告等。

③值班人员如果有理由认为接班人员显然不能有效地履行其职责时，不应向接班人员交班，并立即向船长报告。接班者应确信本班人员完全能履行各自的职责。值班职务船员遇有列情况不得交班：a. 正在采取避让措施时；b. 正在进行起、放网作业时；c. 接班人员不称职；d. 没有找到转向目标或船位不清；e. 接班人员没有完全理解交班内容时；f. 接班人员在其视力未调节到适应光线条件以前。

④接班驾驶员在接班前，应对本船的推算船位或实际船位进行核实，并证实预定的航线、航向和航速的可靠性，还应注意在其值班预期可能会遇到的任何航行危险。

⑤接班人员在接班前，巡视检查全船一周。

⑥在交接班过程中，不免除交班人员的值班责任。

第二节　渔捞作业与停泊值班

本节要点：本节主要介绍渔捞作业值班要求、靠（系）泊值班要求、锚泊值班要求，值班人员应严格遵守，保障船舶安全。

一、渔捞作业值班要求

①拖网渔船作业时，应由船长、船副轮流值班，助理船副执行短程转移渔场时的值班；围网船作业、航测鱼群时，由船长、船副、助理船副轮流值班。不论何种作业方式，起放网时应由船长值班。

②渔船在进行捕捞作业时，值班职务船员除应考虑渔船航行值班的总体要求所规定的内容外，还应考虑下列因素：①船舶操纵性能、尤其是停船距离、航行和拖带渔具作业时的回转半径；②甲板上船员的安全；③因捕捞作业、渔获物装卸和积载，异常海况和天气状况等而产生的外力对船舶安全带来的不利影响，以及稳性和干舷的降低对渔船安全带来的不利影响；④附近海上建筑物的安全区域、沉船和其他危及渔具的水下障碍物；⑤在装载渔获物时，应注意在整个航行期间内都应留有充分的干舷、保持渔船稳定性和水密性，还应考虑燃料和备用品的消耗、可能遇到的异常天气状况和甲板连续结冰可能导致的危险。

二、靠（系）泊值班要求

①船长或船副必须有 1 人在船。

②对上岸船员要统一安排，至少有 1/3 的船员留船值班。

③督促检查渔货、渔需物资的装卸工作。

④根据潮汐、气象的变化，随时调整缆绳。

⑤检查航修进度和治安、防火工作。

⑥值班人员有权拒绝无关人员登船。

⑦禁止留家属亲友在船上住宿。

三、锚泊值班要求

①锚泊值班由船副统一安排，并经船长同意。

②值班人员精力集中，不能睡觉或做其他事情。

③按规定显示号灯或号型。

④能见度不良时，按规定施放雾号。

⑤检查锚链方向及其受力情况，勤测船位，防止走锚。

⑥注意天气及潮汐变化，关注周边船舶动态。

⑦发现他船逼近时，除发出声响或灯光警告外，应立即报告船长。

⑧交班要提前 10min 叫班，交清船舶锚位等信息。

思考题

1. 船舶航行中对值班人员有哪些要求？

2. 航行交接班有哪些规定？

3. 渔捞作业值班时应注意哪些问题？

4. 靠泊时值班有哪些具体要求？

5. 渔船锚泊时应注意哪些事项？

第四篇
渔业船舶管理

第二十八章 渔业船员职责与渔船安全生产管理

第一节 渔业船员职责

本节要点：本节重点掌握船长和船员的基本职责以及船员在船舶航行、作业、锚泊时值班职责，了解船长的权力。

渔业船舶的航行与作业必须通过船员来实现，渔船的安全状况和经济效益，与船员的职业素质和工作效能密切相关。按工作性质形成船员组织，明确各部门和船员的职责，能够有序高效地发挥船员的功能，使海上人命财产安全、海洋环境保护和经济效益得到保证。

一、船长的职责与权力

1. 船长的职责

船长是渔业安全生产的直接责任人，在组织开展渔业生产、保障水上人身与财产安全、防治渔业船舶污染水域和处置突发事件方面，具有独立决定权，并履行以下职责：

①确保渔业船舶和船员携带符合法定要求的证书、文书以及有关航行资料。

②确保渔业船舶和船员在开航时处于适航、适任状态，保证渔业船舶符合最低配员标准，保证渔业船舶的正常值班。

③服从渔政渔港监督管理机构依据职责对渔港水域交通安全和渔业生产秩序的管理，执行有关水上交通安全、渔业资源养护和防治船舶污染等规定。

④确保渔业船舶依法进行渔业生产，正确合法使用渔具渔法，在船人员遵守相关资源养护法律法规，按规定填写渔捞日志，并按规定开启和使用安全通导设备。

⑤在渔业船员证书内如实记载渔业船员的服务资历和任职表现。

⑥按规定申请办理渔业船舶进出港签证手续。

⑦发生水上安全交通事故、污染事故、涉外事件、公海登临和港口国检查时，应当立即向渔政渔港监督管理机构报告，并在规定的时间内提交书面报告。

⑧全力保障在船人员安全，发生水上安全事故危及船上人员或财产安全时，应当组织船员尽力施救。

⑨弃船时，船长应当最后离船，并尽力抢救渔捞日志、轮机日志、油类记录簿等文件和物品。

⑩在不严重危及自身船舶和人员安全的情况下，尽力履行水上救助义务。

2. 船长的权力

①当渔业船舶不具备安全航行条件时，拒绝开航或者续航。

②对渔业船舶所有人或经营人下达的违法指令，或者可能危及船员、财产或船舶安全，以及造成渔业资源破坏和水域环境污染的指令，可以拒绝执行。

③当渔业船舶遇险并严重危及船上人员的生命安全时，决定船上人员撤离渔业船舶。

④在渔业船舶的沉没、毁灭不可避免的情况下，报经渔业船舶所有人或经营人同意后弃船，紧急情况除外。

⑤责令不称职的船员离岗。

二、渔业船员的职责

1. 渔业船员的基本职责

①携带有效的渔业船员证书。

②遵守法律法规和安全生产管理规定，遵守渔业生产作业及防治船舶污染操作规程。

③执行渔业船舶上的管理制度、值班规定。

④服从船长及上级职务船员在其职权范围内发布的命令。

⑤参加渔业船舶应急训练、演习，落实各项应急预防措施。

⑥及时报告发现的险情、事故或者影响航行、作业安全的情况。

⑦在不严重危及自身安全的情况下，尽力救助遇险人员。

⑧不得利用渔业船舶私载、超载人员和货物，不得携带违禁物品。

⑨不得在生产航次中辞职或者擅自离职。

2. 船员在船舶航行、作业、锚泊时值班职责

①熟悉并掌握船舶的航行与作业环境、航行与导航设施设备的配备和使用、船舶的操控性能、本船及邻近船舶使用的渔具特性，随时核查船舶的航向、船位、船速及作业状态。

②按照有关的船舶避碰规则以及航行、作业环境要求保持值班瞭望，并及时采取预防船舶碰撞和污染的相应措施。

③如实填写有关船舶法定文书。

④在确保航行与作业安全的前提下交接班。

第二节　渔船安全生产管理

本节要点：加强海洋渔业船舶的安全生产管理，为了防止和减少海洋渔业事故的发生。本节主要学习船舶消防管理、驾驶台规则、靠离泊作业规定、起落、调整吊杆安全操作规程等。

一、船舶消防管理

船舶火灾/爆炸严重威胁人员、船舶的安全，因此，应健全消防制度，搞好消防教育，严格消防演习，保持设备完备良好，消除和限制火灾/爆炸的发生。

①船长必须定期组织对船员进行消防知识的教育，贯彻"预防为主、防消结合"的方针。

②按规定配备消防器材在指定位置存放并按期更换，并确定专人负责使用、维护和保养。

③船舶严禁随意使用电热器具，必须使用的，需经消防监督部门或公司批准，在指定处所安放，并有专人负责管理使用。

④不得随意接拉电源线，电线电缆破旧或受损应及时修复或更换，防止漏电而发生火灾。

⑤驾驶室和房间顶部、厨房烟囱和主机烟囱附近不得存放易燃物品。

⑥在船上吸烟要遵守下列规定：

a. 禁止吸烟场所严禁吸烟，这些场所包括机舱、各种库房等。

b. 准许吸烟场所应设置不易燃的烟灰缸，不准乱扔烟头，烟灰缸应适当固定、加入适量的水且及时清理、不得放置杂物，不许卧床吸烟。

c. 所有船舶在坞修期间一律禁止在船上吸烟。

⑦机舱供油系统必须保证完好，高温管不得外露，并及时清除可燃杂物。

⑧任何人发现船舶火情，必须立即报警，并迅速进行扑救。

⑨在火灾警报发出后，全体船员应马上到达指定地点，机舱应在最短时间内启动消防泵。

⑩船长在指挥扑救火灾时，要采取正确有效的施救措施，避免不应有的人员伤亡。

⑪船舶在港内发生火灾，要及时向消防队或港务监督部门报警。在消防队未到达前应积极自救。若火势可能波及码头安全，在抢救的同时，船舶应迅速离开码头。为防止船舶沉没在码头或航道上，如可能应尽早移泊至锚地。

⑫船舶在海上发生火灾，自救难以实现，应及时发出求救信号报警救援。一旦船舶无法保住，船长应采取果断措施指挥船员弃船。

⑬所有船舶在加油期间，一律禁止明火作业。

二、驾驶台规则

驾驶台是船舶航行的指挥中心，航行中，除船舶领导和当值人员外，其他人员非工作必要，不得随意进入。

①在航行和锚泊中，任何时候不得无人值班。

②船舶靠岸停泊时，必须将门窗锁好，临时检修设备应派人照顾，未经船长批准，不许参观。

③航行时，驾驶台应保持寂静，不得紧闭全部门窗。夜间航行时，严禁有碍正常航行瞭望的灯光外露。

④在驾驶台值班时，不得擅离岗位、坐卧睡觉、闲聊、大声喧哗、嬉笑、打闹、收听与船舶安全无关的广播和收看电视。

⑤不得仅穿背心、内裤进入驾驶室，不得穿拖鞋进入驾驶室。

⑥驾驶台周围不得堆放杂物、晾晒衣物。

⑦严禁将铁器和有磁场物体带进驾驶室，磁罗经附近严禁放置铁器。

⑧驾驶台内各种航海设备、航海文件、航海资料必须稳妥固定，严加保

管，无关人员不得随意动用、翻阅。

⑨驾驶台内张贴的各种资料要规范醒目。

⑩值班人员要保持好驾驶台清洁卫生。

三、靠离泊作业规定

为加强船舶靠离泊作业的管理，确保靠离泊作业的安全，船舶应严格按作业规定进行靠离泊作业。

①靠离泊前，船长将靠离码头的操作意图和安全措施向有关人员介绍清楚。相关人员应认真检查主机、副机、舵机、锚机、绞缆机等重要设备，并保证其处于正常使用状态。

②靠离泊时，必须由船长亲自驾驶指挥。甲板操作人员应按规定穿戴整齐（救生衣、安全帽、防护手套、护具等），将伸出舷外设备收回舷内，将缆绳、碰垫、撇缆备妥。抛撇缆前应先招呼后撇，以免缆头伤人。掌握好出缆速度，以免出缆过松或过紧而造成缠摆或断缆伤人。当系缆确已挂牢缆桩，带缆人员已安全离开，方可收绞。

③靠离码头一般情况下，应顶风（静水港）或顶流（流水港）操作。需要动车时，驾驶室要听取前后甲板操作人员的报告，控制好车速，以免断缆伤人或缠摆。

④靠离泊位系缆和解缆时，要准确执行船长命令。在艏、艉的操作人员动作要迅速、准确、灵活、安全。绞缆时，人与绞机间要保持一定的安全距离，切勿站在缆圈中间，以免发生危险。

⑤船舶靠妥后，缆绳必须上桩，若系于双系桩上则挽"8"字，挽花不得少于4道，缆绳不得挽于绞缆机或锚机的非专用滚筒上。

⑥靠泊后，应根据天气情况和潮汐，适当加固缆绳和碰垫。离泊后，应将缆绳入舱或盘整好，收回碰垫。

⑦船舶靠离泊时，非操作人员一律禁止在工作现场和甲板观看。

四、高空、舷外作业规定

高空作业，是指在桅杆、吊柱、高位的吊货设备、上层建筑和烟囱的外部、机舱的顶部或高出舷墙等位置的作业。舷外作业，是指在空载水线以上的船体外部进行的作业。

①高空及舷外作业应选派身体和技术条件好的船员，穿戴好劳保用具，

系好安全带，并指派专人负责安全保护工作。

②作业前必须先对作业用具，如索具、滑车、座板、脚手板、保险带、绳梯等严格检查，系索必须专用。

③高空作业应注意事项

a. 禁止一手携物，另一手扶直梯上下。

b. 工具放在工具袋（桶）内或用细绳系住。

c. 安全带与座板绳分开系固。

d. 拆装的零件安放在专用的布袋或桶内。

e. 上下运送物件，禁止抛掷。

f. 高空作业下方一定范围内，禁止人员通过或作业。

g. 在舱口上高空作业，应先将舱口板全部盖妥。

h. 在烟囱附近作业时，要提前通知轮机人员，防止因突然冒浓烟（吹灰）、拉汽笛而惊吓作业人员。

i. 在雷达天线、发信天线附近作业，必须事先通知驾驶台值班人员，防止启动雷达和发报。

④舷外作业应注意事项

a. 保险带和座板绳分别系固于甲板固定物上，每块座板作业人数以2人为限。

b. 事先要通知有关部门关闭舷外出水孔。

c. 舷外涂刷或除铲油漆前，应先了解港方有关防污染方面的规定。

d. 在船首部位进行舷外作业，必须保证锚已制牢，以免发生意外。

e. 在浮具上作业时，浮具两端系缆应有专人照料，作业人员要穿好救生衣，并备有救生圈，要从绳梯上下，禁止随浮具上下。必要时应系安全带。

f. 船舶航行中，严禁进行舷外作业。

五、起落、调整吊杆安全操作规程

起落、调整吊杆应严格按安全操作规程进行，以保证人员、船舶及货物的安全。

①船舶在开航前，必须将吊杆落下，进港后才可升起。进港时，如天气良好，视线清楚，船身平衡，在不妨碍船舶安全操作的情况下，经船长同意，可以提前将吊杆升起。吊杆升起后，应收紧稳索，防止摆动，在靠妥码

头以前，吊杆不得伸出舷外。

②起落吊杆时，必须配备足够的作业人员，由水手长指挥操作；调整吊杆，须由本船水手操作，吊杆的仰角不得小于试验负荷时的最小角度。

③起落吊杆前应注意

a. 检查起货机运转情况。

b. 尽可能保持船无横倾。

c. 解清吊杆头与支架座的插销，千斤钢丝制动器、稳索、保险索、卸扣和滑车应保持完好，并整理清楚。

d. 指挥者讲清安全操作要点后，操作人员各就各位。

④起落、调整吊杆，操作起货机时，要运转缓慢、均匀，不可忽快、忽慢。

⑤稳索、保险索应尽可能与吊杆成 90°的角度，并注意勿与吊货钢丝互相摩擦。

⑥千斤钢丝制动器应指定专人负责照管，防止意外。起落、调整吊杆完毕，应确认制动装置处于正确位置，方可离开。

⑦吊杆升起或调整后，稳索或保险索均应收紧、挽牢、固定，防止左右摆动。

⑧起落吊杆时，工作人员应穿戴安全帽、防护手套和工作服，严禁吊杆下方有人逗留。

⑨开航前，应将吊杆与支架座扣牢，稳索、千斤钢丝和吊货钢丝理清悬起并固定绑牢，防止受海浪侵蚀损伤。

⑩起货机使用完毕（或长时间停止装卸），操作人员应通知机舱值班人员及时关汽或停电。

六、雾区航行守则

船舶在雾、霾、雪、暴风雨、沙暴或其他类似使其航行能见度受到限制时，应严格遵守《1972 年国际海上避碰规则》中的有关条款以及当地港章等规定进行操作，以保证航行安全。

①船舶在进入雾区之前，值班人员应及时测好船位并报告船长。开启雷达进行系统观察，通知机舱备车、备锚，安排好瞭头人员，并将瞭头人员名单及瞭望时间记入法定文书。

②船长获悉雾袭报告后，必须立即到驾驶台亲自指挥。当值人员应将船

位、周围环境和已采取的措施告知船长。

③雾袭到时，应备妥各类救生设备，以便随时使用。

④雾中航行时，要使用安全航速，加强瞭望，必要时打开驾驶台门窗观察。

⑤全船要保持肃静，严禁大声喧哗和发出敲击声，以免影响值班人员的听觉。

⑥在本船发放雾号的时候，听到他船雾号，不应猝然中止，应当继续发放，以免他船误会。但是再发雾号时，应当力求避免同他船雾号声音重叠。

⑦他船雾号才停，本船切勿紧接发出雾号，以免被他船误认为是他发出雾号的回声。

⑧本船停车后，且已不在水上运动的时候，才能发放停车的声号（二长声）。

⑨在听到他船雾号来自本船正横前时，应立即停车，必要时倒车把船停住。待判明情况后，再继续航行，严禁盲目转向避让或前进。

⑩守听甚高频无线电话，及时掌握周围船舶动态，发送雾航警告，报告本船动态。

⑪雾中航行，应充分利用航行仪器和助航设备，并应随时校对船位，切实掌握准确船位，要注意在车速多变情况下风流对船位的影响。

⑫雾航中，驾驶台和机舱人员必须坚守岗位，保持联系。

⑬遇雾抛锚时，要按照《国际海上避碰规则》有关规定发出锚泊信号。

⑭值班驾驶员应将遇雾的时间、地点、采取的措施、避让情况等详细记入法定文书。

七、船舶防风、防冻守则

①按时收听气象信息。如有强风暴或寒流袭击本航区时，应及早做好防风、防冻的准备工作。固定好甲板所有可移工具、属具、缆绳、吊杆及重物。检查好主机、副机、舵机、锚机及取暖设备。关闭好水密门、窗及孔盖，封闭好货舱盖。将易冻水柜、水管水放净。

②大风浪中操作要谨慎小心。如果风浪过大，可适当调整航向与波浪的交角或降低车速，以减少波浪对船体的冲击和推进器的空转。最佳的顶浪航行角度为20°左右，车速以维持舵效为佳，避免车速过慢、船首与波浪交角过大造成船舶打横。

③调头时要选择海面相对平静的有利时机，车舵配合，尽快调转。

④当船舶遇到寒冷（室外气温在−4℃以下）天气时，甲板水用完后应将管内残水放净。对露出水面的水管、水柜要采取防冻措施。

⑤甲板冻冰时，应及时采取措施，清除主要通道及甲板冰雪，防止船舶超载过大。并做好防滑工作，舷梯或跳板下必须放妥安全网。

⑥长时间停港船舶，要将主、副机和厨房水管里的水放尽，并做好防冻保暖工作。

思考题

1. 船长的基本职责是什么？

2. 船长的权力有哪些？

3. 船员的基本职责有哪些？

4. 船员在船舶航行、作业、锚泊时值班时有哪些职责？

5. 在船上吸烟要遵守哪些规定？

6. 电焊作业时应注意哪些事项？

7. 气焊作业时应注意哪些事项？

8. 高空作业应注意事项有哪些？

9. 舷外作业应注意哪些事项？

10. 起落吊杆前应注意哪些事项？

第二十九章 渔业资源保护法规与制度

第一节 渔业资源保护法规

本节要点：本节重点掌握《中华人民共和国渔业法》，熟悉《中华人民共和国水生野生动物保护实施条例》《中华人民共和国渔业捕捞许可管理规定》以及水产种质资源保护区管理制度。

一、《中华人民共和国渔业法》

《中华人民共和国渔业法》，是加强渔业资源的保护、增殖、开发和合理利用的根本法。于 1986 年 7 月 1 日起实施，到目前为止，共进行了 4 次修订。该法共 6 章 50 条，分为：第一章　总则；第二章　养殖业；第三章　捕捞业；第四章　渔业资源的增殖和保护；第五章　法律责任；第六章　附则。

1. 总则

(1) 立法目的　为了加强渔业资源的保护、增殖、开发和合理利用，发展人工养殖，保障渔业生产者的合法权益，促进渔业生产的发展，适应社会主义建设和人民生活的需要。

(2) 适用范围　在中华人民共和国的内水、滩涂、领海、专属经济区以及中华人民共和国管辖的一切其他海域从事养殖和捕捞水生动物、水生植物等渔业生产活动，都必须遵守本法。

(3) 主管机关　国务院渔业行政主管部门主管全国的渔业工作。县级以上地方人民政府渔业行政主管部门，主管本行政区域内的渔业工作。县级以上人民政府渔业行政主管部门，可以在重要渔业水域、渔港设渔政监督管理机构。

县级以上人民政府渔业行政主管部门及其所属的渔政监督管理机构，可以设渔政检查人员。渔政检查人员执行渔业行政主管部门及其所属的渔政监督管理机构交付的任务。

(4) 我国渔业生产方针　国家对渔业生产实行以养殖为主，养殖、捕捞、加工并举，因地制宜，各有侧重的方针。

2. 养殖业

①国家鼓励全民所有制单位、集体所有制单位和个人充分利用适于养殖的水域、滩涂，发展养殖业。

②国家对水域利用进行统一规划，确定可以用于养殖业的水域和滩涂。单位和个人使用国家规划确定用于养殖业的全民所有的水域、滩涂的，使用者应当向县级以上地方人民政府渔业行政主管部门提出申请，由本级人民政府核发养殖证，许可其使用该水域、滩涂从事养殖生产。

③国家鼓励和支持水产优良品种的选育、培育和推广。水产新品种必须经全国水产原种和良种审定委员会审定，由国务院渔业行政主管部门公告后推广。

④从事养殖生产不得使用含有毒有害物质的饵料、饲料。

⑤从事养殖生产应当保护水域生态环境，科学确定养殖密度，合理投饵、施肥、使用药物，不得造成水域的环境污染。

3. 捕捞业

①国家根据捕捞量低于渔业资源增长量的原则，确定渔业资源的总可捕捞量，实行捕捞限额制度。

②国家对捕捞业实行捕捞许可制度。具备下列条件的，方可发给捕捞许可证：a. 渔业船舶检验证书齐全有效；b. 渔业船舶登记证书齐全有效；c. 符合国务院渔业行政主管部门规定的其他条件。捕捞许可证不得买卖、出租或以其他形式转让，不得涂改、伪造、变造。

③从事捕捞作业的单位和个人，必须按照捕捞许可证关于作业类型、场所、时限、渔具数量和捕捞限额的规定进行作业，并遵守国家有关保护渔业资源的规定，大中型渔船应当填写渔捞日志。

4. 渔业资源的增殖和保护

①县级以上人民政府渔业行政主管部门，可以向受益的单位和个人征收渔业资源增殖保护费，专门用于增殖和保护渔业资源。

②未经国务院渔业行政主管部门批准，任何单位或者个人不得在水产种质资源保护区内从事捕捞活动。

③禁止使用炸鱼、毒鱼、电鱼等破坏渔业资源的方法进行捕捞。禁止制造、销售、使用禁用的渔具。禁止在禁渔区、禁渔期进行捕捞。禁止使用小于最小网目尺寸的网具进行捕捞。捕捞的渔获物中幼鱼不得超过规定的比

例。在禁渔区或者禁渔期内禁止销售非法捕捞的渔获物。

④禁止捕捞有重要经济价值的水生动物苗种。因养殖或者其他特殊需要，捕捞有重要经济价值的苗种或者禁捕的怀卵亲体的，必须经国务院渔业行政主管部门或者省、自治区、直辖市人民政府渔业行政主管部门批准，在指定的区域和时间内，按照限额捕捞。

⑤国家对白鳍豚等珍贵、濒危水生野生动物实行重点保护，防止其灭绝。禁止捕杀、伤害国家重点保护的水生野生动物。

5. 法律责任

对违反本法的，主管机关可视情节，给予没收渔获物、违法所得、罚款、没收渔具、没收渔船、吊销捕捞许可证等处罚。构成犯罪的，由司法机关依法追究刑事责任。

二、《中华人民共和国水生野生动物保护实施条例》

《中华人民共和国水生野生动物保护实施条例》是 1993 年 9 月 17 日国务院批准，1993 年 10 月 5 日农业部发布的一项关于保护水生野生动物的行政法规，其内容主要包括水生野生动物的保护、水生野生动物的管理及奖励与惩罚制度。本条例自 1993 年 10 月 5 日起施行，并于 2011 年 1 月 8 日和 2013 年 12 月 7 日进行了 2 次修订。该条例共 5 章 35 条，分别为：第一章总则；第二章 水生野生动物保护；第三章 水生野生动物管理；第四章奖励和惩罚；第五章 附则。

1. 总则

（1）有关定义

水生野生动物：是指珍贵、濒危的水生野生动物。

水生野生动物产品：是指珍贵、濒危的水生野生动物的任何部分及其衍生物。

（2）主管机关

国务院渔业行政主管部门，主管全国水生野生动物管理工作。

县级以上地方人民政府渔业行政主管部门，主管本行政区域内水生野生动物管理工作。

2. 水生野生动物保护

①禁止任何单位和个人破坏国家重点保护的和地方重点保护的水生野生动物生息繁衍的水域、场所和生存条件。

②任何单位和个人对侵占或者破坏水生野生动物资源的行为，有权向当地渔业行政主管部门或者其所属的渔政监督管理机构检举和控告。

③任何单位和个人发现受伤、搁浅和因误入港湾、河汊而被困的水生野生动物时，应当及时报告当地渔业行政主管部门或者其所属的渔政监督管理机构，由其采取紧急救护措施；也可以要求附近具备救护条件的单位采取紧急救护措施，并报告渔业行政主管部门。已经死亡的水生野生动物，由渔业行政主管部门妥善处理。

捕捞作业时误捕水生野生动物的，应当立即无条件放生。

3. 水生野生动物管理

①禁止捕捉、杀害国家重点保护的水生野生动物。

②取得特许捕捉证的单位和个人，必须按照特许捕捉证规定的种类、数量、地点、期限、工具和方法进行捕捉，防止误伤水生野生动物或者破坏其生存环境。捕捉作业完成后，应当及时向捕捉地的县级人民政府渔业行政主管部门或者其所属的渔政监督管理机构申请查验。

③禁止出售、收购国家重点保护的水生野生动物或者其产品。

4. 奖励和惩罚

（1）奖励　有下列事迹之一的单位和个人，由县级以上人民政府或者其渔业行政主管部门给予奖励：

①在水生野生动物资源调查、保护管理、宣传教育、开发利用方面有突出贡献的；

②严格执行野生动物保护法规，成绩显著的；

③拯救、保护和驯养繁殖水生野生动物取得显著成效的；

④发现违反水生野生动物保护法律、法规的行为，及时制止或者检举有功的；

⑤在查处破坏水生野生动物资源案件中作出重要贡献的；

⑥在水生野生动物科学研究中取得重大成果或者在应用推广有关的科研成果中取得显著效益的；

⑦在基层从事水生野生动物保护管理工作5年以上并取得显著成绩的；

⑧在水生野生动物保护管理工作中有其他特殊贡献的。

（2）惩罚　违反本条例的，主管机关给予没收捕获物、捕捉工具和违法所得，吊销特许捕捉证，罚款等处罚；构成犯罪的，由司法机关追究刑事责任。

三、《中华人民共和国渔业捕捞许可管理规定》

《中华人民共和国渔业捕捞许可管理规定》，是农业部于 2002 年 8 月 23 日发布。自 2002 年 12 月 1 日起施行，并于 2004 年 7 月 1 日、2007 年 11 月 8 日、2013 年 12 月 31 日进行了 3 次修订。本规定共 6 章 47 条内容，对规范捕捞渔船管理、控制捕捞强度、实施渔业可持续发展战略发挥了重要作用，取得了明显成效。

1. 总则

（1）**制订本规定的目的**　为了保护、合理利用渔业资源，控制捕捞强度，维护渔业生产秩序，保障渔业生产者的合法权益，根据《中华人民共和国渔业法》，制定本规定。

（2）**适用范围**　中华人民共和国的公民、法人和其他组织从事渔业捕捞活动，以及外国人在中华人民共和国管辖水域从事渔业捕捞活动，应当遵守本规定。

中华人民共和国缔结的条约、协定另有规定的，按条约、协定执行。

（3）**捕捞业的管理**　国家对捕捞业实行船网工具控制指标管理，实行捕捞许可制度和捕捞限额制度。渔业捕捞许可证、船网工具控制指标等证书的审批和签发实行签发人制度。

（4）**主管机关**　农业部主管全国渔业捕捞许可管理工作。

农业部各海区渔政渔港监督管理局，分别负责本海区的捕捞许可管理的组织和实施工作。县级以上地方人民政府渔业行政主管部门及其所属的渔政监督管理机构，负责本行政区域内的捕捞许可管理的组织和实施工作。

2. 作业场所

（1）**海洋捕捞渔船分类**

①海洋大型捕捞渔船：主机功率大于等于 441kW。

②海洋小型捕捞渔船：主机功率不满 44.1kW 且船长不满 12m。

③海洋中型捕捞渔船：海洋大型和小型捕捞渔船以外的海洋捕捞渔船。

（2）**海洋捕捞作业场所的类型**

①A 类渔区：黄海、渤海、东海和南海及北部湾等海域机动渔船底拖网禁渔区线向陆地一侧海域。

②B 类渔区：我国与有关国家缔结的协定确定的共同管理渔区、南沙海

域、黄岩岛海域及其他特定渔业资源渔场和水产种质资源保护区。

③C类渔区：渤海、黄海、东海、南海及其他我国管辖海域中除 A 类、B类渔区之外的海域。其中，黄渤海区为 C1、东海区为 C2、南海区为 C3。

④D类渔区：公海。

3. 船网工具指标

①农业部报国务院批准后，向有关省、自治区、直辖市下达海洋捕捞业船网工具控制指标。地方各级渔业行政主管部门控制本行政区域内捕捞渔船的数量、功率，不得超过国家下达的船网工具控制指标。

②制造、更新改造、购置、进口海洋捕捞渔船，必须经本规定具有审批权的主管机关批准，由主管机关在国家下达的船网工具控制指标内核定船网工具指标。

③制造、更新改造、进口海洋捕捞渔船的船网工具控制指标应在本省、自治区、直辖市范围内通过淘汰旧捕捞渔船解决，船数和功率应分别不超过淘汰渔船的船数和功率。

④申请人凭《渔业船网工具指标批准书》办理渔船制造、更新改造、购置或进口手续和申请渔船船名、办理船舶检验、登记、渔业捕捞许可证。《渔业船网工具指标批准书》的有效期不超过 18 个月。

4. 捕捞管理

①在中华人民共和国管辖水域和公海从事渔业捕捞活动，应当经主管机关批准并领取渔业捕捞许可证，根据规定的作业类型、场所、时限、渔具数量和捕捞限额作业。

渔业捕捞许可证必须随船携带，妥善保管，并接受渔业行政执法人员的检查。

②渔业捕捞许可证的类型：

a. 海洋渔业捕捞许可证，适用于许可在我国管辖海域的捕捞作业。

b. 公海渔业捕捞许可证，适用于许可我国渔船在公海的捕捞作业。国际或区域渔业管理组织有特别规定的，须同时遵守有关规定。

c. 内陆渔业捕捞许可证，适用于许可在内陆水域的捕捞作业。

d. 专项（特许）渔业捕捞许可证，适用于许可在特定水域、特定时间或对特定品种的捕捞作业，包括在 B 类渔区的捕捞作业，与海洋渔业捕捞许可证或内陆渔业捕捞许可证同时使用。

e. 临时渔业捕捞许可证，适用于许可临时从事捕捞作业和非专业渔船从事捕捞作业。

　　f. 外国渔船捕捞许可证，适用于许可外国船舶、外国人在我国管辖水域的捕捞作业。

　　g. 捕捞辅助船许可证，适用于许可为渔业捕捞生产提供服务的渔业捕捞辅助船，从事捕捞辅助活动。

　　③渔业捕捞许可证的内容：渔业捕捞许可证，应当明确核定许可的作业类型、场所、时限、渔具数量及规格、捕捞品种等。已实行捕捞限额管理的品种或水域，要明确核定捕捞限额的数量。

　　作业类型分为刺网、围网、拖网、张网、钓具、耙刺、陷阱、笼壶和杂渔具（含地拉网、敷网、抄网、掩罩及其他杂渔具）共9种。渔业捕捞许可证核定的作业类型最多不得超过其中的2种，并应明确每种作业类型中的具体作业方式。拖网、张网不得与其他作业类型兼作，其他作业类型不得改为拖网、张网作业。

　　非渔业生产单位的专业旅游观光船舶除垂钓之外，不得使用其他捕捞作业方式。

　　捕捞辅助船不得直接从事捕捞作业，其携带的渔具应捆绑、覆盖。

　　海洋捕捞作业场所要明确核定渔区的类别和范围，其中，B类渔区要明确核定渔区、渔场或保护区的具体名称。公海要明确海域的名称。

　　④渔业捕捞许可证的审批：下列作业渔船的渔业捕捞许可证，向省级人民政府渔业行政主管部门申请。省级人民政府渔业行政主管部门应当自申请受理之日起20日内完成审核，并报农业部审批：a. 到公海作业的；b. 到我国与有关国家缔结的协定确定的共同管理渔区、南沙海域、黄岩岛海域作业的；c. 到特定渔业资源渔场、水产种质资源保护区作业的；d. 因养殖或者其他特殊需要，捕捞农业部颁布的有重要经济价值的苗种或者禁捕的怀卵亲体的；e. 因教学、科研等特殊需要，在农业部颁布的禁渔区、禁渔期从事捕捞作业的。

　　农业部应当自收到省级人民政府渔业行政主管部门报送的材料之日起15日内，做出是否发放捕捞许可证的决定。

　　⑤作业场所核定在B类、C类渔区的渔船，不得跨海区界限作业。作业场所核定在A类渔区或内陆水域的渔船，不得跨省、自治区、直辖市管辖水域界限作业。因传统作业习惯或资源调查及其他特殊情况，需要跨界捕捞作业的，由申请人所在地县级以上渔业行政主管部门出具证明，报作业水域

所在地审批机关批准。

在相邻交界水域作业的渔业捕捞许可证，由交界水域有关的县级以上地方人民政府渔业行政主管部门协商发放，或由其共同的上级渔业行政主管部门审批发放。

⑥除上述④⑤规定的情况外，其他作业的渔业捕捞许可证由县级以上地方人民政府渔业行政主管部门审批发放，其中，海洋大型拖网、围网渔船作业的捕捞许可证，由省级人民政府渔业行政主管部门审批发放。

⑦作业场所的核定权限

a. 农业部：A 类、B 类、C 类、D 类渔区和内陆水域。

b. 农业部各海区渔政渔港监督管理局：本海区范围内的 C 类渔区，农业部授权的 B 类渔区。

c. 省级渔业行政主管部门：在海洋为本省、自治区、直辖市范围内的 A 类渔区，农业部授权的 C 类渔区。特殊情况需要地（市）级、县级渔业行政主管部门核定作业场所的，由省级渔业行政主管部门规定并授权。

⑧渔业捕捞许可证的有效期及审验　海洋渔业捕捞许可证的使用期限为5 年。

使用期 1 年以上的渔业捕捞许可证实行年度审验制度，每年审验 1 次。公海渔业捕捞许可证的审验期为 2 年。

海洋大型、中型渔船应填写《渔捞日志》，并在渔业捕捞许可证年审或再次申请渔业捕捞许可证时，提交渔业捕捞许可证年审或发证机关。

5. 签发制度

《渔业船网工具指标申请书》《渔业船网工具指标批准书》《渔业捕捞许可证申请书》《渔业捕捞许可证》的审核、审批和签发实行签发人制度，签发人签字并加盖公章后方为有效。

6. 有关专门用语的定义

（1）渔业捕捞活动　捕捞或准备捕捞水生生物资源的行为，以及为这种行为提供支持和服务的各种活动。娱乐性游钓或在尚未养殖、管理的滩涂手工采集水产品的除外。

（2）渔船　《中华人民共和国渔港水域交通安全管理条例》规定的渔业船舶。

（3）船长　渔业船舶登记（国籍）证书中的船舶登记长度。

（4）捕捞渔船　从事捕捞活动的生产船。

（5）**捕捞辅助船**　渔获物运销船、冷藏加工船、渔用物资和燃料补给船等为渔业捕捞生产提供服务的渔业船舶。

（6）**非专业渔船**　从事捕捞活动的教学、科研、资源调查船，特殊用途渔船，专业旅游观光船等船舶。

（7）**远洋渔船**　在公海或他国管辖海域作业的渔船。专业远洋渔船，指专门用于在公海或他国管辖海域作业的渔船；非专业远洋渔船，指具有国内有效的渔业捕捞许可证，转产到公海或他国管辖海域作业的渔船。

（8）**船网工具控制指标**　渔船的数量及其主机功率数值、网具或其他渔具的数量的最高限额。

第二节　渔业资源保护制度

本节要点：本节重点掌握禁渔期制度、海洋捕捞准用渔具和过渡渔具最小网目尺寸制度，了解水产种质资源保护区的管理规定。

一、休渔期制度

1. 休渔期制度的概念、发展及作用

（1）**休渔期概念**　休渔期就是禁渔期，是国家为了渔业的可持续发展，根据水生资源的生长、繁殖季节习性等，在鱼类的繁殖、幼苗生长时期内暂停捕鱼，用以保护资源的时期。因为休渔期基本处于每年的三伏季节，所以又称伏季休渔。

（2）**休渔期制度的发展**　我国自 1995 年开始，在黄海、渤海、东海海域实行全面伏季休渔制度。从 1999 年开始，南海海域也实施了伏季休渔制度。也就是说，到目前为止，我国在黄海、渤海、东海、南海海域都实行了全面的伏季休渔制度。这三大海区连续实行伏季休渔制度以来，为缓解过多渔船和过大捕捞强度对渔业资源造成的巨大压力，遏制海洋渔业资源衰退势头，增加主要经济鱼类的资源量，起到了重要的作用。

20 多年来，随着渔业资源保护形势的变化和管理需要，农业部对这一制度不断进行完善。经农业部组织有关专家研究，多方征求意见并开展专题座谈，本着相对统一、适度延长、统筹兼顾、分步到位的原则，于 2017 年 1 月 19 日公布《农业部关于调整海洋伏季休渔制度的通告》，调整后的伏季休渔制度，自通告公布之日起施行。

（3）休渔期制度的作用

①有利于渔业资源的保护和恢复。

②有利于渔业生态的改善。

③有利于渔民的长远利益。

④有利于促进渔业的持续、稳定、健康发展。

2. 伏季休渔制度的有关规定

（1）**休渔海域**　渤海、黄海、东海及北纬12°以北的南海（含北部湾）海域。

（2）**休渔作业类型**　除钓具外的所有作业类型。为捕捞渔船配套服务的捕捞辅助船同步休渔。

（3）**休渔时间**

①北纬35°以北的渤海和黄海海域为5月1日12时至9月1日12时。

②北纬35°至26°30′之间的黄海和东海海域为5月1日12时至9月16日12时；北纬26°30′至"闽粤海域交界线"的东海海域为5月1日12时至8月16日12时。在上述海域范围内，桁杆拖虾、笼壶类、刺网和灯光围（敷）网休渔时间为5月1日12时至8月1日12时。

③北纬12°至"闽粤海域交界线"的南海海域（含北部湾）为5月1日12时至8月16日12时。

④定置作业休渔时间不少于三个月，具体时间由沿海各省、自治区、直辖市渔业主管部门确定，报农业部备案。

⑤特殊经济品种可执行专项捕捞许可制度，具体品种、作业时间、作业类型、作业海域由沿海各省、自治区、直辖市渔业主管部门报农业部批准后执行。

⑥沿海各省、自治区、直辖市渔业主管部门可以根据本地实际，在国家规定基础上制定更加严格的资源保护措施。

⑦"闽粤海域交界线"是指福建省和广东省间海域管理区域界线以及该线远岸端（117°31′37.40″E，23°09′42.60″N）与台湾岛南端鹅銮鼻灯塔（120°50′43″E，21°54′15″N）连线。

二、海洋捕捞准用渔具和过渡渔具最小网目尺寸制度

1. 实行时间和范围

自2014年6月1日起，黄渤海、东海、南海三个海区全面实施海洋捕捞准用渔

具和过渡渔具最小网目尺寸制度，有关最小网目尺寸标准见表4-29-1、表4-29-2。

表 4-29-1　海洋捕捞准用渔具最小网目（或网囊）尺寸相关标准

海域	渔具分类名称		主捕种类	最小网目（或网囊）尺寸（mm）	备注
	渔具类别	渔具名称			
黄渤海	刺网类	定置单片刺网 漂流单片刺网	梭子蟹、银鲳、海蜇	110	该类刺网由地方特许作业
			鳓鱼、马鲛、鳕鱼	90	
			对虾、鱿鱼、虾蛄、小黄鱼、梭鱼、斑鰶	50	
			颚针鱼	45	
			青鳞鱼	35	
			梅童鱼	30	
		漂流无下纲刺网	鳓鱼、马鲛、鳕鱼	90	
	围网类	单船无囊围网 双船无囊围网	不限	35	主捕青鳞鱼、前鳞骨鲻、斑鰶、金色小沙丁鱼、小公鱼的围网由地方特许作业
	杂渔具	船敷箕状敷网	不限	35	
东海	刺网类	定置单片刺网 漂流单片刺网	梭子蟹、银鲳、海蜇	110	
			鳓鱼、马鲛、石斑鱼、鲨鱼、黄姑鱼	90	
			小黄鱼、鲳鱼、鳎类、鱿鱼、黄鲫、梅童鱼、龙头鱼	50	
	围网类	单船无囊围网 双船无囊围网 双船有囊围网	不限	35	主捕青鳞鱼、前鳞骨鲻、斑鰶、金色小沙丁鱼、小公鱼的围网由地方特许作业
	杂渔具	船敷箕状敷网 撑开掩网掩罩	不限	35	
南海（含北部湾）	刺网类	定置单片刺网 漂流单片刺网	除凤尾鱼、多鳞鱚、少鳞鱚、银鱼、小公鱼以外的捕捞种类	50	该类刺网由地方特许作业
			凤尾鱼	30	
			多鳞鱚、少鳞鱚	25	
			银鱼、小公鱼	10	
		漂流无下纲刺网	除凤尾鱼、多鳞鱚、少鳞鱚、银鱼、小公鱼以外的捕捞种类	50	

（续）

海域	渔具分类名称		主捕种类	最小网目（或网囊）尺寸（mm）	备注
	渔具类别	渔具名称			
南海（含北部湾）	围网类	单船无囊围网 双船无囊围网 双船有囊围网	不限	35	主捕青鳞鱼、前鳞骨鲕、斑鰶、金色小沙丁鱼、小公鱼的围网由地方特许作业
	杂渔具	船敷箕状敷网 撑开掩网掩罩	不限	35	

表 4-29-2　海洋捕捞过度渔具最小网目（或网囊）尺寸相关标准

海域	渔具分类名称		主捕种类	最小网目（或网囊）尺寸（mm）	备注
	渔具类别	渔具名称			
黄渤海	拖网类	单船桁杆拖网 单船框架拖网	虾类	25	
	刺网类	漂流双重刺网 定置三重刺网 漂流三重刺网	梭子蟹、银鲳、海蜇	110	
			鳓鱼、马鲛、鳕鱼	90	
			对虾、鱿鱼、虾蛄、小黄鱼、梭鱼、斑鰶	50	
	张网类	双桩有翼单囊张网 双桩竖杆张网 樯张竖杆张网 多锚单片张网 单桩框架张网 多桩竖杆张网 双锚竖杆张网	不限	35	主捕毛虾、鳗苗的张网由地方特许作业
	陷阱类	导陷建网陷阱	不限	35	
	笼壶类	定置串联倒须笼	不限	25	
黄海	拖网类	单船有翼单囊拖网 双船有翼单囊拖网	除虾类以外的捕捞种类	54	主捕鳀鱼的拖网由地方特许作业
东海	拖网类	单船有翼单囊拖网 双船有翼单囊拖网	除虾类以外的捕捞种类	54	主捕鳀鱼的拖网由地方特许作业
		单船桁杆拖网	虾类	25	
	刺网类	漂流双重刺网 定置三重刺网 漂流三重刺网	梭子蟹、银鲳、海蜇	110	
			鳓鱼、马鲛、石斑鱼、鲨鱼、黄姑鱼	90	
			小黄鱼、鲻鱼、鲳类、鱿鱼、黄鲫、梅童鱼、龙头鱼	50	
	围网类	单船有囊围网	不限	35	

（续）

海域	渔具分类名称		主捕种类	最小网目（或网囊）尺寸（mm）	备注
	渔具类别	渔具名称			
东海	张网类	单锚张纲张网	不限	55	主捕毛虾、鳗苗的张网由地方特许作业
		双锚有翼单囊张网	不限	50	
		双桩有翼单囊张网 双桩竖杆张网 樯张竖杆张网 多锚单片张网 单桩框架张网 双锚张纲张网 单桩桁杆张网 单锚框架张网 单锚桁杆张网 双桩张纲张网 船张框架张网 船张竖杆张网 多锚框架张网 多锚桁杆张网 多锚有翼单囊张网	不限	35	
	陷阱类	导陷建网陷阱	不限	35	
	笼壶类	定置串联倒须笼	不限	25	
南海(含北部湾)	拖网类	单船有翼单囊拖网 双船有翼单囊拖网 单船底层单片拖网 双船底层单片拖网	除虾类以外的捕捞种类	40	
		单船桁杆拖网 单船框架拖网	虾类	25	
	刺网类	漂流双重刺网 定置三重刺网 漂流三重刺网 定置双重刺网 漂流框格刺网	除凤尾鱼、多鳞鱚、少鳞鱚、银鱼、小公鱼以外的捕捞种类	50	
	围网类	单船有囊围网 手操无囊围网	不限	35	
	张网类	双桩有翼单囊张网 双桩竖杆张网 樯张竖杆张网 单桩桁杆张网 多桩竖杆张网 双锚竖杆张网 双锚单片张网 樯张张纲张网 樯张有翼单囊张网 双锚有翼单囊张网	不限	35	主捕毛虾、鳗苗的张网由地方特许作业

（续）

海域	渔具分类名称		主捕种类	最小网目（或网囊）尺寸（mm）	备注
	渔具类别	渔具名称			
南海（含北部湾）	陷阱类	导陷建网陷阱	不限	35	
	笼壶类	定置串联倒须笼	不限	25	

2. 主要内容

根据现有科研基础和捕捞生产实际，海洋捕捞渔具最小网目尺寸制度分为准用渔具和过渡渔具两大类。

刺网主捕种类为颚针鱼、青鳞鱼、梅童鱼、凤尾鱼、多鳞鱚、少鳞鱚、银鱼、小公鱼等鱼种，由各省（自治区、直辖市）渔业行政主管部门根据此次确定的最小网目尺寸标准实行特许作业，限定具体作业时间、作业区域。

拖网主捕种类为鳀鱼，张网主捕种类为毛虾和鳗苗，围网主捕种类为青鳞鱼、前鳞骨鲻、斑鰶、金色小沙丁鱼、小公鱼等特定鱼种，由各省（自治区、直辖市）渔业行政主管部门根据捕捞生产实际，单独制定最小网目尺寸，严格限定具体作业时间和作业区域。

各省（自治区、直辖市）渔业行政主管部门，可在本通告规定的最小网目尺寸标准基础上，根据本地区渔业资源状况和生产实际，制定更加严格的海洋捕捞渔具最小网目尺寸标准，并报农业部渔业局备案。

3. 测量办法

根据 GB/T 6964—2010 规定，采用扁平楔形网目内径测量仪进行测量。网目长度测量时，网目应沿有结网的纵向或无结网的长轴方向充分拉直，每次逐目测量相邻 5 目的网目内径，取其最小值为该网片的网目内径。三重刺网在测量时，要测量最里层网的最小网目尺寸；双重刺网，要测量两层网中网眼更小的网的最小网目尺寸。各省（自治区、直辖市）渔业行政主管部门可结合本地实际，在上述规定基础上制定出简便易行的测量办法。

4. 有关要求

自 2014 年 6 月 1 日起，禁止使用小于最小网目尺寸的渔具进行捕捞。沿海各级渔业执法机构要根据本通告，对海上、滩涂、港口渔船携带、使用渔具的网目情况进行执法检查。对使用小于最小网目尺寸的渔具进行捕捞的，依据《中华人民共和国渔业法》予以处罚，并全部或部分扣除当年的渔业油价补助资金。对携带小于最小网目尺寸渔具的捕捞渔船，按使用小于最小网目尺寸渔具处理、处罚。

严禁在拖网等具有网囊的渔具内加装衬网，一经发现，按违反最小网目尺寸规定处理、处罚。

2014年3月1日起，新申请或者换发《渔业捕捞许可证》的，须按照所列渔具名称和主捕种类规范进行填写。同时，对农业部关于《渔业捕捞许可证》样式中"核准作业内容"进行适当调整。

三、水产种质资源保护区管理

1. 水产种质资源保护区的设立与作用

（1）水产种质资源保护区概念　水产种质资源保护区，是指为保护和合理利用水产种质资源及其生存环境，在具有较高经济价值和遗传育种价值的水产种质资源的产卵场、索饵场、越冬场和洄游通道等主要生长繁育区域，依法划出的具有一定面积的水域、滩涂及其毗邻的岛礁、陆域，予以特殊保护和管理的区域。

水产种质资源保护区分为国家级和省级，其中，国家级水产种质资源保护区，是指在国内国际有重大影响，具有重要经济价值、遗传育种价值或特殊生态保护和科研价值，保护对象为重要的、洄游性的共用水产种质资源或保护对象分布区域跨省（自治区、直辖市）际行政区划或海域管辖权限的，经国务院或农业部批准并公布的水产种质资源保护区。设立省级水产种质资源保护区，由县、市级人民政府渔业行政主管部门征得本级人民政府同意后，向省级人民政府渔业行政主管部门申报。经省级水产种质资源保护区评审委员会评审后，由省级人民政府渔业行政主管部门批准设立，并公布水产种质资源保护区的名称、位置、范围和主要保护对象等内容。

（2）水产种质资源保护区的设立　下列区域应当设立水产种质资源保护区：

①国家和地方规定的重点保护水生生物物种的主要生长繁育区域。

②我国特有或者地方特有水产种质资源的主要生长繁育区域。

③重要水产养殖对象的原种、苗种的主要天然生长繁育区域。

④其他具有较高经济价值和遗传育种价值的水产种质资源的主要生长繁育区域。

2014年12月4日，农业部发布第2181号公告，公布第八批国家级水产种质资源保护区名单，共有保护区36处，包括26个江河类型和10个湖泊水库类型。至此，全国范围内国家级水产种质资源保护区总数已达464处，其中，海洋类 51 个、内陆类 413 个。

（3）水产种质资源保护区作用　这些保护区分布于江河、湖库以及海湾、岛礁、滩涂等水域，初步构建了覆盖各海区和内陆主要江河湖泊的水产种质资源保护区网络，对保护水产种质资源、防止重要渔业水域被不合理占用、促进渔业可持续发展以及维护广大渔民权益，具有重要的现实意义。

2. 水产种质资源保护区管理

（1）水产种质资源保护区管理机构的主要职责

①制定水产种质资源保护区具体管理制度。

②设置和维护水产种质资源保护区界碑、标志物及有关保护设施。

③开展水生生物资源及其生存环境的调查监测、资源养护和生态修复等工作。

④救护伤病、搁浅、误捕的保护物种。

⑤开展水产种质资源保护的宣传教育。

⑥依法开展渔政执法工作。

⑦依法调查处理影响保护区功能的事件，及时向渔业行政主管部门报告重大事项。

（2）水产种质资源保护区管理有关规定　农业部和省级人民政府渔业行政主管部门，应当分别针对国家级和省级水产种质资源保护区主要保护对象的繁殖期、幼体生长期等生长繁育关键阶段设定特别保护期。特别保护期内不得从事捕捞、爆破作业以及其他可能对保护区内生物资源和生态环境造成损害的活动。

在水产种质资源保护区内从事修建水利工程、疏浚航道、建闸筑坝、勘探和开采矿产资源、港口建设等工程建设的，或者在水产种质资源保护区外从事可能损害保护区功能的工程建设活动的，应当按照国家有关规定编制建设项目对水产种质资源保护区的影响专题论证报告，并将其纳入环境影响评价报告书。

单位和个人在水产种质资源保护区内从事水生生物资源调查、科学研究、教学实习、参观游览、影视拍摄等活动，应当遵守有关法律法规和保护区管理制度，不得损害水产种质资源及其生存环境。

禁止在水产种质资源保护区内从事围湖造田、围海造地或围填海工程。

禁止在水产种质资源保护区内新建排污口。在水产种质资源保护区附近新建、改建、扩建排污口，应当保证保护区水体不受污染。

单位和个人违反规定，对水产种质资源保护区内的水产种质资源及其生存环境造成损害的，由县级以上人民政府渔业行政主管部门或者其所属的渔政监督管理机构、水产种质资源保护区管理机构依法处理。

思考题

1.《中华人民共和国渔业法》的立法目的及我国渔业生产方针是什么？

2. 根据《中华人民共和国渔业法》的规定，采取哪些措施以达到对渔业资源的保护的目的？

3.《中华人民共和国水生野生动物保护实施条例》对水生野生动物保护有何规定？

4. 海洋捕捞作业场所有哪些类型？

5. 我国渔业捕捞许可证有哪些种类？

6. 什么是船网工具控制指标？

7. 简述休渔期的概念。

8. 我国休渔海域包括哪些海域？

9. 休渔时间是如何规定的？

10. 实施海洋捕捞准用渔具和过渡渔具最小网目尺寸制度的时间和范围分别是什么？

11. 简述水产种质资源保护区。

第三十章　船舶与船员管理法规

第一节　船舶管理法规

本节要点：本节重点掌握《中华人民共和国海上交通安全法》《中华人民共和国渔港水域交通安全管理条例》《中华人民共和国渔业港航监督行政处罚规定》，熟悉《中华人民共和国渔业船舶登记办法》《中华人民共和国渔业船舶检验条例》《中华人民共和国船舶进出渔港签证办法》《中华人民共和国渔业船舶事故报告和调查处理规定》。学习这些法律法规，旨在提高船员的安全意识，切实做到依法办事，保障渔业船舶及船上人员的生命财产安全。

一、《中华人民共和国海上交通安全法》

《中华人民共和国海上交通安全法》是我国海上交通安全管理的基本法，于 1984 年 1 月 1 日起实施，2016 年 11 月 7 日对该法进行了修订。该法共 12 章 53 条，分为：总则；船舶检验和登记；船舶、设施上的人员；航行、停泊和作业；安全保障；危险货物运输；海难救助；打捞清除；交通事故的调查处理；法律责任；特别规定；附则。

1. 总则

（1）**立法目的**　为加强海上交通管理，保障船舶、设施和人命财产的安全，维护国家权益。

（2）**适用范围**　适用于在中华人民共和国沿海水域航行、停泊和作业的一切船舶、设施和人员以及船舶、设施的所有人、经营人。

（3）**主管机关**　中华人民共和国海事管理机构，是对沿海水域的交通安全实施统一监督管理的主管机关。

国家渔政渔港监督管理机构，在以渔业为主的渔港水域内，行使本法规定的主管机关的职权，负责交通安全的监督管理，并负责沿海水域渔业船舶之间的交通事故的调查处理。

2. 船舶检验和登记

船舶和船上有关航行安全的重要设备，必须具有船舶检验部门签发的有效技术证书；船舶必须持有证明其航行权的证书，如船舶国籍证书。

3. 船舶上的人员

船舶应当按照标准定额，配备足以保证船舶安全的合格船员。

船长、轮机长、驾驶员、轮机员、无线电操作人员以及水上飞机、潜水器的相应人员，必须持有合格的职务证书。其他船员必须经过相应的专业技术训练。

船舶上的人员必须遵守有关海上交通安全的规章制度和操作规程，保障船舶航行、停泊和作业的安全。

4. 航行、停泊和作业

（1）中、外籍船舶共同遵守的规定

①船舶航行、停泊和作业，必须遵守中华人民共和国的有关法律、行政法规和规章。

②国际航行船舶进出中华人民共和国港口，必须接受主管机关的检查。本国籍国内航行船舶进出港口，必须向主管机关报告。

③船舶进出港口或者通过交通管制区、通航密集区和航行条件受到限制的区域时，必须遵守中华人民共和国政府或主管机关公布的特别规定。

④除经主管机关特别许可外，禁止船舶进入或穿越禁航区。

（2）对外国籍船舶的管理

①外国籍非军用船舶，未经主管机关批准，不得进入中华人民共和国的内水和港口。但是，因人员病急、机件故障、遇难、避风等意外情况，未及获得批准，可以在进入的同时向主管机关紧急报告，并听从指挥。外国籍军用船舶，未经中华人民共和国政府批准，不得进入中华人民共和国领海。

②外国籍船舶进出中华人民共和国港口或者在港内航行、移泊以及靠离港外系泊点、装卸站等，必须由主管机关指派引航员引航。

（3）主管机关的行政干预权

①主管机关发现船舶的实际状况同证书所载不相符合时，有权责成其申请重新检验或者通知其所有人、经营人采取有效的安全措施。

②主管机关认为船舶对港口安全具有威胁时，有权禁止其进港或令其

离港。

③船舶有下列情况之一的，主管机关有权禁止其离港，或令其停航、改航、停止作业：

a. 违反中华人民共和国有关的法律、行政法规或规章。

b. 处于不适航或不适拖状态。

c. 发生交通事故，手续未清。

d. 未向主管机关或有关部门交付应承担的费用，也未提供适当的担保。

e. 主管机关认为有其他妨害或者可能妨害海上交通安全的情况。

5. 安全保障

①在沿海水域划定禁航区，必须经国务院或主管机关批准。但是，为军事需要划定禁航区，可以由国家军事主管部门批准。禁航区由主管机关公布。

②禁止损坏助航标志和导航设施。损坏助航标志或导航设施的，应当立即向主管机关报告，并承担赔偿责任。

③船舶发现下列情况，应当迅速报告主管机关：

a. 助航标志或导航设施变异、失常。

b. 有妨碍航行安全的障碍物、漂流物。

c. 其他有碍航行安全的异常情况。

④船舶发生事故，对交通安全造成或者可能造成危害时，主管机关有权采取必要的强制性处置措施。

6. 海难救助

①船舶遇难时，除发出呼救信号外，还应当以最迅速的方式将出事时间、地点、受损情况、救助要求以及发生事故的原因，向主管机关报告。

②遇难船舶及其所有人、经营人，应当采取一切有效措施组织自救。

③事故现场附近的船舶，收到求救信号或发现有人遭遇生命危险时，在不严重危及自身安全的情况下，应当尽力救助遇难人员，并迅速向主管机关报告现场情况和本船舶的名称、呼号和位置。

④发生碰撞事故的船舶，应当互通名称、国籍和登记港，并尽一切可能救助遇难人员。在不严重危及自身安全的情况下，当事船舶不得擅自离开事故现场。

⑤主管机关接到求救报告后，应当立即组织救助。有关单位和在事故现场附近的船舶，必须听从主管机关的统一指挥。

7. 打捞清除

①对影响安全航行、航道整治以及有潜在爆炸危险的沉没物、漂浮物，其所有人、经营人应当在主管机关限定的时间内打捞清除。否则，主管机关有权采取措施强制打捞清除，其全部费用由沉没物、漂浮物的所有人、经营人承担。

②未经主管机关批准，不得擅自打捞或拆除沿海水域内的沉船沉物。

8. 交通事故的调查处理

①船舶、设施发生交通事故，应当向主管机关递交事故报告书和有关资料，并接受调查处理。事故的当事人和有关人员，在接受主管机关调查时，必须如实提供现场情况和与事故有关的情节。

②船舶、设施发生的交通事故，由主管机关查明原因，判明责任。

9. 法律责任

（1）**行政责任**　对违反本法的，主管机关可视情节，给予下列一种或几种处罚：①警告；②扣留或吊销职务证书；③罚款。

当事人对主管机关给予的罚款、吊销职务证书处罚不服的，可以在接到处罚通知之日起15天内，向法院起诉；期满不起诉又不履行的，由主管机关申请法院强制执行。

（2）**民事责任**　因海上交通事故引起的民事纠纷，可以由主管机关调解处理，不愿意调解或调解不成的，当事人可以向法院起诉；涉外案件的当事人，还可以根据书面协议提交仲裁机构仲裁。

（3）**刑事责任**　对违反本法构成犯罪的人员，由司法机关依法追究刑事责任。

10. 附则

本法下列用语的含义是：

①"沿海水域"是指中华人民共和国沿海的港口、内水和领海以及国家管辖的一切其他海域。

②"船舶"是指各类排水或非排水船、筏、水上飞机、潜水器和移动式平台。

③"设施"是指水上水下各种固定或浮动建筑、装置和固定平台。

④"作业"是指在沿海水域调查、勘探、开采、测量、建筑、疏浚、爆破、救助、打捞、拖带、捕捞、养殖、装卸、科学试验和其他水上水下施工。

二、《中华人民共和国渔港水域交通安全管理条例》

《中华人民共和国渔港水域交通安全管理条例》，是根据《中华人民共和国海上交通安全法》第四十八条的规定，针对渔港水域交通安全管理所制定的行政法规。条例自 1989 年 8 月 1 日起施行，2011 年 1 月 8 日进行了修订。该条例共 29 条。

1. 适用范围

本条例适用于在中华人民共和国沿海以渔业为主的渔港和渔港水域航行、停泊、作业的船舶、设施和人员以及船舶、设施的所有者、经营者。

2. 主管机关

中华人民共和国渔政渔港监督管理机关是对渔港水域交通安全实施监督管理的主管机关，并负责沿海水域渔业船舶之间交通事故的调查处理。

3. 条例有关用语的含义

①渔港，是指主要为渔业生产服务和供渔业船舶停泊、避风、装卸渔获物和补充渔需物资的人工港口或者自然港湾。

②渔港水域，是指渔港的港池、锚地、避风湾和航道。

③渔业船舶，是指从事渔业生产的船舶以及属于水产系统为渔业生产服务的船舶，包括捕捞船、养殖船、水产运销船、冷藏加工船、油船、供应船、渔业指导船、科研调查船、教学实习船、渔港工程船、拖轮、交通船、驳船、渔政船和渔监船。

4. 渔港水域航行、停泊和作业安全管理

①船舶进出渔港必须遵守渔港管理章程以及国际海上避碰规则，并依照规定办理签证，接受安全检查。

②渔港内的船舶，必须服从渔政渔港监督管理机关对水域交通安全秩序的管理。

③船舶在渔港内停泊、避风和装卸物资，不得损坏渔港的设施装备；造成损坏的应当向渔政渔港监督管理机关报告，并承担赔偿责任。

④在渔港内的航道、鱼池、锚地和停泊区，禁止从事有碍海上交通安全的捕捞、养殖等生产活动；确需从事捕捞、养殖等生产活动的，必须经渔政渔港监督管理机关批准。

⑤渔港内的船舶、设施有下列情形之一的，渔政渔港监督管理机关有权禁止其离港，或者令其停航、改航、停止作业：

a. 违反中华人民共和国法律、法规或者规章的。

b. 处于不适航或者不适拖状态的。

c. 发生交通事故、手续未清的。

d. 未向渔政渔港监督管理机关或者有关部门交付应当承担的费用，也未提供担保的。

e. 渔政渔港监督管理机关认为有其他妨害或者可能妨害海上交通安全的。

f. 渔港内的船舶、设施发生事故，对海上交通安全造成或者可能造成危害，渔政渔港监督管理机关有权对其采用强制性处置措施。

5. 船舶检验与登记

①渔业船舶必须经船舶检验部门检验合格，取得船舶技术证书，并领取渔港监督管理机关签发的渔业船舶航行签证簿后，方可从事渔业生产。

②渔业船舶在向渔政渔港监督管理机关申请船舶登记，并取得渔业船舶国籍证书或者渔业船舶登记证书后，方可悬挂中华人民共和国国旗航行。

6. 人员管理

渔业船舶的船长、轮机长、驾驶员、轮机员、电机员、无线电报务员、话务员，必须经渔政渔港监督管理机关考核合格，取得职务证书，其他人员应当经过相应的专业训练。

7. 交通事故的调查处理

①渔业船舶之间发生交通事故，应当向就近的渔政渔港监督管理机关报告，并在进入第一个港口 48h 之内向渔政渔港监督管理机关递交事故报告书和有关材料，接受调查处理。

②渔政渔港监督管理机关对渔港水域内的交通事故和其他沿海水域渔业船舶之间的交通事故，应当及时查明原因，判明责任，作出处理决定。

8. 法律责任

(1) **行政责任**　违反本条例，由渔政渔港监督管理机关责令改正，可以并处警告、罚款；情节严重的，扣留或者吊销船长职务证书。

当事人对渔政渔港监督管理机关作出的行政处罚决定不服的，可以在接到处罚通知之日起 15 日内向法院起诉；期满不起诉又不履行的，由渔政渔港监督管理机关申请法院强制执行。

(2) **民事责任**　因渔港水域内发生的交通事故或者其他沿海水域发生的渔业船舶之间的交通事故引起的民事纠纷，可以由渔政渔港监督管理机关调解处理；调解不成或者不愿意调解的，当事人可以向法院起诉。

（3）**刑事责任**　拒绝、阻碍渔政渔港监督管理工作人员依法执行公务，应当给予治安管理处罚的，由公安机关依照《中华人民共和国治安管理处罚法》有关规定处罚；构成犯罪的，由司法机关依法追究刑事责任。

三、《中华人民共和国渔业船舶登记办法》

《中华人民共和国渔业船舶登记办法》，于 2012 年农业部第 10 次常务会议审议通过，自 2013 年 1 月 1 日起施行。该办法共 10 章 57 条，包括：总则；船名核定；所有权登记；国籍登记；抵押权登记；光船租赁登记；变更登记和注销登记；证书换发和补发；监督管理；附则。

1. 总则

（1）**船舶登记的目的**　为加强渔业船舶监督管理，确定渔业船舶的所有权、国籍、船籍港及其他有关法律关系，保障渔业船舶登记有关各方的合法权益。

（2）**应当登记的船舶**　中华人民共和国公民或法人所有的渔业船舶，以及中华人民共和国公民或法人以光船条件从境外租进的渔业船舶，应当依照本办法进行登记。

（3）**主管机关**　农业部主管全国渔业船舶登记工作。中华人民共和国渔政局，具体负责全国渔业船舶登记及其监督管理工作。

县级以上地方人民政府渔业行政主管部门，主管本行政区域内的渔业船舶登记工作。县级以上地方人民政府渔业行政主管部门所属的渔港监督机关，依照规定权限负责本行政区域内的渔业船舶登记及其监督管理工作。

（4）**渔业船舶的国籍管理**　渔业船舶依照本办法进行登记，取得中华人民共和国国籍，方可悬挂中华人民共和国国旗航行。

渔业船舶不得具有双重国籍。凡在境外登记的渔业船舶，未中止或者注销原登记国籍的，不得取得中华人民共和国国籍。

（5）**渔业船舶的登记管理**　渔业船舶所有人，应当向户籍所在地或企业注册地的县级以上登记机关申请办理渔业船舶登记。

远洋渔业船舶登记，由渔业船舶所有人向所在地省级登记机关申请办理。中央在京直属企业所属远洋渔业船舶登记，由渔业船舶所有人向船舶所在地的省级登记机关申请办理。

渔业船舶登记的港口，是渔业船舶的船籍港。每艘渔业船舶只能有 1 个船籍港。

2. 船名核定

①渔业船舶船名的组成：

a. 省（自治区、直辖市）名称的规范化简称。

b. 渔业船舶所在县（市、区）名称的规范化简称，取第一个汉字，如果第一个汉字与本省其他县（市、区）名称相同，则取前两个汉字。

c. 船舶种类（或用途）的代称。

如：捕捞船用"渔"；养殖船用"渔养"；供油船用"渔油"；渔业冷藏船用"渔冷"。

d. 5 位数的顺序号。

②远洋渔业船舶、科研船和教学实习船的船名由申请人提出，经省级渔业船舶登记机关审核后，报中华人民共和国渔政局核定。船名由简体汉字或"简体汉字"和"数字"依次组成。

③渔业船舶只能有 1 个船名，船名不得与登记在先的船舶同名或同音。

④渔业船舶船名核定书的有效期为 18 个月。

3. 所有权登记

①渔业船舶所有权的取得、转让和消灭，应当依照本办法进行登记；未经登记的，不得对抗善意第三人。

②渔业船舶所有权登记，由渔业船舶所有人申请。共有的渔业船舶，由持股比例最大的共有人申请；持股比例相同的，由约定的共有人一方申请。

③登记机关准予登记的，向渔业船舶所有人核发渔业船舶所有权登记证书。

4. 国籍登记

①渔业船舶应当依照本办法进行渔业船舶国籍登记，方可取得航行权。

登记机关准予登记的，向船舶所有人核发渔业船舶国籍证书，同时核发渔业船舶航行签证簿，载明船舶主要技术参数。

②从事国内作业的渔业船舶经批准从事远洋渔业的，渔业船舶所有人应当持有关批准文件和国际渔船安全证书，向省级登记机关申请换发渔业船舶

国籍证书，并将原渔业船舶国籍证书交由省级登记机关暂存。

③经农业部批准从事远洋渔业的渔业船舶，需要加入他国国籍方可在他国管辖海域作业的，渔业船舶所有人应当持有关批准文件和国际渔船安全证书，向省级登记机关申请中止渔业船舶国籍。登记机关准予中止国籍的，应当封存该渔业船舶国籍证书和航行签证簿，并核发渔业船舶国籍中止证明书。

④以光船条件从境外租进渔业船舶的，承租人应当持光船租赁合同、渔业船舶检验证书或报告、农业部批准租进的文件和原登记机关出具的中止或者注销原国籍的证明书，或者将于重新登记时立即中止或者注销原国籍的证明书，向省级登记机关申请办理临时渔业船舶国籍证书。

⑤渔业船舶国籍证书有效期为 5 年。

⑥以光船租赁条件从境外租进的渔业船舶，临时渔业船舶国籍证书的有效期根据租赁合同期限确定，但是最长不得超过两年。

租赁合同期限超过两年的，承租人应当在证书有效期届满 30 日前，持渔业船舶租赁登记证书、原临时渔业船舶国籍证书和租赁合同，向原登记机关申请换发临时渔业船舶国籍证书。

5. 抵押权登记

①渔业船舶抵押权的设定、转移和消灭，抵押权人和抵押人应当共同进行登记；未经登记的，不得对抗善意第三人。

②渔业船舶所有人或其授权的人，可以设定船舶抵押权。

渔业船舶共有人就共有渔业船舶设定抵押权时，应当提供 2/3 以上份额或者约定份额的共有人同意的证明文件。

渔业船舶抵押权的设定，应当签订书面合同。

③登记机关准予登记的，应当将抵押权登记情况载入渔业船舶所有权登记证书，并向抵押权人核发渔业船舶抵押权登记证书。

6. 光船租赁登记

①以光船条件出租渔业船舶，或者以光船条件租进境外渔业船舶的，出租人和承租人应当进行光船租赁登记；未经登记的，不得对抗善意第三人。

②登记机关准予登记的，应当将租赁情况载入渔业船舶所有权登记证书和国籍证书，并向出租人和承租人核发渔业船舶租赁登记证书各 1 份。

③中国籍渔业船舶以光船条件出租到境外的，出租人应当持相关规定的

文件，向船籍港登记机关申请办理光船租赁登记。捕捞渔船和捕捞辅助船，还应当提供省级以上人民政府渔业行政主管部门出具的渔业捕捞许可证暂存证明。

登记机关准予登记的，应当中止该渔业船舶国籍，封存渔业船舶国籍证书和航行签证簿，将租赁情况载入渔业船舶所有权登记证书和国籍证书，并向出租人核发渔业船舶租赁登记证书和渔业船舶国籍中止证明书。

④公民或法人以光船条件租进境外渔业船舶的，承租人应当填写渔业船舶租赁登记申请表，向所在地省级登记机关申请办理光船租赁登记；登记机关准予登记的，应当向承租人核发渔业船舶租赁登记证书，并将租赁登记内容载入临时渔业船舶国籍证书。

7. 变更和注销登记

(1) 变更登记　有下列情形之一的，船舶所有人应办理变更登记：①船名变更；②船舶主尺度、吨位或船舶种类变更；③船舶主机类型、数量或功率变更；④船舶所有人姓名、名称或地址变更（船舶所有权发生转移的除外）；⑤船舶共有情况变更；⑥船舶抵押合同、租赁合同变更（解除合同的除外）。

登记机关准予变更登记的，应当换发相关证书，并收回、注销原有证书。换发的证书有效期不变。

(2) 注销登记　有下列情形之一的，船舶所有人应办理注销登记：①所有权转移的；②船舶灭失或失踪满6个月的；③船舶拆解或销毁的；④自行终止渔业生产活动的；⑤船舶抵押合同解除；⑥中国籍渔业船舶以光船条件出租给中国籍公民或法人的光船租赁合同期满或光船租赁关系终止；⑦中国籍渔业船舶以光船条件出租到境外的光船租赁合同期满或光船租赁关系终止；⑧中国籍公民或法人以光船租赁条件从境外租进渔业船舶的光船租赁合同期满或光船租赁关系终止。

登记机关准予注销登记的，应当收回有关证书，并向渔业船舶所有人出具渔业船舶注销登记证明书。

登记机关在注销渔业船舶所有权登记时，应当同时注销该渔业船舶国籍。

8. 证书的换发和补发

(1) 证书的换发　渔业船舶所有人应当在渔业船舶国籍证书有效期届满3个月前，持渔业船舶国籍证书和渔业船舶检验证书到登记机关申请换发国籍证书。

渔业船舶登记证书污损不能使用的，渔业船舶所有人应当持原证书向登记机关申请换发。

(2) 证书的补发　渔业船舶登记相关证书、证明遗失或者灭失的，渔业船舶所有人应当在当地报纸上公告声明，并自公告发布之日起 15 日后，凭有关证明材料向登记机关申请补发证书、证明。

申请补发渔业船舶国籍证书期间需要航行作业的，渔业船舶所有人可以向原登记机关申请办理有效期不超过 1 个月的临时渔业船舶国籍证书。

渔业船舶国籍证书在境外遗失、灭失或者损坏的，渔业船舶所有人应当向中华人民共和国驻外使（领）馆申请办理临时渔业船舶国籍证书，并同时向原登记机关申请补发渔业船舶国籍证书。

四、《中华人民共和国渔业船舶检验条例》

《中华人民共和国渔业船舶检验条例》是依照《中华人民共和国渔业法》制定的，2003 年 6 月 11 日由国务院通过，自 2003 年 8 月 1 日起施行。其目的是为了规范渔业船舶的检验，保证渔业船舶具备安全航行和作业的条件，保障渔业船舶和渔民生命财产的安全，防止污染环境。该条例共 7 章 40 条，包括：总则；初次检验；营运检验；临时检验；监督管理；法律责任；附则。

1. 总则

(1) 适用范围　在中华人民共和国登记和将要登记的渔业船舶的检验，适用本条例。但从事国际航运的渔业辅助船舶除外。

(2) 主管机关　国务院渔业行政主管部门，主管全国渔业船舶检验及其监督管理工作。

中华人民共和国渔业船舶检验局，行使渔业船舶检验及其监督管理职能。

地方渔业船舶检验机构依照本条例规定，负责有关的渔业船舶检验工作。

(3) 国家对渔业船舶实行强制检验制度　强制检验分为初次检验、营运检验和临时检验。

2. 初次检验

初次检验，是指渔业船舶检验机构在渔业船舶投入营运前对其所实施的全面检验。

①初次检验的实施对象和范围：a. 制造的渔业船舶；b. 改造的渔业船舶（包括非渔业船舶改为渔业船舶、国内作业的渔业船舶改为远洋作业的渔业船舶）；c. 进口的渔业船舶。

②渔业船舶检验机构对检验合格的渔业船舶，应当自检验完毕之日起5个工作日内签发渔业船舶检验证书；经检验不合格的，应当书面通知当事人，并说明理由。

③进口的渔业船舶和远洋渔业船舶的初次检验，由国家渔业船舶检验机构统一组织实施。其他渔业船舶的初次检验，由船籍港渔业船舶检验机构负责实施。

3. 营运检验

营运检验，是指渔业船舶检验机构对营运中的渔业船舶所实施的常规性检验。

①营运中的渔业船舶的所有者或者经营者，应当按照国务院渔业行政主管部门规定的时间申报营运检验。

②营运检验的实施对象和范围：a. 渔业船舶的结构和机电设备；b. 与渔业船舶安全有关的设备、部件；c. 与防止污染环境有关的设备、部件；d. 国务院渔业行政主管部门规定的其他检验项目。

③渔业船舶检验机构，应当自申报营运检验的渔业船舶到达受检地之日起3个工作日内实施检验。经检验合格的，应当自检验完毕之日起5个工作日内在渔业船舶检验证书上签署意见或者签发渔业船舶检验证书；签发境外受检的远洋渔业船舶的检验证书，可以延长至15个工作日。经检验不合格的，应当书面通知当事人，并说明理由。

④远洋渔业船舶的营运检验，由国家渔业船舶检验机构统一组织实施。其他渔业船舶的营运检验，由船籍港渔业船舶检验机构负责实施；因故不能回船籍港进行营运检验的渔业船舶，由船籍港渔业船舶检验机构委托船舶的营运地或者维修地渔业船舶检验机构实施检验。

4. 临时检验

临时检验，是指渔业船舶检验机构对营运中的渔业船舶出现特定情形时所实施的非常规性检验。

①临时检验的实施对象和范围：a. 因检验证书失效而无法及时回船籍港的；b. 因不符合水上交通安全或者环境保护法律、法规的有关要求被责

令检验的；c. 具有国务院渔业行政主管部门规定的其他特定情形的。

②渔业船舶检验机构，应当自申报临时检验的渔业船舶到达受检地之日起 2 个工作日内实施检验。经检验合格的，应当自检验完毕之日起 3 个工作日内在渔业船舶检验证书上签署意见或者签发渔业船舶检验证书；经检验不合格的，应当书面通知当事人，并说明理由。

5. 监督管理

(1) 渔业船舶检验机构不受理渔业船舶检验的情形　①设计图纸、技术文件未经渔业船舶检验机构审查批准或者确认的；②违反本条例相关规定制造、改造的；③违反本条例相关规定进行维修的；④按照国家有关规定应当报废的。

(2) 渔业船舶检验证书的注销　有下列情形之一的渔业船舶，其所有者或者经营者应当在渔业船舶报废、改籍、改造之日前 7 个工作日内或者自渔业船舶灭失之日起 20 个工作日内，向渔业船舶检验机构申请注销其渔业船舶检验证书。①按照国家有关规定报废的；②中国籍改为外国籍的；③渔业船舶改为非渔业船舶的；④因沉没等原因灭失的。

6. 法律责任

违反本条例规定，主管机关根据违法事实及情节，给予：①没收该渔业船舶；②强制拆除应当报废的船舶；③罚款；④限期申报检验；⑤强制拆除非法使用的重要设备、部件和材料；⑥没收或暂扣渔业船舶检验证书；⑦停止作业。构成犯罪的，由司法机关追究刑事责任。

五、《中华人民共和国船舶进出渔港签证办法》

为了维护渔港正常秩序，保障渔港设施、船舶及人命、财产安全，防止污染渔港水域环境，加强进出渔港船舶的监督管理。1990 年 1 月 26 日，农业部发布了《中华人民共和国船舶进出渔港签证办法》。1997 年 12 月 25 日，农业部令第 39 号对本办法进行了修订，自公布之日起施行。本办法共 4 章 20 条，包括：总则；签证办法；签证条件；违章处罚。

1. 总则

(1) 本办法制定的法律依据　根据《中华人民共和国海上交通安全法》《中华人民共和国防治船舶污染海洋环境管理条例》《中华人民共和国渔港水域交通安全管理条例》等有关法律、行政法规，制定本办法。

(2) 适用范围　凡进出渔港（含综合性港口内的渔业港区、水域、锚地和渔船停泊的自然港湾）的中国籍船舶均应遵守本办法。但下列船舶可免于签证：

①在执行公务时的军事、公安、边防、海关、海监、渔政船等国家公务船。

②体育运动船。

③经渔港监督机关批准免予签证的其他船舶。

外国籍船舶，我国港、澳地区船舶（含港、澳流动渔船）及台湾省渔船，进出渔港应向渔港监督机关报告，遵守渔港管理规定。

（3）主管机关　中华人民共和国渔港监督机关，是依据本办法负责船舶进出渔港签证工作和对渔业船舶实施安全检查的主管机关。

2. 签证办法

①船舶应在进港后 24h 内（在港时间不足 24h 的，应于离港前）向渔港监督机关办理进出港签证手续，并接受安全检查。签证工作一般实行进出港 1 次签证。渔业船舶若临时改变作业性质，出港时仍需办理出港签证。

②在海上连续作业时间不超过 24h 的渔业船舶（包括水产养殖船），以及长度在 12m 以下的小型渔业船舶，可以向所在地或就近渔港的渔港监督机关或其派出机构办理定期签证，并接受安全检查。

③凡需在渔港内装卸货物的船舶，须填写《船舶进（出）港报告单》。

④装运危险物品进港的船舶，应在抵港前 3 天（航程不足 3 天者，应在驶离发出港前）直接或通过代理人，向所进港口的渔港监督机关报告所装物品的名称、数量、性质、包装情况和进港时间，经批准后，方可进港，并在指定地点停泊和作业。

⑤凡需要在渔港内装载危险货物的船舶，应在装船前 2 天向渔港监督机关申请办理《船舶装运危险物品准运单》。

同时，装运普通货物和危险货物的船舶须分别填报《船舶进（出）港报告单》和《船舶装运危险物品准运单》。

⑥渔港监督机关办理进出港签证，须填写《渔业船舶进出港签证登记簿》和《渔业船舶航行签证簿》备查。

3. 签证条件

进出渔港的船舶须符合下列条件，方能办理签证：

①船舶证书（国籍证书或登记证书、船舶检验证书、航行签证簿）齐全、有效，捕捞渔船还须有渔业捕捞许可证。

捕捞渔船临时从事载客、载货运输时，须向船舶检验部门申请临时检验，并取得有关证书。

150总吨以上的油轮、400总吨以上的非油轮和主机额定功率300kW以上的渔业船舶，应备有油类记录簿。

从事倾倒废弃物作业的船舶，应持有国家海洋局或其派出机构的批准文件。

②按规定配齐船员，职务船员应持有有效的职务证书。

③船舶处于适航状态。各种有关航行安全的重要设施及救生、消防设备按规定配备齐全，并处于良好使用状态。装载合理，按规定标写船名、船号、船籍港和悬挂船名牌。

④装运危险物品的船舶，其货物名称和数量应与《船舶装运危险物品准运单》所载相符，并有相应的安全保障和预防措施，按规定显示信号。

⑤没有违反中华人民共和国法律、行政法规或港口管理规章的行为。

⑥已交付了承担的费用，或提供了适当的担保。

⑦如发生交通事故，按规定办完处理手续。

⑧根据天气预报，海上风力没有超过船舶抗风等级。

4. 违章处罚

未办理进出渔港签证的，或者在渔港内不服从渔政渔港监督管理机关对水域交通安全秩序管理的，由渔政渔港监督管理机关责令改正，可以并处警告、罚款；情节严重的，扣留或者吊销船长职务证书。

六、《中华人民共和国渔业船舶水上安全事故报告和调查处理规定》

如何加强渔业船舶水上安全管理，规范渔业船舶水上安全事故的报告和调查处理工作，落实渔业船舶水上安全事故责任追究制度，是预防水上安全事故发生必不可少的工作之一。2012年12月25日，农业部令2012年第9号公布了《中华人民共和国渔业船舶水上安全事故报告和调查处理规定》，自2013年2月1日起施行。本规定共6章41条，包括：总则；事故报告；事故调查；事故处理；调解；附则。

1. 总则

（1）适用范围

①船舶、设施在中华人民共和国渔港水域内发生的水上安全事故。

②在中华人民共和国渔港水域外从事渔业活动的渔业船舶以及渔业船舶之间发生的水上安全事故。

（2）水上安全事故的范围　水上安全事故，包括水上生产安全事故和自然灾害事故：

①水上生产安全事故：因碰撞、风损、触损、火灾、自沉、机械损伤、触电、急性工业中毒、溺水或其他情况造成渔业船舶损坏、沉没或人员伤亡、失踪的事故。

②自然灾害事故：台风或大风、龙卷风、风暴潮、雷暴、海啸、海冰或其他灾害造成渔业船舶损坏、沉没或人员伤亡、失踪的事故。

（3）渔业船舶水上安全事故的等级

①特别重大事故，指造成30人以上死亡、失踪，或100人以上重伤（包括急性工业中毒，下同），或1亿元以上直接经济损失的事故。

②重大事故，指造成10人以上30人以下死亡、失踪，或50人以上100人以下重伤，或5 000万元以上1亿元以下直接经济损失的事故。

③较大事故，指造成3人以上10人以下死亡、失踪，或10人以上50人以下重伤，或1 000万元以上5 000万元以下直接经济损失的事故。

④一般事故，指造成3人以下死亡、失踪，或10人以下重伤，或1 000万元以下直接经济损失的事故。

（4）渔业船舶水上安全事故的报告及调查处理的机构

①县级以上人民政府渔业行政主管部门及其所属的渔政渔港监督管理机构（以下统称为渔船事故调查机关），负责渔业船舶水上安全事故的报告。

②除特别重大事故外，碰撞、风损、触损、火灾、自沉等水上安全事故，由渔船事故调查机关组织事故调查组按本规定调查处理；机械损伤、触电、急性工业中毒、溺水和其他水上安全事故，经有调查权限的人民政府授权或委托，有关渔船事故调查机关按本规定调查处理。

2. 事故报告

①各级渔船事故调查机关应当建立24h应急值班制度，并向社会公布值班电话，受理事故报告。

②发生渔业船舶水上安全事故后，当事人或其他知晓事故发生的人员，应当立即向就近渔港或船籍港的渔船事故调查机关报告。

③渔船事故调查机关接到渔业船舶水上安全事故报告后，应当立即核实情况，采取应急处置措施，并按下列规定及时上报事故情况：

a. 特别重大事故、重大事故逐级上报至农业部及相关海区渔政局，由农业部上报国务院，每级上报时间不得超过 1h。

b. 较大事故逐级上报至农业部及相关海区渔政局，每级上报时间不得超过 2h。

c. 一般事故上报至省级渔船事故调查机关，每级上报时间不得超过 2h。必要时渔船事故调查机关可以越级上报。

渔船事故调查机关在上报事故的同时，应当报告本级人民政府并通报安全生产监督管理等有关部门。

远洋渔业船舶发生水上安全事故，由船舶所属、代理或承租企业向其所在地省级渔船事故调查机关报告，并由省级渔船事故调查机关向农业部报告。中央企业所属远洋渔业船舶发生水上安全事故，由中央企业直接报告农业部。

④渔业船舶发生水上安全事故报告的时限及内容

a. 应当在进入第一个港口或事故发生后 48h 内，向船籍港渔船事故调查机关提交水上安全事故报告书和必要的文书资料。

b. 船舶、设施在渔港水域内发生水上安全事故，应当在事故发生后 24h 内，向所在渔港渔船事故调查机关提交水上安全事故报告书和必要的文书资料。

c. 水上安全事故报告书应当包括的内容：

船舶、设施概况和主要性能数据。

船舶、设施所有人或经营人名称、地址、联系方式，船长及驾驶值班人员、轮机长及轮机值班人员姓名、地址、联系方式。

事故发生的时间、地点。

事故发生时的气象、水域情况。

事故发生详细经过（碰撞事故应附相对运动示意图）。

受损情况（附船舶、设施受损部位简图），提交报告时难以查清的，应当及时检验后补报。

已采取的措施和效果。

船舶、设施沉没的，说明沉没位置。

其他与事故有关的情况。

3. 事故调查

①渔船事故调查机关调查的权限：

　　a. 农业部负责调查中央企业所属远洋渔业船舶水上安全事故和由国务院授权调查的特别重大事故，以及应当由农业部调查的渔业船舶与外籍船舶发生的水上安全事故。

　　b. 省级渔船事故调查机关负责调查重大事故和辖区内企业所属、代理或承租的远洋渔业船舶水上安全较大、一般事故。

　　c. 市级渔船事故调查机关负责调查较大事故。

　　d. 县级渔船事故调查机关负责调查一般事故。

　　②船舶、设施在渔港水域内发生的水上安全事故，由渔港所在地渔船事故调查机关调查。

　　渔业船舶在渔港水域外发生的水上安全事故，由船籍港所在地渔船事故调查机关调查。船籍港所在地渔船事故调查机关，可以委托事故渔船到达渔港的渔船事故调查机关调查。不同船籍港渔业船舶间发生的事故，由共同上一级渔船事故调查机关或其指定的渔船事故调查机关调查。

　　③渔船事故调查机关的权利：

　　a. 调查、询问有关人员。

　　b. 要求被调查人员提供书面材料和证明。

　　c. 要求当事人提供航海日志、轮机日志、报务日志、海图、船舶资料、航行设备仪器的性能以及其他必要的文书资料。

　　d. 检查船舶、船员等有关证书，核实事故发生前船舶的适航状况。

　　e. 核实事故造成的人员伤亡和财产损失情况。

　　f. 勘查事故现场，搜集有关物证。

　　g. 使用录音、照相、录像等设备及法律允许的其他手段开展调查。

　　④水上安全事故调查报告应当包括的内容：渔船事故调查机关应当自接到事故报告之日起，60 日内制作完成水上安全事故调查报告。特殊情况下，经上一级渔船事故调查机关批准，可以延长事故调查报告完成期限，但延长期限不得超过 60 日。

　　水上安全事故调查报告应当包括以下内容：

　　a. 船舶、设施所有人或经营人名称、地址和联系方式。

　　b. 事故发生时间、地点、经过、气象、水域、损失等情况。

　　c. 事故发生原因、类型和性质。

　　d. 救助及善后处理情况。

　　e. 事故责任的认定。

f. 要求当事人采取的整改措施。

g. 处理意见或建议。

4. 事故处理

①对渔业船舶水上安全事故负有责任的人员和船舶、设施所有人、经营人，由渔船事故调查机关依据有关法律法规和《中华人民共和国渔业港航监督行政处罚规定》给予行政处罚，并可建议有关部门和单位给予处分。

②根据渔业船舶水上安全事故发生的原因，渔船事故调查机关可以责令有关船舶、设施的所有人、经营人限期加强对所属船舶、设施的安全管理。对拒不加强安全管理或在期限内达不到安全要求的，渔船事故调查机关有权禁止有关船舶、设施离港，或责令其停航、改航、停止作业，并可依法采取其他必要的强制处置措施。

③渔业船舶水上安全事故当事人和有关人员涉嫌犯罪的，渔船事故调查机关应当依法移送司法机关追究刑事责任。

5. 调解

①渔船事故调查机关开展调解，应当遵循公平自愿的原则。

②因渔业船舶水上安全事故引起的民事纠纷，当事人各方可以在事故发生之日起 30 日内，向负责事故调查的渔船事故调查机关共同书面申请调解。

已向仲裁机构申请仲裁或向人民法院提起诉讼，当事人申请调解的，不予受理。

③经调解达成协议的，当事人各方应当共同签署《调解协议书》，并由渔船事故调查机关签章确认。

④《调解协议书》应当包括以下内容：a. 当事人姓名或名称及住所；b. 法定代表人或代理人姓名及职务；c. 纠纷主要事实；d. 事故简况；e. 当事人责任；f. 协议内容；g. 调解协议履行的期限。

⑤已向渔船事故调查机关申请调解的民事纠纷，当事人中途不愿调解的，应当递交终止调解的书面申请，并通知其他当事人。

⑥自受理调解申请之日起 3 个月内，当事人各方未达成调解协议的，渔船事故调查机关应当终止调解，并告知当事人可以向仲裁机构申请仲裁或向人民法院提起诉讼。

七、《中华人民共和国渔业港航监督行政处罚规定》

为加强渔业船舶安全监督管理，规范渔业港航法规行政处罚，保障渔业港航法规的执行和渔业生产者的合法权益，农业部制定《中华人民共和国渔业港航监督行政处罚规定》，于 2000 年 5 月 9 日起开始施行。本办法共 6 章 39 条，包括：总则、违反渔港管理的行为和处罚；违反渔业船舶管理的行为和处罚；违反渔业船员管理的行为和处罚；违反其他安全管理的行为和处罚、附则。

1. 总则

（1）**适用范围** 适用于中国籍渔业船舶及其船员、所有者和经营者，以及在中华人民共和国渔港和渔港水域内航行、停泊和作业的其他船舶、设施及其船员、所有者和经营者。

（2）**主管机关** 中华人民共和国渔政渔港监督管理机关，依据本规定行使渔业港航监督行政处罚权。

（3）**处罚的种类** ①警告；②罚款；③扣留或吊销船舶证书或船员证书；④法律、法规规定的其他行政处罚。

（4）**免予处罚的情形** ①因不可抗力或以紧急避险为目的的行为；②渔业港航违法行为显著轻微并及时纠正，没有造成危害性后果。

（5）**从轻、减轻处罚的情形** ①主动消除或减轻渔业港航违法行为后果；②配合渔政渔港监督管理机关查处渔业港航违法行为；③12m 以下的海洋渔业船舶；④依法可以从轻、减轻的其他渔业港航违法行为。

（6）**从重处罚的情形** ①违法情节严重，影响较大；②多次违法或违法行为造成重大损失；③损失虽然不大，但事后既不向渔政渔港监督管理机关报告，又不采取措施，放任损失扩大；④逃避、抗拒渔政渔港监督管理机关检查和管理；⑤依法可以从重处罚的其他渔业港航违法行为。

2. 渔业港航监督行政违法行为的种类

①违反渔港管理的行为。

②违反渔业船舶管理的行为。

③违反渔业船员管理的行为。

④违反其他安全管理的行为。

3. 处罚

①拒绝、阻碍渔政渔港监督管理机关工作人员依法执行公务，应当给予治安管理处罚的，由公安机关依照《中华人民共和国治安管理处罚条例》有关规定处；构成犯罪的，由司法机关依法追究刑事责任。

②当事人对渔政渔港监督管理机关处罚不服的，可在接到处罚通知之日

起，60 日内向该渔政渔港监督管理机关所属的渔业行政主管部门申请复议，对复议决定不服的，可以向人民法院提起行政诉讼；当事人也可在接到处罚通知之日起 30 日内，直接向人民法院提起行政诉讼。在此期限内当事人既不履行处罚，又不申请复议，也不提起行政诉讼的，处罚机关可申请法院强制执行。但是，在海上的处罚，被查处的渔业船舶应当先执行处罚决定。

第二节 《中华人民共和国渔业船员管理办法》

本节要点：本节重点掌握《中华人民共和国船员条例》关于渔业船员任职和发证以及渔业船员职业管理与保障的有关规定。

为加强渔业船员管理，维护渔业船员合法权益，保障渔业船舶及船上人员的生命财产安全，根据《中华人民共和国船员条例》，2014 年 5 月 4 日农业部第 4 次常务会议审议通过《中华人民共和国渔业船员管理办法》，自 2015 年 1 月 1 日起施行。本办法共 8 章 53 条内容，包括：总则；渔业船员任职和发证；渔业船员配员和职责；渔业船员培训和服务；渔业船员职业管理与保障；监督管理；罚则；附则。

一、渔业船员任职和发证

1. 渔业船员实行持证上岗制度

渔业船员应当按照本办法的规定接受培训，经考试或考核合格、取得相应的渔业船员证书后，方可在渔业船舶上工作。

2. 渔业船员分为职务船员和普通船员

职务船员是负责船舶管理的人员，包括以下 5 类：①驾驶人员，职级包括船长、船副、助理船副；②轮机人员，职级包括轮机长、管轮、助理管轮；③机驾长；④电机员；⑤无线电操作员。

3. 职务船员证书的分类

职务船员证书，分为海洋渔业职务船员证书和内陆渔业职务船员证书。海洋渔业职务船员证书等级职级划分为：

（1）驾驶人员证书

①一级证书：适用于船舶长度 45m 以上的渔业船舶，包括一级船长证书、一级船副证书。

②二级证书：适用于船舶长度 24m 以上不足 45m 的渔业船舶，包括二

级船长证书、二级船副证书。

③三级证书：适用于船舶长度 12m 以上不足 24m 的渔业船舶，包括三级船长证书。

④助理船副证书：适用于所有渔业船舶。

（2）轮机人员证书

①一级证书：适用于主机总功率 750kW 以上的渔业船舶，包括一级轮机长证书、一级管轮证书。

②二级证书：适用于主机总功率 250kW 以上不足 750kW 的渔业船舶，包括二级轮机长证书、二级管轮证书。

③三级证书：适用于主机总功率 50kW 以上不足 250kW 的渔业船舶，包括三级轮机长证书。

④助理管轮证书：适用于所有渔业船舶。

（3）机驾长证书　适用于船舶长度不足 12m 或者主机总功率不足 50kW 的渔业船舶上，驾驶与轮机岗位合一的船员。

（4）电机员证书　适用于发电机总功率 800kW 以上的渔业船舶。

（5）无线电操作员证书　适用于远洋渔业船舶。

普通船员是职务船员以外的其他船员。普通船员证书，分为海洋渔业普通船员证书和内陆渔业普通船员证书。

4. 渔业船员培训与考试、考核

（1）基本安全培训　基本安全培训是指渔业船员都应当接受的任职培训，包括水上求生、船舶消防、急救、应急措施、防止水域污染、渔业安全生产操作规程等内容。

（2）职务船员培训　职务船员培训是指职务船员应当接受的任职培训，包括拟任岗位所需的专业技术知识、专业技能和法律法规等内容。

（3）其他培训　其他培训是指远洋渔业专项培训和其他与渔业船舶安全和渔业生产相关的技术、技能、知识、法律法规等培训。

渔业船员考试，包括理论考试和实操评估。海洋渔业船员考试大纲，由农业部统一制定并公布。渔业船员考核，可由渔政渔港监督管理机构根据实际需要和考试大纲，选取适当科目和内容进行。

5. 申请渔业普通船员证书应当具备的条件

①年满 16 周岁；②符合渔业船员健康标准；③经过基本安全培训。

符合以上条件的，由申请者向渔政渔港监督管理机构提出书面申请。渔政渔港监督管理机构应当组织考试或考核，对考试或考核合格的，自考试成绩或考核结果公布之日起 10 个工作日内，发放渔业普通船员证书。

6. 申请渔业职务船员证书应当具备的条件

①持有渔业普通船员证书或下一级相应职务船员证书。

②年龄不超过 60 周岁，对船舶长度不足 12m 或者主机总功率不足 50kW 渔业船舶的职务船员，年龄资格上限可由发证机关根据申请者身体健康状况适当放宽。

③符合任职岗位健康条件要求。

④具备相应的任职资历条件，且任职表现和安全记录良好。

⑤完成相应的职务船员培训，在远洋渔业船舶上工作的驾驶和轮机人员，还应当接受远洋渔业专项培训。

符合以上条件的，由申请者向渔政渔港监督管理机构提出书面申请。渔政渔港监督管理机构应当组织考试或考核，对考试或考核合格的，自考试成绩或考核结果公布之日起 10 个工作日内，发放相应的渔业职务船员证书。

7. 渔业船员证书的有效期

渔业船员证书的有效期不超过 5 年，证书有效期满，持证人需要继续从事相应工作的，应当向有相应管理权限的渔政渔港监督管理机构申请换发证书。渔政渔港监督管理机构，可以根据实际需要和职务知识技能更新情况组织考核，对考核合格的，换发相应渔业船员证书。

二、渔业船员配员

1. 海洋渔业船舶职务船员最低配员标准

海洋渔业船舶职务船员最低配员标准见表 4-30-1。

表 4-30-1　海洋渔业船舶职务船员最低配员标准

船舶类型	职务船员最低配员标准		
长度≥45m 远洋渔业船舶	一级船长	一级船副	助理船副 2 名
长度≥45m 非远洋渔业船舶	一级船长	一级船副	助理船副
36m≤长度＜45m	二级船长	二级船副	助理船副
24m≤长度＜36m	二级船长	二级船副	
12m≤长度＜24m	三级船长	助理船副	
主机总功率≥3 000kW	一级轮机长	一级管轮	助理管轮 2 名

（续）

船舶类型	职务船员最低配员标准		
750kW≤主机总功率＜3 000kW	一级轮机长	一级管轮	助理管轮
450kW≤主机总功率＜750kW	二级轮机长	二级管轮	助理管轮
250kW≤主机总功率＜450kW	二级轮机长	二级管轮	
50kW≤主机总功率＜250kW	三级轮机长		
船舶长度不足12m或者主机总功率不足50kW	机驾长		
发电机总功率800kW以上	电机员，可由持有电机员证书的轮机人员兼任		
远洋渔业船舶	无线电操作员，可由持有全球海上遇险和安全系统（GMDSS）无线电操作员证书的驾驶人员兼任		

注：省级人民政府渔业行政主管部门可参照以上标准，根据本地情况，对船长不足24m渔业船舶的驾驶人员和主机总功率不足250kW渔业船舶的轮机人员配备标准进行适当调整，报农业部备案。

2. 中国籍渔业船舶的船员组成

中国籍渔业船舶的船员应当由中国籍公民担任，确需由外国籍公民担任的，应当持有所属国政府签发的相关身份证件，在我国依法取得就业许可，并按本办法的规定取得渔业船员证书。持有《1995年国际渔业船舶船员培训、发证和值班标准公约》缔约国签发的外国职务船员证书的，应当按照国家有关规定取得承认签证。承认签证的有效期不得超过被承认职务船员证书的有效期，当被承认职务船员证书失效时，相应的承认签证自动失效。

外国籍船员不得担任驾驶人员和无线电操作员，人数不得超过船员总数的30%。

三、渔业船员职业管理与保障

①渔业船舶所有人或经营人，应当依法与渔业船员订立劳动合同。渔业船舶所有人或经营人，不得招用未持有相应有效渔业船员证书的人员上船工作。

②渔业船舶所有人或经营人，应当依法为渔业船员办理保险。

③渔业船舶所有人或经营人应当保障渔业船员的生活和工作场所，符合《渔业船舶法定检验规则》对船员生活环境、作业安全和防护的要求，并为船员提供必要的船上生活用品、防护用品、医疗用品，建立船员健康档案，为船员定期进行健康检查和心理辅导，防治职业疾病。

④渔业船员在船上工作期间受伤或者患病的，渔业船舶所有人或经营人

应当及时给予救治；渔业船员失踪或者死亡的，渔业船舶所有人或经营人应当及时做好善后工作。

⑤渔业船舶所有人或经营人是渔业安全生产的第一责任人，应当保证安全生产所需的资金投入，建立健全安全生产责任制，按照规定配备船员和安全设备，确保渔业船舶符合安全适航条件，并保证船员足够的休息时间。

四、监督管理

①渔政渔港监督管理机构应当健全渔业船员管理及监督检查制度，建立渔业船员档案，督促渔业船舶所有人或经营人完善船员安全保障制度，落实相应的保障措施。

②渔政渔港监督管理机构，应当依法对渔业船员持证情况、任职资格和资历、履职情况、安全记录，船员培训机构培训质量，船员服务机构诚实守信情况等进行监督检查，必要时可对船员进行现场考核。

渔政渔港监督管理机构依法实施监督检查时，船员、渔业船舶所有人和经营人、船员培训机构和服务机构应当予以配合，如实提供证书、材料及相关情况。

③渔业船员违反有关法律、法规、规章的，除依法给予行政处罚外，各省级人民政府渔业行政主管部门可根据本地实际情况，实行累计记分制度。

思考题

1. 根据《中华人民共和国海上交通安全法》，发生或发现哪些情况应迅速报告主管机关？

2.《中华人民共和国渔港水域交通安全管理条例》的适用范围及主管机关？

3. 什么是初次检验、营运检验和临时检验？

4. 为什么要进行船舶登记？

5. 什么是船舶签证？哪些船舶可免于签证？

6. 进出渔港的船舶须符合下列哪些条件，方能办理签证？

7. 根据《中华人民共和国渔业港航监督行政处罚规定》规定，哪些情形应加重处罚？

8. 什么是水上生产安全事故和自然灾害事故？

9. 水上安全事故报告书应当包括的内容有哪些？

10. 根据《中华人民共和国渔业船员管理办法》，渔业船员培训有哪些种类？

11. 申请渔业职务船员证书应当具备什么条件？

12.《中华人民共和国渔业船员管理办法》对渔业船员职业管理与保障有何规定？

第三十一章　海洋环境保护法规

本节要点：本节重点掌握《中华人民共和国海洋环境保护法》的立法目的和适用范围以及关于涉及船舶及有关作业活动对海洋环境的污染损害防治的有关规定。

第一节　《中华人民共和国海洋环境保护法》

我国政府对海洋环境保护高度重视，1982 年颁布了《中华人民共和国海洋环境保护法》，1999 年第九届全国人民代表大会常务委员会第十三次会议修订了《海洋环境保护法》并于 2000 年 4 月 1 日起施行。2013 年 12 月，第十二届全国人民代表大会常务委员会第六次会议对《中华人民共和国海洋环境保护法》部分条款做出修改。2016 年 11 月 7 日第十二届全国人民代表大会常务委员会第二十四次会议《关于修改〈中华人民共和国海洋环境保护法〉的决定》第二次修正），修订后的《中华人民共和国海洋环境保护法》共 10 章 97 条。其中第八章涉及船舶及有关作业活动对海洋环境的污染损害防治。

一、立法目的、适用范围

1. 立法目的

为了保护和改善海洋环境，保护海洋资源，防治污染损害，维护生态平衡，保障人体健康，促进经济和社会的可持续发展，制定本法。

2. 适用范围

《中华人民共和国海洋环境保护法》适用于中华人民共和国内水、领海、毗连区、专属经济区、大陆架以及中华人民共和国管辖的其他海域。在中华人民共和国管辖海域以外，造成中华人民共和国管辖海域污染的，也适用本法。在中华人民共和国管辖海域内从事航行、勘探、开发、生产、旅游、科学研究及其他活动，或者在沿海陆域内从事影响海洋环境活动的任何单位和个人，都必须遵守本法。

二、海洋环境保护管理体制

《中华人民共和国海洋环境保护法》明确了国务院环境保护行政主管部门、国家海洋行政主管部门、国家海事行政主管部门、国家渔业行政主管部门、军队环境保护部门以及沿海县级以上地方人民政府的职责。其中国家海事行政主管部门负责所辖港区水域内非军事船舶和港区水域外非渔业、非军事船舶污染海洋环境的监督管理，并负责污染事故的调查处理；对在中华人民共和国管辖海域航行、停泊和作业的外国籍船舶造成的污染事故登轮检查处理。船舶污染事故给渔业造成损害的，应当吸收渔业行政主管部门参与调查处理。国家渔业行政主管部门负责渔港水域内非军事船舶和渔港水域外渔业船舶污染海洋环境的监督管理，负责保护渔业水域生态环境工作，并调查处理海洋环境污染事故以外的渔业污染事故。

三、防治船舶及有关作业活动对海洋环境的污染损害

①在中华人民共和国管辖海域，任何船舶及相关作业不得违反本法规定向海洋排放污染物、废弃物和压载水、船舶垃圾及其他有害物质。从事船舶污染物、废弃物、船舶垃圾接收、船舶清舱、洗舱作业活动的，必须具备相应的接收处理能力。

②船舶必须按照有关规定持有防止海洋环境污染的证书与文书，在进行涉及污染物排放及操作时，应当如实记录。

③船舶必须配置相应的防污设备和器材。载运具有污染危害性货物的船舶，其结构与设备应当能够防止或者减轻所载货物对海洋环境的污染。

④船舶应当遵守海上交通安全法律、法规的规定，防止因碰撞、触礁、搁浅、火灾或者爆炸等引起的海难事故，造成海洋环境的污染。

⑤国家完善并实施船舶油污损害民事赔偿责任制度；按照船舶油污损害赔偿责任由船东和货主共同承担风险的原则，建立船舶油污保险、油污损害赔偿基金制度。实施船舶油污保险、油污损害赔偿基金制度的具体办法由国务院规定。

⑥载运具有污染危害性货物进出港口的船舶，其承运人、货物所有人或者代理人，必须事先向海事行政主管部门申报。经批准后，方可进出港口、过境停留或者装卸作业。交付船舶装运污染危害性货物的单证、包装、

标志、数量限制等，必须符合对所装货物的有关规定。需要船舶装运污染危害性不明的货物，应当按照有关规定事先进行评估。装卸油类及有毒有害货物的作业，船岸双方必须遵守安全防污操作规程。

⑦港口、码头、装卸站和船舶修造厂必须按照有关规定备有足够的用于处理船舶污染物、废弃物的接收设施，并使该设施处于良好状态。装卸油类的港口、码头、装卸站和船舶必须编制溢油污染应急计划，并配备相应的溢油污染应急设备和器材。

⑧ 船舶进行散装液体污染危害性货物的过驳作业，应当事先按照有关规定报经海事行政主管部门批准。

⑨船舶发生海难事故，造成或者可能造成海洋环境重大污染损害的，国家海事行政主管部门有权强制采取避免或者减少污染损害的措施。对在公海上因发生海难事故，造成中华人民共和国管辖海域重大污染损害后果或者具有污染威胁的船舶、海上设施，国家海事行政主管部门有权采取与实际的或者可能发生的损害相称的必要措施。

"强制采取避免或者减少污染损害的措施"主要包括强制拖航、强制打捞、强制清除污染物、强制消除污染源、禁止船舶离港、征用船舶或设备以及调动社会力量等。因强制采取措施而产生的费用由污染责任人或污染源的所有人承担。

⑩所有船舶均有监视海上污染的义务，在发现海上污染事故或者违反本法规定的行为时，必须立即向就近的依照本法规定行使海洋环境监督管理权的部门报告。民用航空器发现海上排污或者污染事件，必须及时向就近的民用航空空中交通管制单位报告。接到报告的单位，应当立即向依照本法规定行使海洋环境监督管理权的部门通报。

四、法律责任

对违反《中华人民共和国海洋环境保护法》各类规定的行为，海洋环境监督管理部门有权责令停止违法行为、限期改正或者责令采取限制生产、停产整治等措施，并处以罚款；拒不改正的，依法作出处罚决定的部门可以自责令改正之日的次日起，按照原罚款数额按日连续处罚；情节严重的，报经有批准权的人民政府批准，责令停业、关闭。海洋环境监督管理人员滥用职权、玩忽职守、徇私舞弊，造成海洋环境污染损害的，依法给予行政处分；构成犯罪的，依法追究刑事责任。

第二节　《中华人民共和国防治船舶 污染海洋环境管理条例》

本节要点：本节重点掌握《中华人民共和国防治船舶污染海洋环境管理条例》中关于污染物的排放、船舶有关作业活动的污染防治、船舶污染事故应急处置的有关规定。

2009 年 9 月 2 日，国务院第 79 次常务会议审议并通过了《中华人民共和国防治船舶污染海洋环境管理条例》，自 2010 年 3 月 1 日起施行。1983 年出台的《中华人民共和国防止船舶污染海域管理条例》同时废止。条例共 9 章、77 条。包括：总则；防治船舶及有关作业活动污染海洋环境的一般规定；污染物的排放；船舶有关作业活动的污染防治；船舶污染事故应急处置；污染事故调查处理；污染事故损害赔偿；法律责任和附则。

一、总则

1. 立法目的

防治船舶及其有关作业活动污染海洋环境。依据《中华人民共和国海洋环境保护法》，制定本条例。

2. 适用范围

防治船舶及其有关作业活动污染中华人民共和国管辖海域适用本条例。

3. 主管机关

国务院交通运输主管部门主管所辖港区水域内非军事船舶和港区水域外非渔业、非军事船舶污染海洋环境的防治工作。

县级以上人民政府渔业主管部门，负责渔港水域内非军事船舶和渔港水域外渔业船舶污染海洋环境的监督管理，负责保护渔业水域生态环境工作，负责调查处理《中华人民共和国海洋环境保护法》规定的渔业污染事故。

二、防治船舶及其有关作业活动污染海洋环境的一般规定

1. 关于船舶的结构、设备、器材以及防治船舶污染海洋环境的证书、文书的规定

船舶的结构、设备、器材，应当符合国家有关防治船舶污染海洋环境的技术规范以及中华人民共和国缔结或者参加的国际条约的要求。

　　船舶应当依照法律、行政法规、国务院交通运输主管部门的规定以及中华人民共和国缔结或者参加的国际条约的要求，取得并随船携带相应的防治船舶污染海洋环境的证书、文书。

2. 对船舶的所有人、经营人或者管理人的规定

　　中国籍船舶的所有人、经营人或者管理人，应当按照国务院交通运输主管部门的规定，建立健全安全营运和防治船舶污染管理体系。海事管理机构应当对安全营运和防治船舶污染管理体系进行审核，审核合格的，发给符合证明和相应的船舶安全管理证书。

三、船舶污染物的排放和接收

1. 对船舶排放污染物的规定

　　船舶在中华人民共和国管辖海域向海洋排放的船舶垃圾、生活污水、含油污水、含有毒有害物质污水、废气等污染物以及压载水，应当符合法律、行政法规、中华人民共和国缔结或者参加的国际条约以及相关标准的要求。

　　船舶应当将不符合前款规定的排放要求的污染物排入港口接收设施，或者由船舶污染物接收单位接收。船舶不得向依法划定的海洋自然保护区、海滨风景名胜区、重要渔业水域以及其他需要特别保护的海域排放船舶污染物。

2. 对船舶处置污染物的规定

　　船舶处置污染物，应当在相应的记录簿内如实记录。将使用完毕的船舶垃圾记录簿在船舶上保留 2 年；将使用完毕的含油污水、含有毒有害物质污水记录簿在船舶上保留 3 年。

四、船舶有关作业活动的污染防治

1. 防治船舶有关作业活动造成污染的原则性规定

　　从事船舶清舱、洗舱、油料供受、装卸、过驳、修造、打捞、拆解，污染危害性货物装箱、充罐，污染清除作业以及利用船舶进行水上水下施工等作业活动的，应当遵守相关操作规程，操作人员应当具备相关安全和防治污染的专业知识和技能，并采取必要的安全和防治污染的措施。

2. 船舶油料供受作业的规定

　　获得船舶油料供受作业资质的单位，应当向海事管理机构备案。海事管理机构应当对船舶油料供受作业进行监督检查，发现不符合安全和防治污染要求的，应当予以制止。船舶燃油供给单位应当如实填写燃油供受单证，并向船舶提供船舶燃油供受单证和燃油样品。船舶和船舶燃油供给单位应当将燃油供受单证保存3年，并将燃油样品妥善保存1年。

五、船舶污染事故应急处置

1. 船舶污染事故的等级

船舶污染事故分为以下等级：

①特别重大船舶污染事故，是指船舶溢油1 000t以上，或者造成直接经济损失2亿元以上的船舶污染事故。

②重大船舶污染事故，是指船舶溢油500t以上不足1 000t，或者造成直接经济损失1亿元以上不足2亿元的船舶污染事故。

③较大船舶污染事故，是指船舶溢油100t以上不足500t，或者造成直接经济损失5 000万元以上不足1亿元的船舶污染事故。

④一般船舶污染事故，是指船舶溢油不足100t，或者造成直接经济损失不足5 000万元的船舶污染事故。

2. 船舶污染事故应急与报告

船舶在中华人民共和国管辖海域发生污染事故，或者在中华人民共和国管辖海域外发生污染事故，造成或者可能造成中华人民共和国管辖海域污染的，应当立即启动相应的应急预案，采取措施控制和消除污染，并就近向有关海事管理机构报告。

船舶污染事故报告，应当包括下列内容：

①船舶的名称、国籍、呼号或者编号。

②船舶所有人、经营人或者管理人的名称、地址。

③发生事故的时间、地点以及相关气象和水文情况。

④事故原因或者事故原因的初步判断。

⑤船舶上污染物的种类、数量、装载位置等概况。

⑥污染程度。

⑦已经采取或者准备采取的污染控制、清除措施和污染控制情况以及救助要求。

⑧国务院交通运输主管部门规定应当报告的其他事项。

3. 船舶污染事故处置规定

船舶发生事故有沉没危险，船员离船前，应当尽可能关闭所有货舱

（柜）、油舱（柜）管系的阀门，堵塞货舱（柜）、油舱（柜）通气孔。

船舶沉没的，船舶所有人、经营人或者管理人，应当及时向海事管理机构报告船舶燃油、污染危害性货物以及其他污染物的性质、数量、种类、装载位置等情况，并及时采取措施予以清除。发生船舶污染事故或者船舶沉没，可能造成中华人民共和国管辖海域污染的，有关沿海设区的市级以上地方人民政府、海事管理机构根据应急处置的需要，可以征用有关单位或者个人的船舶和防治污染设施、设备、器材以及其他物资，有关单位和个人应当予以配合。

六、船舶污染事故调查处理

1. 关于船舶污染事故调查部门的规定

船舶污染事故的调查处理，依照下列规定进行：

①特别重大船舶污染事故，由国务院或者国务院授权国务院交通运输主管部门等部门组织事故调查处理。

②重大船舶污染事故，由国家海事管理机构组织事故调查处理。

③较大船舶污染事故和一般船舶污染事故，由事故发生地的海事管理机构组织事故调查处理。

船舶污染事故给渔业造成损害的，应当吸收渔业主管部门参与调查处理；给军事港口水域造成损害的，应当吸收军队有关主管部门参与调查处理。

2. 船舶污染事故调查处理的有关规定

发生船舶污染事故，组织事故调查处理的机关或者海事管理机构，应当及时、客观、公正地开展事故调查，勘验事故现场，检查相关船舶，询问相关人员，搜集证据，查明事故原因。

根据条例规定，船舶污染事故调查处理人员在进行事故调查时，有权进行以下工作：

①询问有关当事人，以及证人、目击者。

②要求被检查人员提供书面材料和证明。

③查阅航海日志、轮机日志、车钟记录、海图、船舶资料、设备仪器的性能资料及其他调查所必需的原始文书资料，复印或复制上述资料，并要求当事人签字确认。

④检查船舶、设施及有关设备的证书、人员证书。

⑤勘察事故现场，搜集有关物证。

⑥可以使用录音、照相、录像等设备和其他法律允许的调查手段。

⑦对水面溢油或其他污染物以及船舶相关处所，按照采样程序进行样品采集、封存，以备检验。

⑧根据事故调查处理的需要，可以暂扣相应的证书、文书、资料；必要时，可以禁止船舶驶离港口或者责令停航、改航、停止作业直至暂扣船舶。

3. 事故认定书

组织事故调查处理的机关或者海事管理机构，应当自事故调查结束之日起20个工作日内制作事故认定书，并送达当事人。事故认定书应当载明事故基本情况、事故原因和事故责任。

七、船舶污染事故损害赔偿

造成海洋环境污染损害的责任者，应当排除危害，并赔偿损失；完全由于第三者的故意或者过失，造成海洋环境污染损害的，由第三者排除危害，并承担赔偿责任。

完全属于下列情形之一，经过及时采取合理措施，仍然不能避免对海洋环境造成污染损害的，免予承担责任：①战争；②不可抗拒的自然灾害；③负责灯塔或者其他助航设备的主管部门，在执行职责时的疏忽，或者其他过失行为。

思考题

1. 《中华人民共和国海洋环境保护法》的立法目的和适用范围是什么？

2. 简述我国海洋环境保护的管理体制。

3. 《中华人民共和国防治船舶污染海洋环境管理条例》对船舶排放污染物有何规定？

4. 船舶污染事故报告应当包括哪些内容？

5. 《中华人民共和国防治船舶污染海洋环境管理条例》对船舶污染事故损害赔偿是如何规定的？

第三十二章 周边渔业协定

我国有 960 万 km² 的土地，海洋面积约为 299.7 万 km²，约为陆地面积的 1/3，海岸线长度为 1.8 万 km。但实际情况是，我国面临着激烈的海域划界争端，要按照 1982 年《联合国海洋法公约》争得 299.7 万 km² 的管辖海域，还有相当大的困难。我国的海洋由黄海、渤海、东海和南海组成，除渤海属于内水不存在争议外，其他 3 个海区都需要按《联合国海洋法公约》与邻国合理划分。我国在东海和黄海与日本和韩国隔海相望，最宽处不到 400n mile。长期以来，中、日、韩三国渔民长期共同开发利用黄海和东海的渔业资源。三国渔业结构类似，许多主要捕捞品种属洄游性鱼类（如带鱼、小黄鱼、鲐鱼等），常常竞争激烈，渔业矛盾和纠纷时有发生。北部湾是中越两国陆地和中国海南岛环抱的一个半闭海，面积约 12.8 万 km²，宽度在 110~180n mile。中越两国在北部湾既相邻又相向，过去由于没有一条明确的北部湾分界线，两国间经常发生纠纷，造成局势不稳，影响了两国关系。如何解决海洋争端，有效地维护海洋权益，开拓国家发展的利益空间和安全空间，对我国的和平崛起具有十分重要的意义。实践证明，坚持平等协商、尊重历史和国际法准则以及公平合理等基本原则，对维护海洋权益、缓和矛盾、和平解决争端是有帮助的。

第一节 中日渔业协定

本节要点：本节重点掌握中日渔业协定中协议水域的划分及作业的要求。

一、中日渔业协定产生的背景

中国和日本之间首次渔业协议，是始于 1955 年两国渔业协会缔结的民间渔业协议。之后，两国按照中日共同声明第 9 条，于 1975 年 8 月 15 日缔结了政府之间首部渔业协定。虽政府之间渔业协议可视为继承民间渔业协议，但两者之间有重要的差别。即按照政府之间协议，两国为在协议水域内养护和合理利用海洋资源采取必要的措施，若有违反协议者，由船旗国行使其管辖权，且另设定渔业联合委员会。1975 年的渔业协定，主要目的在于规范日本渔船活动。《联合国海洋法公约》于 1994 年 11 月生效后，中日两国政府也先后提交了《联合国海洋法公约》批准书，成为该公约的缔约国，实施专属经济区制度。为此，中日两国政府从 1995 年起，根据《公约》的规定，就重新签订渔业协定进行会谈。1997 年 11 月，中日两国政府重新签署了渔业协定，于 2000 年 6 月 1 日生效，有效期为 5 年。由于中日之间在东海海域的专属经济区界限尚未划定，现协定中的有关规定尚属过渡性质。

二、中日渔业协定的水域划分

①北纬 30°40′以北（两国领海外）的东、黄海海域，由于存在中、日、韩三国海域划界问题，中方主张维持现状，而日方要求实施专属经济区制度。

②"暂定措施水域"，由双方共同管理。由下列坐标组成：

a. 北纬 30°40′、东经 124°10.1′之点

b. 北纬 30°、东经 123°56.4′之点

c. 北纬 29°、东经 123°25.5′之点

d. 北纬 28°、东经 122°47.9′之点

e. 北纬 27°、东经 121°57.4′之点

f. 北纬 27°、东经 125°58.3′之点

g. 北纬 28°、东经 127°15.1′之点

h. 北纬 29°、东经 128°0.9′之点

i. 北纬 30°、东经 128°32.2′之点

j. 北纬 30°40′、东经 128°26.1′之点

k. 北纬 30°40′、东经 124°10.1′之点

③"暂定措施水域"东、西各侧外的中、日两国的专属经济区。

④北纬 27°以南的东海水域以及东海以南的东经 125°30′以西的水域，维持现有的渔业关系水域。

⑤日本海和北太平洋一侧的日本专属经济区水域。

三、渔船在中日两国专属经济区作业要求

①缔约各方根据互惠原则，按照本协定及本国有关法令，准许缔约另一

方的国民及渔船在本国专属经济区从事渔业活动。

②缔约各方的授权机关，向缔约另一方的国民及渔船颁发有关入渔的许可证，并可就颁发许可证收取适当费用。

③缔约各方的国民及渔船，在缔约另一方专属经济区按照本协定及缔约另一方的有关法令从事渔业活动。

④缔约各方考虑到本国专属经济区资源状况，本国捕捞能力、传统渔业活动、相互入渔状况及其他相关因素，每年决定在本国专属经济区的缔约另一方国民及渔船的可捕鱼种、渔获配额、作业区域及其他作业条件。

⑤缔约各方应采取必要措施，确保本国国民及渔船在缔约另一方专属经济区从事渔业活动时，遵守本协定的规定以及缔约另一方有关法令所规定的海洋生物资源的养护措施及其他条件。

⑥缔约各方应及时向缔约另一方，通报本国有关法令所规定的海洋生物资源的养护措施及其他条件。

⑦缔约各方为确保缔约另一方的国民及渔船遵守本国有关法令所规定的海洋生物资源的养护措施及其他条件，可根据国际法在本国专属经济区采取必要措施。

⑧被逮捕或扣留的渔船及其船员，在提出适当的保证书或其他担保之后，应迅速获得释效。

⑨缔约各方的授权机关，在逮捕或扣留缔约另一方的渔船及其船员时，应通过适当途径，将所采取的行动及随后所施加的处罚，迅速通知缔约另一方。

四、"暂定措施水域"和北纬 27°以南的东海水域以及东海以南的东经 125°30′以西的水域作业要求

①缔约各方根据中日渔业联合委员会的决定，在暂定措施水域中，考虑到对缔约的各方传统渔业活动的影响，为确保海洋生物资源的维持不受过度开发的危害，采取适当的养护措施及量的管理措施。

②缔约各方应对在暂定措施水域从事渔业活动的本国国民及渔船，采取管理及其他必要措施。缔约各方在该水域中，不对从事渔业活动的缔约另一方国民及渔船采取管理和其他措施。缔约一方发现缔约另一方国民及国民违反中日渔业联合委员会决定的作业限制时，可就事实提醒该国民及渔船注意，并将事实及有关情况通报缔约另一方。缔约另一方应在尊重该方的通

报，并采取必要措施后将结果通报该方。

第二节　中韩渔业协定

本节要点：本节重点掌握中韩渔业协定中协议水域的划分及作业的要求。

一、中韩渔业协定制定过程

1982年12月10日，按照《联合国海洋法公约》的有关规定，中国和韩国两国在相向海域尚未完成专属经济区划界前，就渔业问题作出的一种非正式划界的临时性安排。

20世纪90年代以前，我国本不认同一些国家自行设定的沿海经济区或者大陆架权限。按照历史上的国际惯例，只要是公海，各国就可以进入和捕鱼。但在《联合国海洋法公约》生效后，专属经济区占据了很多原本属于公海的区域。

2000年参加WTO协定后，中国与韩国签署中韩渔业协定，2001年6月30日正式生效，它的有效期为5年。缔约任何一方在最初5年期满时或在其后，可提前1年以书面形式通知缔约另一方，随时终止本协定。

中韩渔业协定是在确定海上边界线之前，为维护两国间渔业秩序和渔业管理相关事宜而签署的暂时性条约。

二、中韩渔业协定的水域划分及管理方式

1. 暂定措施水域

设定于北纬32°11′～37°的黄海水域，由双方采取共同的养护和管理措施。

由中韩双方共同设立的中韩渔业联合委员会，决定暂定措施水域采取共同的养护措施和量的管理措施。

双方在暂定措施水域和过渡水域，对从事渔业活动的本国国民及渔船采取管理和其他必要措施，不对另一方国民及渔船采取管理及其他措施。一方发现另一方国民及渔船违反中韩渔业联合委员会的决定时，可就事实提醒该国民及渔船注意，并将事实及有关情况通报另一方。另一方应尊重对方的通报，并在采取必要措施后，将结果通知对方。在过渡水域双方还可采取联合

监督检查措施，包括联合乘船、勒令停船、登临检查等。

2. 过渡水域

设定于"暂定措施水域"两侧，在两国领海外各设 1 个，有效期为 4 年。双方应采取适当措施，逐步调整并减少在对方一侧过渡水域作业的本国国民及渔船的渔业活动。4 年期满后，双方两侧的过渡水域按各自的专属经济区进行管理。

中韩双方在考虑各自专属经济区管理水域的海洋生物资源状况、本国捕捞能力、传统渔业活动、相互入渔状况及其他相关因素的情况下，每年决定缔约另一方国民及渔船在本国专属经济区管理水域的可捕鱼种、渔获配额、作业时间、作业区域及其他作业条件，并通报给另一方。另一方接到通报后，向对方授权机关申请发给希望在对方专属经济区管理水域从事渔业活动的本国国民及渔船入渔许可证。被申请一方授权机关按照本协定及本国有关法律、法规的规定颁发许可证，并可收取适当费用。

中韩任何一方的国民及渔船进入对方专属经济区管理水域从事渔业活动，应遵守对方国家有关法律、法规和中韩渔业协定的有关规定。

3. 维持现有渔业活动水域

暂定措施水域北限线所处纬度线以北的部分水域及暂定措施水域和过渡水域以南的部分水域，维持现有渔业活动，不将本国有关渔业的法律、法规适用于缔约另一方的国民及渔船，除非缔约双方另有协议。

第三节　中越北部湾渔业合作协定

本节要点：本节重点掌握中越北部湾渔业合作协定中水域的划分及管理要求。

一、中越北部湾渔业合作协定产生的背景

20 世纪 70 年代初以来，随着现代海洋法制度的发展，中越两国划分北部湾领海、专属经济区和大陆架的问题呈现出来。按照以 1982 年《联合国海洋法公约》为核心的现代海洋法制度，沿海国可拥有宽度为 12n mile 的领海、200n mile 的专属经济区和最多不超过 350n mile 的大陆架。沿海国对领海享有主权，但其他国家的船只可以无害通过。至于专属经济区和大陆架，沿海国不拥有主权，但享有对其自然资源的勘探、开发、养护和管理的

排他性的主权权利。这意味着一国不得随意进入他国的专属经济区进行渔业捕捞，除非征得该国的同意。

北部湾是一个较狭窄的海湾，宽度在 110～180n mile。中越两国都是《联合国海洋法公约》的缔约国，根据《联合国海洋法公约》的规定，两国在北部湾海域的专属经济区和大陆架全部重叠，必须通过划界加以解决。

2000 年 12 月 25 日，中国和越南在北京签署《中华人民共和国和越南社会主义共和国关于两国在北部湾领海、专属经济区和大陆架的划界协定》《中华人民共和国政府和越南社会主义共和国政府北部湾渔业合作协定》。2004 年 6 月 30 日，两国代表团团长在河内互换了该协定的批准书。与此同时，两国外交当局也就渔业合作协定生效事互换了照会。至此，两协定于当日同时生效。协定有效期为 12 年，其后自动顺延 3 年。顺延期满后，继续合作事宜由缔约双方通过协商商定。

二、中越北部湾渔业合作协定的水域划分及管理

1. 共同渔区

北部湾封口线以北、20°N 以南、距北部湾划界协定所确定的分界线各自 30.5n mile 的两国各自专属经济区设立共同渔区。具体范围为下列各点顺次用直线连接而围成的水域：

①北纬 17°23′38″，东经 107°34′43″之点
②北纬 18°09′20″，东经 108°20′18″之点
③北纬 18°44′25″，东经 107°41′51″之点
④北纬 19°08′09″，东经 107°41′51″之点
⑤北纬 19°43′00″，东经 108°20′30″之点
⑥北纬 20°00′00″，东经 108°42′32″之点
⑦北纬 20°00′00″，东经 107°57′42″之点
⑧北纬 19°52′34″，东经 107°57′42″之点
⑨北纬 19°52′34″，东经 107°29′00″之点
⑩北纬 20°00′00″，东经 107°29′00″之点
⑪北纬 20°00′00″，东经 107°07′41″之点
⑫北纬 19°33′07″，东经 106°37′17″之点
⑬北纬 18°40′00″，东经 106°37′17″之点
⑭北纬 18°18′58″，东经 106°53′08″之点

⑮北纬 $18°00'00''$，东经 $107°01'55''$ 之点

⑯北纬 $17°23'38''$，东经 $107°34'43''$ 之点

2. 共同渔区的管理规定

①双方本着互利的精神，在共同渔区内进行长期渔业合作，根据共同渔区的自然环境条件、生物资源特点、可持续发展的需要和环境保护以及对缔约各方渔业活动的影响，共同制订共同渔区生物资源的养护、管理和可持续利用措施。

②双方尊重平等互利的原则，根据在定期联合渔业资源调查结果的基础上所确定的可捕量和对缔约各方渔业活动的影响，以及可持续发展的需要，通过中越北部湾渔业联合委员会，每年确定缔约各方在共同渔区内的作业渔船数量。

③缔约各方对在共同渔区从事渔业活动的己方渔船，实行捕捞许可制度。捕捞许可证须按照中越北部湾渔业联合委员会确定的当年作业渔船数量发放，并将获得许可证的渔船船名号通报缔约另一方。缔约双方有义务对进入共同渔区从事渔业活动的渔民进行教育和培训。

④凡进入共同渔区从事渔业活动的渔船，均须向本国政府授权机关提出申请，并在领取捕捞许可证后，方可进入共同渔区从事渔业活动。缔约双方进入共同渔区从事渔业活动的渔船，应按照中越北部湾渔业联合委员会的规定进行标识。

缔约各方进入共同渔区从事渔业活动的国民和渔船，在进行渔业活动时须遵守中越北部湾渔业联合委员会关于渔业资源养护和管理的规定，依照中越北部湾渔业联合委员会的要求正确填写捕捞日志，并在规定时间内上交本国政府授权机关。

⑤根据中越北部湾渔业联合委员会在符合共同渔区特点以及符合两国各自关于渔业资源养护和管理的国内法的基础上制订的规定，缔约各方授权机关对进入共同渔区内己方一侧水域的缔约双方国民和渔船进行监督检查。

⑥缔约一方授权机关发现缔约另一方国民和渔船在共同渔区内己方一侧水域违反中越北部湾渔业联合委员会的规定时，有权按中越北部湾渔业联合委员会的规定对该违规行为进行处理，并应通过中越北部湾渔业联合委员会商定的途径，将有关情况和处理结果迅速通知缔约另一方。被扣留的渔船和船员，在提出适当的保证书或其他担保后，应迅速获得释放。

⑦必要时，缔约双方授权机关可相互配合进行联合监督检查，对在共同渔区内违反中越北部湾渔业联合委员会关于渔业资源养护和管理规定的行为进行处理。

⑧缔约各方有权根据各自国内法，对未获许可证进入共同渔区内己方一侧水域从事渔业活动或虽获许可证进入共同渔区但从事渔业活动以外不合法活动的渔船进行处罚。

⑨缔约各方应为获得许可证进入共同渔区的缔约另一方渔船提供便利。缔约各方授权机关不得滥用职权，妨碍缔约另一方获得许可证的国民和渔船在共同渔区内从事正常渔业活动。缔约一方如发现缔约另一方授权机关未按照中越北部湾渔业联合委员会制订的共同管理措施进行执法，有权要求该授权机关做出解释，必要时，可提交中越北部湾渔业联合委员会予以讨论和解决。

⑩缔约各方在共同渔区己方作业规模框架内，可采取任何一种国际合作或联营方式。所有获许可证在共同渔区内以上述合作或联营方式从事渔业活动的渔船，均须遵守中越北部湾渔业联合委员会制订的渔业资源养护和管理的规定，悬挂向其颁发许可证的缔约一方的国旗，按中越北部湾渔业联合委员会的规定进行标识，在共同渔区向其颁发许可证的缔约一方一侧水域从事渔业活动。

3. 过渡性安排水域

共同渔区以北（自北纬 20°起算）本国专属经济区内缔约另一方的现有渔业活动做出过渡性安排。自协定生效之日起，过渡性安排开始实施。缔约另一方应采取措施，逐年削减渔业活动。过渡性安排自协定生效之日起 4 年内结束。过渡性安排结束后，缔约各方应在相同条件下，优先准许缔约另一方在本国专属经济区入渔。

4. 小型渔船缓冲区

为避免缔约双方小型渔船误入缔约另一方领海引起纠纷，缔约双方在两国领海相邻部分自分界线第一界点起沿分界线向南延伸 10n mile、距分界线各自 3n mile 的范围内，设立小型渔船缓冲区。

缔约一方如发现缔约另一方小型渔船进入小型渔船缓冲区己方一侧水域从事渔业活动，可予以警告，并采取必要措施令其离开该水域，但应克制，不扣留、不逮捕、不处罚或使用武力。如发生有关渔业活动的争议，应报告中越北部湾渔业联合委员会予以解决；如发生有关渔业活动以外的争议，由两国各自相关授权机关依照国内法予以解决。

思考题

1. 中日渔业协定的水域如何划分的？两国对协议水域如何管理？

2. 中韩渔业协定什么时间生效的？有效期为几年？

3. 中韩渔业协定的水域如何划分的？两国对协议水域如何管理？

4. 我国渔船到韩国专属经济区捕捞作业有哪些应注意的事项？

5. 中越北部湾渔业合作协定什么时间生效的？有效期为几年？

6. 中越北部湾渔业合作协定的水域如何划分的？两国对协议水域如何管理？

附录 中华人民共和国非机动船舶海上安全航行暂行规则

第一条 凡使用人力、风力、拖力的非机动船，在海上从事运输、捕鱼或者其他工作，都应当遵守本规则。

在港区内航行的时候，应当遵守各该港港章的规定。

第二条 非机动船在夜间航行、锚泊的时候，应当在容易被看见的地方，悬挂明亮的白光环照灯一盏。如果因为天气恶劣或者受设备的限制，不能固定悬挂白光环照灯，必须将灯点好放在手边，以备应用；在与他船接近的时候，应当及早显示灯光或者手电筒的白色闪光或者火光，以防碰撞。

非机动船已经设置红绿舷灯、尾灯或者使用合色灯的，仍应继续使用。

第三条 非机动渔船，在白昼捕鱼的时候，应当在容易被看见的地方，悬挂竹篮一只，当发现他船驶近的时候，应当用适当信号指示渔具延伸方向；使用流网的渔船，还要在流网延伸末端的浮子上，系小红旗一面；在夜间捕鱼的时候，应当在容易被看见的地方，悬挂明亮的白光环照灯一盏，当发现他船驶近的时候，向渔具延伸方向，显示另一白光。

第四条 非机动船在有雾、下雪、暴风雨或者其他任何视线不清楚的情况下，不论白昼或者夜间，都应当执行下列规定：

（一）在航行的时候，应当每隔约一分钟，连续发放雾号响声（如敲锣、敲梆、敲煤油桶、吹螺、吹雾角、吹喇叭等）约五秒钟；

（二）在锚泊的时候，如果听到来船雾号响声，应当有间隔地、急促地发放响声，以引起来船注意，直到驶过为止；

（三）在捕鱼的时候，也应当依照前两项的规定执行。

第五条 两艘帆船相互驶近，如有碰撞的危险，应当依照下列规定避让：

（一）顺风船应当避让逆风打抢、掉抢的船；

（二）左舷受风打抢的船，应当避让右舷受风打抢的船；

（三）两船都是顺风，而在不同的船舷受风的时候，左舷受风的船，应当避让右舷受风的船；

（四）两船都是顺风，而在同一船舷受风的时候，上风船应当避让下风船；

（五）船尾受风的船应当避让其他船舷受风的船。

第六条　在航行中的非机动船，应当避让用网、曳绳钓或者拖网进行捕鱼作业的非机动渔船。

第七条　非机动船应当避让下列的机动船：

（一）从事起捞、安放海底电线或者航行标志的机动船；

（二）从事测量或者水下工作的机动船；

（三）操纵失灵的机动船；

（四）用拖网捕鱼的机动船；

（五）被追越的机动船。

第八条　非机动船与机动船相互驶近，如有碰撞危险，机动船应当避让非机动船。

第九条　非机动船在海上遇难，需要他船或者岸上援救的时候，应当显示下列信号：

（一）用任何雾号器具连续不断发放响声；

（二）连续不断燃放火光；

（三）将衣服张开，挂上桅顶。

第十条　本规则经国务院批准后，由交通部、水产部联合发布施行。